新知
文库

101

XINZHI

Chopsticks:
A Cultural
and Culinary History

Copyright © Q. Edward Wang 2015

This publication is in copyright. Subject to statutory exception and to the provisions of relevant collective licensing agreements, no reproduction of any part may take place without the written permission of Cambridge University Press

筷子

饮食与文化

[美]王晴佳 著　汪精玲 译

生活·讀書·新知 三联书店

Simplified Chinese Copyright © 2019 by SDX Joint Publishing Company.
All Rights Reserved.
本作品简体中文版权由生活·读书·新知三联书店所有。
未经许可，不得翻印。

图书在版编目（CIP）数据

筷子：饮食与文化／（美）王晴佳著；汪精玲译．—北京：
生活·读书·新知三联书店，2019.2（2022.3重印）
（新知文库）
ISBN 978-7-108-06423-3

Ⅰ.①筷… Ⅱ.①王…②汪… Ⅲ.①筷-文化研究-中国
Ⅳ.①TS972.23

中国版本图书馆CIP数据核字（2018）第274863号

责任编辑　曹明明
装帧设计　陆智昌　康　健
责任校对　张国荣
责任印制　卢　岳

出版发行　生活·讀書·新知 三联书店
　　　　　（北京市东城区美术馆东街22号　100010）
网　　址　www.sdxjpc.com
图　　字　01-2018-6769
经　　销　新华书店
排　　版　北京金舵手世纪图文设计有限公司
印　　刷　北京隆昌伟业印刷有限公司
版　　次　2019年2月北京第1版
　　　　　2022年3月北京第3次印刷
开　　本　635毫米×965毫米　1/16　印张23
字　　数　280千字　图40幅
印　　数　13,001-16,000册
定　　价　58.00元

（印装查询：01064002715；邮购查询：01084010542）

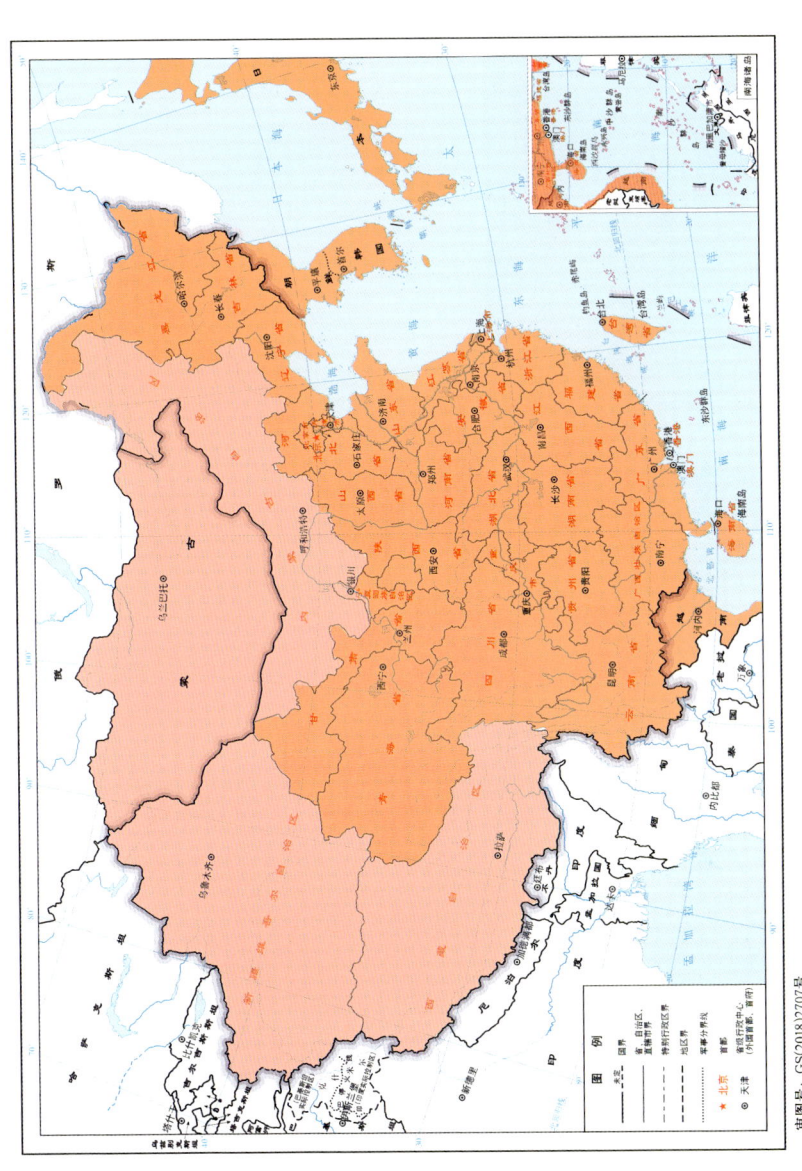

筷子文化圈示意图
（审图号：GS(2018)2707号）

四川新石器时代文化遗址出土的骨匙
（重庆中国三峡博物馆艾智科提供）

江苏龙虬庄新石器时代文化遗址的骨箸
（扬州博物馆提供）

夔足鼎

(《王后·母亲·女将:纪念殷墟妇好墓考古发掘四十周年》,科学出版社,2016年)

大约 1 世纪的砖雕,清楚地展示了古人如何使用筷子
(《中国画像砖全集》,四川美术出版社,2006 年,59 页)

1—3世纪的砖雕,表现了中国古代早期饮食习惯——人坐在地板上,食物放置在矮桌上
(《中国历代艺术:绘画编》第一部分,人民美术出版社,1994年,72页)

魏晋壁画墓的砖画,表现了筷子在中国古代用作炊具
(《嘉峪关酒泉魏晋十六国墓壁画》,甘肃人民美术出版社,2001年,261页)

马王堆汉墓中发现的食物托盘、数个木碗和一双竹筷
(《长沙马王堆一号汉墓》第 2 部分,文物出版社,1973 年,151 页)

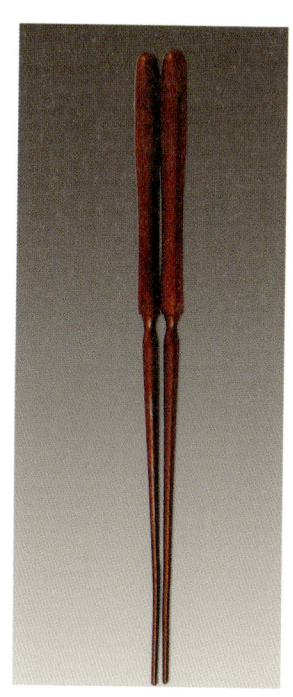

日本江户时代的"火箸",用来捅火、码放木炭,这是筷子可作他用而非饮食专用工具的例证(日本江户东京博物馆提供)

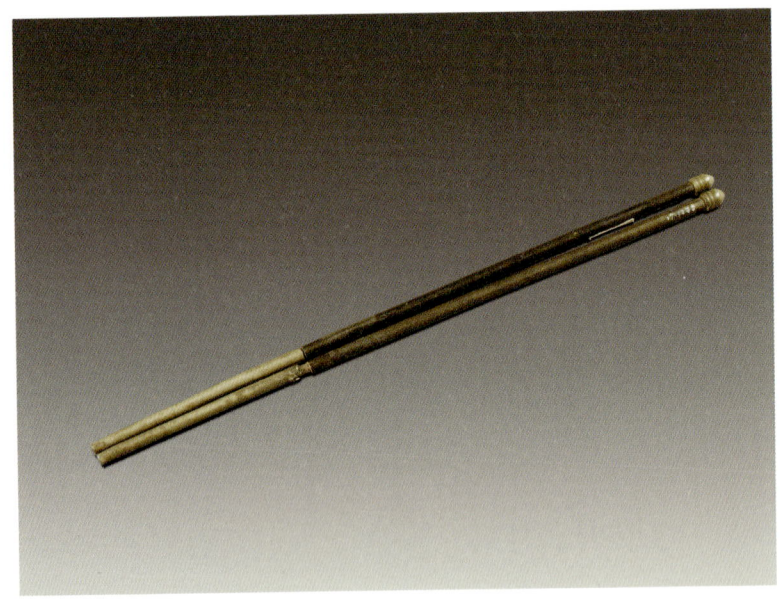

明代银二镶乌木箸，现藏旅顺博物馆

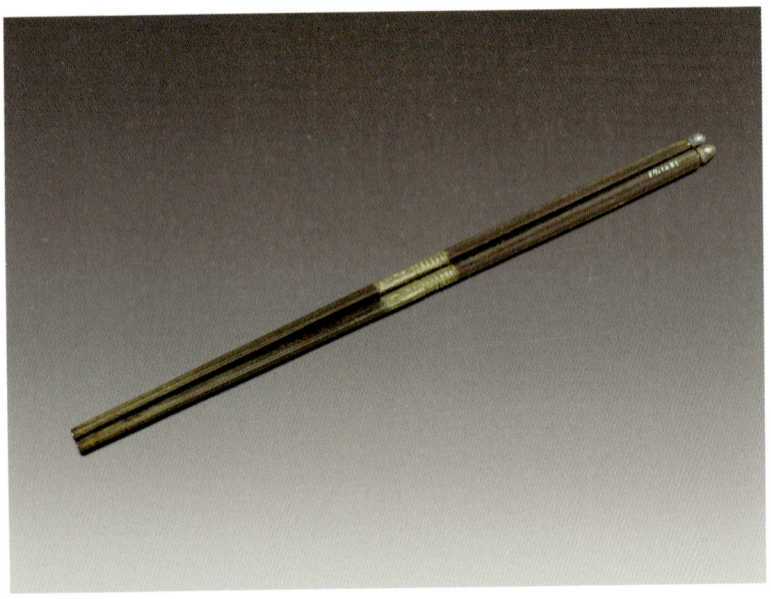

清代银三镶黑檀箸，现藏旅顺博物馆

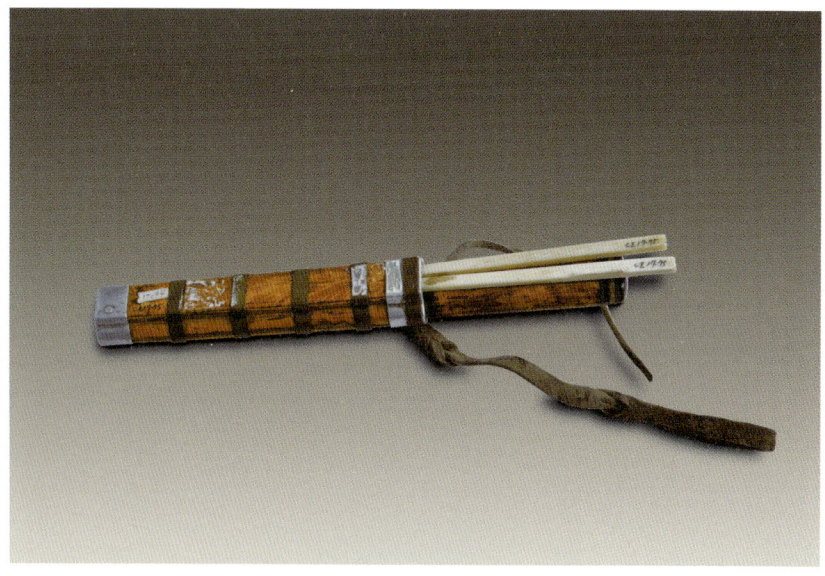

民国时期的刀箸,现藏旅顺博物馆

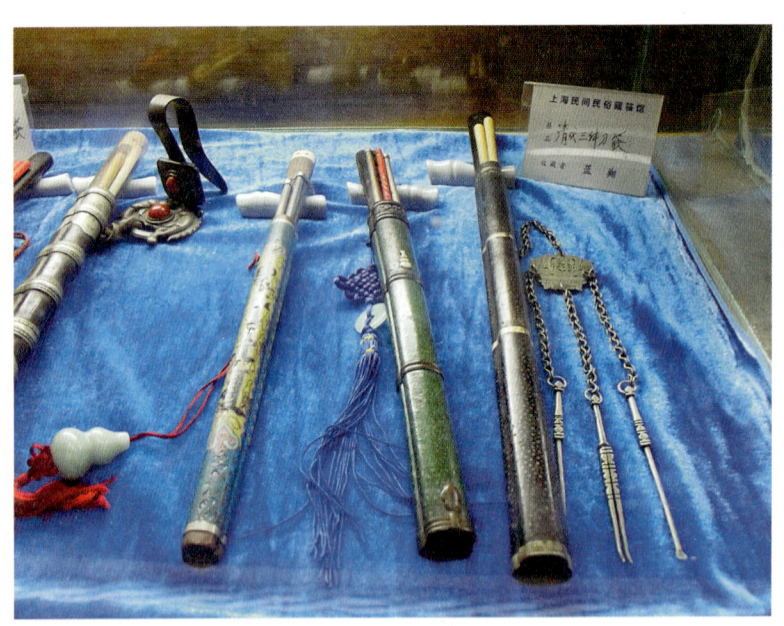

17—19世纪满族人的用具,他们通常将筷子与刀叉结合起来使用
(由上海筷子私人收藏家蓝翔提供)

朝鲜半岛百济国王武宁王墓葬出土铜制匕箸,现藏韩国公洲博物馆

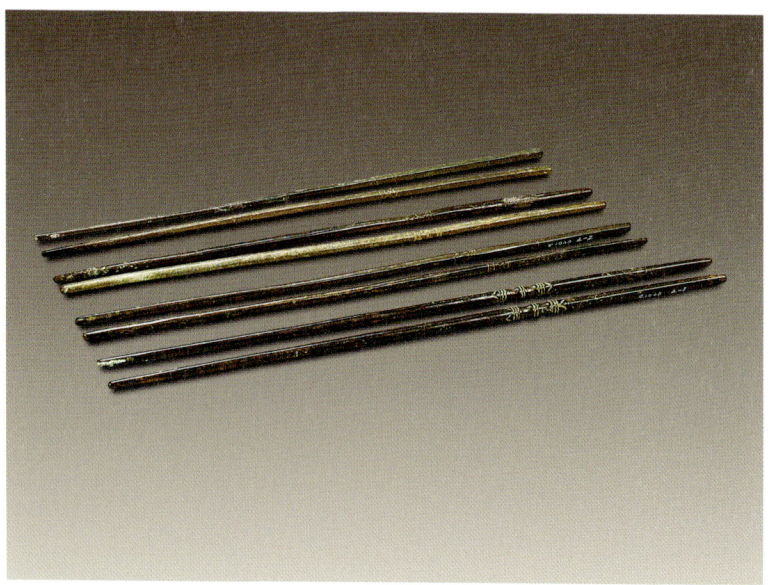

朝鲜半岛百济王国王武宁王墓葬出土的铜箸,现藏韩国国家博物馆

敦煌壁画礼席图中所见筷子和勺子,中唐莫高窟 474 西窟北壁
(《敦煌石窟全集－风俗画卷》)

敦煌壁画中帐篷酒馆里的用餐场景
(《敦煌石窟全集》,上海人民出版社,2001年,25卷,45页)

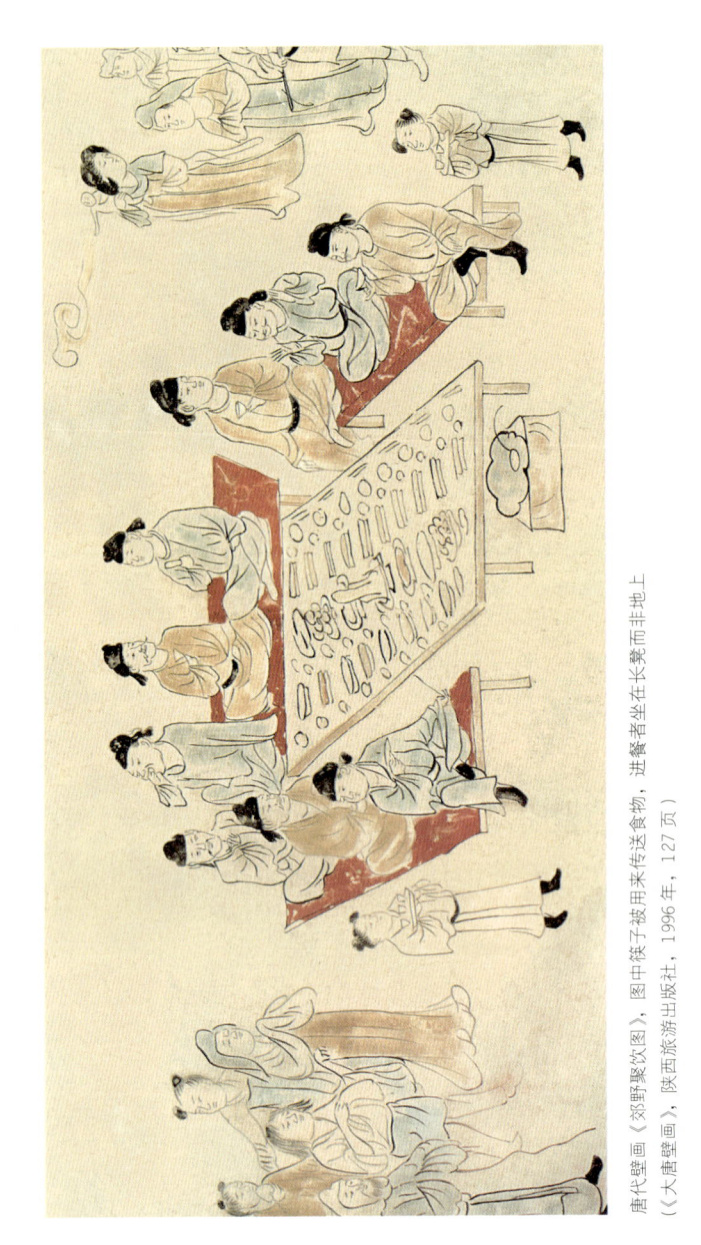

唐代壁画《郊野聚饮图》，图中筷子被用来传送食物，进餐者坐在长凳而非地上（《大唐壁画》，陕西旅游出版社，1996年，127页）

《文会图》,绢本,设色,纵184.4厘米,横123.9厘米,现藏台北故宫博物院

《韩熙载夜宴图》（局部），显示中国人坐在椅子上分食，而不是像后来那样合食。绢本，设色，纵28.7厘米，横335.5厘米，现藏故宫博物院

白沙宋墓壁画,描绘赵氏夫妇对坐宴饮,表明10世纪以后中国家庭开始合食
(《中国墓室壁画全集:宋,辽,金,元》,河北教育出版社,2011年,86页)

金代墓葬壁画中一家人坐在一起吃饭的场景,表明合食制在亚洲的流行
(《中国墓室壁画全集:宋,辽,金,元》,2011年,114页)

《美人图》,歌川国芳(1797—1862)绘。从大约 7 世纪开始,日本人已经习惯了使用筷子,就像这张浮世绘表现的一样

浮世绘上面的筷子，蹄斋北马绘

《几个纤夫》，由18世纪来到中国的欧洲人创作，描绘了中国人用筷子吃饭的场景（引自 *Views of Eighteenth Century China: Costumes, History, Customs*, by William Alexander & George Henry Mason, © London, Studio editions, 1988, p. 25）

《美国社会的最新热潮，纽约人在中国餐馆用餐》（莱斯利·亨特，1910年）的插图，引自《平面杂志》（*The Graphic Magazine*），1911年[私人收藏/斯特普尔顿收藏(The Stapleton Collection)/布里奇曼图片]

日本包装在便当中的筷子

日本"夫妻筷",往往涂上漆。丈夫用的比妻子用的稍长,色彩也比较单调

日本节日筷,两端尖细,筷身呈圆柱形,反映了节假日人神共享食物的信仰

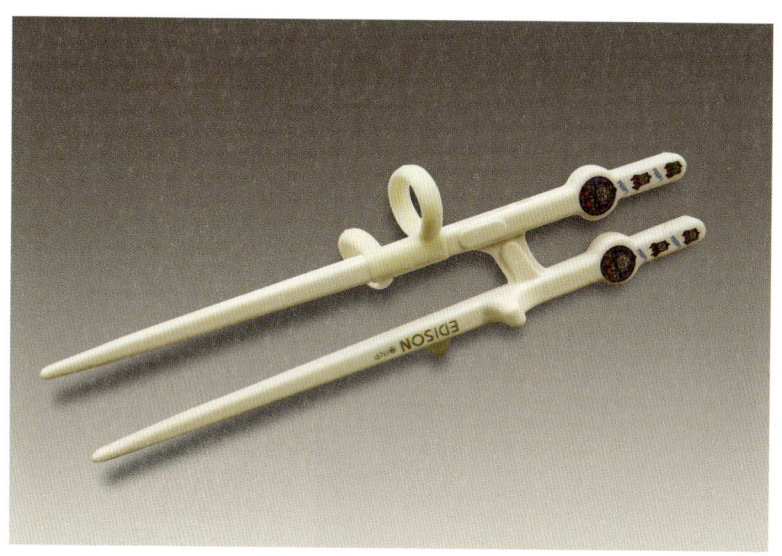

训练筷,由日本发明,可以让孩子将筷子套在手指上轻松夹取食物

用日本筷子吃鸭肉拉面
(TOHRU MINOWA/ 免版税类图片收藏 /amana 图像公司 / Alamy 图片社)

筷子可以夹起成块的米饭,成为亚洲的主要餐具[凯勒 & 凯勒摄影(Keller & Keller Photography)/ 好胃口杂志社(Bon Appetit) / Alamy 图片社]

香港赤柱市场摊位上摆的筷子、筷托、瓷勺、碗
[史蒂夫·维德勒(Steve Vidler) / SuperStock 图片公司 / Alamy 图片社]

在日本商店出售的装饰筷,看起来更像礼物

一次性筷子的流行，引起一些环保主义者的关注，认为造成了木材的浪费，于是中国有这样的新式一次性用筷，既讲究卫生，又节省了木料（四川大学范瑛摄）

外国人用一次性筷子吃中国外卖
(Kablonk 版权管理类图片 / Golden Pixels LLC/Alamy 图片社)

中式快餐与一次性筷子
(由 Kathryn Jaharis 摄,藏于 Franklin Furnace Archive, Inc. Pratt Institute, New York)

西安集体婚礼上,穿着汉服的情侣一起进餐(Corbis 图片社)

新知文库

出版说明

在今天三联书店的前身——生活书店、读书出版社和新知书店的出版史上，介绍新知识和新观念的图书曾占有很大比重。熟悉三联的读者也都会记得，20世纪80年代后期，我们曾以"新知文库"的名义，出版过一批译介西方现代人文社会科学知识的图书。今年是生活·读书·新知三联书店恢复独立建制20周年，我们再次推出"新知文库"，正是为了接续这一传统。

近半个世纪以来，无论在自然科学方面，还是在人文社会科学方面，知识都在以前所未有的速度更新。涉及自然环境、社会文化等领域的新发现、新探索和新成果层出不穷，并以同样前所未有的深度和广度影响人类的社会和生活。了解这种知识成果的内容，思考其与我们生活的关系，固然是明了社会变迁趋势的必需，但更为重要的，乃是通过知识演进的背景和过程，领悟和体会隐藏其中的理性精神和科学规律。

"新知文库"拟选编一些介绍人文社会科学和自然科学新知识及其如何被发现和传播的图书，陆续出版。希望读者能在愉悦的阅读中获取新知，开阔视野，启迪思维，激发好奇心和想象力。

生活·讀書·新知三联书店
2006年3月

谨以此书献给我的母亲和儿子——母亲在中国教我用筷,儿子在美国学习用筷。用筷子进餐的传统不但连接了过去与现在,还从中国走向了世界。

目　录

中文版序言   1

大事年表   11

第1章　导言   13

今天世界上每五个人中就有一个人用筷子进餐。大约7世纪以来筷子在亚洲地区的广泛使用促成了一种独特饮食习惯的产生。因此有学者指出，依照取食方式的特点，亚洲存在着一个独特的"筷子文化圈"，它同时与儒家文化产生和影响范围相一致。历史上，筷子的地位和使用，随着北方面食的出现和普及、南方消费大米的增加、茶点的流行以及合食制的产生逐渐发生了变化，越来越成为餐桌上的主角。与之相关的礼仪规范也逐渐形成。筷子还被赋予了美好的爱情意义，而不同材质的筷子也有独特的内涵。随着现代消费主义的流行，一次性筷子风靡全球，在带来方便的同时，也引发了环保问题。

第 2 章　为什么是筷子？筷子的起源及最初的功能　　　　35

　　　　高邮龙虬庄发现了有可能是中国最早的筷子原型，此后更多的考古发现表明筷子在古代首先是一种烹饪工具，且用途甚广。勺子才是最早用于进食的主要工具，即文献中的"匕"或"匙"。大约从周代开始，刀和叉仅用来在厨房里准备食物，而不作为进餐工具。吃熟食是人类文明的进步特征，而中国人"尚热食"的传统则直接导致筷子的产生。在战国晚期，筷子完成了从烹饪工具到进食工具的转换。

第 3 章　菜肴、米饭还是面食？筷子用途的变迁　　　　83

　　　　从汉代到唐代，勺子虽然仍然作为主要的餐具，但由于小麦由粒食改为粉食，筷子便成为食用面条、饺子等尤其是饭菜一体的面食的首选工具。隋唐时期由波斯传入的先进冶炼技术，使得很多金、银、铜等金属筷子被制作出来。炒这种烹饪方式的发明，更加拓展了筷子的使用范围。由于唐代文化在亚洲地区的广泛扩张，筷子影响到蒙古草原、朝鲜半岛和日本、东南亚等地区，"筷子文化圈"已经粗具规模。

第 4 章　筷子文化圈的形成：越南、日本、朝鲜半岛及其他　　133

　　　　越南是亚洲水稻的起源地之一，由于历史上与中国关系最密切，故而受到中国尤其是南方饮食文化影响最多。越南人用筷子的习惯和对筷子形制的喜好都与中国相似。7 世纪，日本的遣隋使将用筷子吃饭的习俗带回本国。朝鲜半岛由于拥有丰富的金属矿藏资源，尤其从 13 世纪开始，受到蒙古人游牧饮食和文化的影响，更加倾向于使用金属筷子。各种历史文献的记载显示，唐宋时期，受到中国影响的越南、朝鲜半岛和日本，基本上形成了用餐具进食的习惯；而在东南亚其他地方以及西域游牧民族生活的区域，人们仍然以手进食。西域和北方的游牧民族在与中原的文化交流和战争中相互影响，逐渐养成使用餐具进食的习惯，并将筷子与刀叉组合使用。到了14世纪，筷子文化圈扩展到蒙古草原和中国东北地区。

第5章　用筷的习俗、举止和礼仪　　　　　　　　　　　182

自唐宋始，中国水稻种植的推广促使人们的主食发生了改变，烹饪技术的飞跃发展特别是炒菜的普及、饮茶伴随茶点的风尚，以及合食制的出现，都使筷子原来"箸"的位置有了质的提升。元代饺子和涮羊肉的流行亦扩展了筷子的用途。到了明代，筷子常常成为餐桌上唯一的餐具。"夫礼之初，始诸饮食"。一方面，正确使用筷子反映出一个人的教养；另一方面，分享食物、一起吃饭又是改善和维系人际关系的有效途径，共用餐具甚至成为表达友情和爱情的特殊方式。

第6章　成双成对：作为礼物、隐喻、象征的筷子　　243

筷子成双，长久以来在筷子文化圈内作为新婚夫妇互赠以及亲朋馈赠的信物和礼物。中国古代还有用筷子占卜的记载，拿筷子的方式、举起筷子、掉落筷子、折断筷子都有一定的预兆和含义。日本人认为筷子能够建立人与神、生与死、阴与阳之间的精神联系。不同质地的筷子寓意也不一样：象箸是奢华的代表；金箸在历史上常由皇帝用来奖赏忠诚得力的大臣，也是皇室礼物和祭祀用品；从实用角度看，银箸更受大众欢迎；玉箸精致易碎，在中国古代常用来作为事业成功和生活富华的象征，唐代诗人还用它来比喻眼泪，表达相思、愁怨等情绪；竹筷则是朴素生活的代表。由于筷子是日常生活中最常见的物品，所以人们以其长度作为其他物品的标尺，用其形状——直——比附人的品格。

第 7 章　架起世界饮食文化之"桥"　　　　　　　　　306

筷子在日语中的发音与"桥"一样，它确实起到了连接世界各地不同饮食文化的作用。16—19世纪，从欧洲等地来中国的传教士和旅行者都对人们使用筷子有观察和记录。用筷子吃饭时而被视为比用刀叉更加优雅从容的就餐方式，但是共食制又让它被看作与现代医疗卫生观念相悖的行为。一次性筷子的大规模出现似乎是解决在外就餐卫生问题的好办法，它同时扮演了推广亚洲食品的重要角色，但也造成严重的资源和环境问题。目前许多人开始呼吁"让我们自己带筷子"行动，尽量避免生产和使用一次性筷子带来的问题。

结语　　　　　　　　　　　　　　　　　　　　　　336
参考资料　　　　　　　　　　　　　　　　　　　　344

中文版序言

本书的英文版于2015年出版，之后很快与日本和韩国的出版社签约，出版了日文版和韩文版。而筷子起源于中国，对于此书中文版的出版，我由此一直念兹在兹，可惜手头事情过多，没有找到时间着手落实。2016年春天，剑桥大学出版社的版权部来信，通知我已经与北京三联书店签约，出版此书的中文译本。之后曹明明编辑又来信告知我，中文的翻译交给了安徽师范大学英语系的汪精玲老师。汪老师在翻译上不但受过专门的训练，而且已经有了译书的经验。我与她联系之后，希望她尽量用流畅的中文表达。的确，此书虽然是译文，但我的希望是，读者阅读的时候不觉得是一本译著。汪老师为此做了许多努力，让我满意和感激。在她译文的基础上，我又补充了大量原始材料，修正了一些提法，改正了一些错误，顺便也校订了译文。整体而言，此书的中文版比英文原版不但在篇幅上增加了大约三分之一，而且在质量上也相应有不少提高。当然，即使我再谨慎小心，错误可能也在所难免，十分希望得到读者、方家的批评指正。

在我写作、出版此书的前后十年中，我就本书中筷子的缘起、演变和现状及其所包含的文化、宗教含义等主题，在美国和中国的高校、博物馆以及文化机构,做过许多次演讲。听众最常问的问题是,你为什么会从事这项研究?许多中国听众对我就筷子的历史和文化写出了一本专著,也略感诧异。我猜想他们提问背后的意思可能是,筷子司空见惯、极其普通,有什么特殊的研究意义?我想借写作这一序言的机会,稍做说明。首先从学理上而言,本人在历史学的领域,多年来一直从事史学史、史学理论的研究,对历史学本身的变化及其与历史变动的关系,比较关注。与一般读者的想象可能有所不同,虽然历史学处理的是过往的事件和人物,但历史的书写,并不守旧如一,而是不断更新的。自20世纪以来,在世界范围内,历史学产生了显著的变化,其影响延续至今。至少在20世纪的初年开始直到"二战"之后,历史学变化的主线就是希望挑战19世纪以德国兰克史学为代表的近代史学模式,突破该史学模式以政治史、事件史和(精英)人物史为对象的传统。1929年法国《年鉴》杂志的出版,在很大程度上引领了20世纪史学的变化主潮,因为围绕《年鉴》杂志,聚集了一群志同道合的史家,形成了"年鉴学派"。"二战"之后,"年鉴学派"在费尔南·布罗代尔(Fernand Braudel, 1902—1985)的领导下,声誉更隆。布罗代尔本人的成名作是《地中海与菲利普二世时代的地中海世界》(以下简称《地中海》),其中提出了"长时段"的概念,力求对历史进行长程的、结构的深度分析。在写作《地中海》一书之后,布罗代尔又出版了《15至18世纪的物质文明、经济和资本主义》三卷本大作,目的是从全球的角度探讨资本主义的兴起。①布罗代尔在该书的第一卷"日常生活的结构"中,将视角转向了世界各地文明的生活结构,包括粮食的种植、食物的加工和食用的方式,即就

---

① 布罗代尔的《15至18世纪的物质文明、经济和资本主义》一书由顾良、施康强译成了中文,由生活·读书·新知三联书店1997年出版。北京大学已故张芝联教授写了序言,对"年鉴学派"和布罗代尔的研究,做了简明扼要的介绍,见该书1—18页。

餐礼仪。显然，布罗代尔这位20世纪的史学大师认为，普通人的日常生活，像精英人物的决策一样，对历史的演进有着同样重要的意义。布罗代尔承认，一般人也许不会觉得这些日常生活有什么意义。他指出，历史事件看起来是独一无二的，但其实它们之间会形成联系和结构，制约了历史的进程。他写道，日常琐事连续发生之后，"经多次反复而取得一般性，甚至变成结构。它侵入生活的每个层次，在世代相传的生活方式和行为方式上刻下印记"[①]。

布罗代尔在《15至18世纪的物质文明、经济和资本主义》一书中，还举了许多例子，来说明有些生活习惯，比如就餐的习惯和礼仪，如何需要逐渐、慢慢地形成。他举例说，法国国王路易十四（1638—1715）曾禁止他的子女用叉子进餐。[②]但有趣的是，虽然路易十四权重一时，号称"太阳王"，但他还是无法阻止欧洲人在14—18世纪，逐渐采用餐具进食这一习俗的扩展。与欧洲人相比，中国人和部分其他亚洲人很早就开始使用餐具，这一习俗是如何形成的？为什么会有这样的需要？是烹调食物还是文化影响促成了这些需要？而使用餐具进食的传统建立之后，又如何反映了中国乃至亚洲的文化、宗教和历史？反过来，这一相对独特的就餐习惯，在何种程度上影响了中国人乃至亚洲人的饮食方式、传统和文化？促成写作本书的原因，自然还不止上述这些问题。战后史学界对"自下而上"历史的提倡、新文化史对物质文化的关注等，也都是促使我写作的动因。不过限于篇幅，此处不想细说了。

要想描述一般人的日常生活，自然可以有许多方式，因为这一生活的日常，包含了诸多方面。我之所以选择研究筷子的历史和

[①][②] 费尔南·布罗代尔著，顾良、施康强译《15至18世纪的物质文明、经济和资本主义》，27页。

文化，还有一个相对个人的原因。本书从最初酝酿到真正动笔的那段时间，正好是我儿子学习进食的时候。我们家虽然在美国生活了多年，但日常饮食仍以中餐为主，因此每天使用筷子。像许多孩子一样，我的儿子使用筷子进食，需要敦促和教导。我于是想找一本筷子使用的说明书，并由此想到关心一下筷子研究的现状。让我颇感意外的是，虽然筷子对每个中国人来说，几乎须臾不离，重要非凡［如同为本书写了推荐语的普林斯顿大学东亚系教授本杰明·艾尔曼（Benjamin Elman）所指出的那样，筷子和汉字一样，对于东亚文明有着重要的标志性作用］，但在英语世界，居然不但不曾有关于筷子历史的专著，甚至也没有什么研究论文。这一发现让我不但觉得这个课题富有潜力，而且有责无旁贷之感——作为一个在海外生活、工作多年的华裔学者，我感到自己应该用英文向其他地区的人们介绍筷子文化和历史，因为筷子的发明和使用是东亚文化圈最具特色的一种标志和象征。让我特别感到高兴的是，此书作为英语世界第一本研究筷子的专著，出版之后不但填补了英语学术界的一个空白，而且受到了读者的欢迎。我不但受邀到各地演讲筷子文化，而且还接受了电视台、杂志［美国《大西洋月刊》（*Atlantic Monthly*）网络版（Quartzy.qz.com）、播客（Podcast）］和报纸［如《费城询问者报》（*Philadelphia Inquirer*）、《中国日报》（*China Daily*）北美版］的各种采访和报道。直至今日，我还会收到读者的电邮，询问有关筷子使用及其文化的相关事项。

本书虽然是英语世界第一本有关筷子历史的专著，但在这之前，日本和中国学者已出版过有关筷子的论著，为本书的写作提供了不少有益的帮助。他们这些著作基本都是在20世纪90年代开始出版的，可见对人类日常生活史的重视，还是最近几十年的事情。的确，历史书写的传统，是以精英人物的言行为主，直到战后才有所改变。而对饮食史的研究，更是从70年代才渐渐开始的，是上面提到的"自下而上"历史学潮流的一个重要组成部分。从其发展趋势来看，近年的饮食史研究，大有势不可当之趋向。仅就管见所及，有关茶的历史，最近就有了许多部著作问世，不但追溯茶的起源和传统，而且还探讨茶的种植、销售和饮用，如何成为一个世界潮流，影响了近现代历史的进程。而西方人用餐具进食虽然比亚洲人要晚好几个世纪，对于西式餐具（比如叉子何时开始使用和普及）的研究，也有了不少著作。

本书在内容和取径上，与已有的筷子历史专著相比，大致有以下两个特点。第一是突破了民族-国家历史的书写传统，并未将筷子的历史局限在一国之内。应该指出，日本学者在这方面已经做了一些努力。一色八郎的《筷子文化史：世界筷子与日本筷子》、向井由纪子与桥本庆子合著的《箸》，都考虑到了亚洲其他各地筷子使用的习俗和文化。中国学者如刘云主编的《中国箸文化史》和蓝翔所写的《筷子，不仅是筷子》等书，也附带有在中国之外筷子使用的内容。这些已有的论著，对本书的写作多有启发和参考之功。同时本人还做了进一步的努力，因为"二战"之后，由中国饮食带动，亚洲餐食大幅度地走向了世界，筷子与这一"东食西渐"的潮流，有一种相辅相成的密切关系。世界各地光顾亚洲餐馆，享用中式菜肴、日式料理等的食客，往往对使用筷子进食颇有兴趣。而亚洲餐馆特别是快餐店，也通常随外卖食物赠送顾客一两双一次性用筷，大大扩展了筷子的使用范围及"知名度"。此书英文版出版后，引起了（西方）读者不小的兴趣，与这一饮食史的全球趋向颇有关系。而本书的写作，亦可说是从全球史角度考察筷子历史和现状的一个尝试。

第二，本书不仅仅描述筷子在历史上的起源、使用和推广，更希图从饮食和文化双重角度，解释筷子成为今天亚洲地区不少人日常之必需的原因及历史。筷子虽然可能起源于远古，但相较勺子和刀叉，不但时间上略晚，而且长期以来被视为辅助的餐具。明代之前，筷子被称为"箸"，而"箸"还有其他多种写法，如"筯""櫡"等，不但表明制作筷子的材料，而且还指出了筷子在当时作为辅助餐具的性质（如"筯"字所示）。筷子在今天成为许多人（世界上五分之一强的人口）日常用餐的主要工具，经历了一个长期的变化过程。本人认为，筷子地位上升，取代了勺子等最终成为主要餐具，主要有四个原因。第一是石磨的广泛使用，使得人们食麦从粒食转向了粉食，而食用面条和饺子特别是前者，几乎非筷子不可。第二是炒菜的普及——石磨不但碾谷成粉也用来榨油，于是炒菜便渐渐成了中式菜肴的基本形态，而食用炒菜，使用筷子更为灵活、精准、方便。第三是饮茶这一传统的建立，让人开始享用各类"点心"，即古人所说的"小食"。饮茶店（"喫茶店"）、茶馆往往提供筷子，而食用"点心"或"小食"（如烧卖、小笼包、锅贴及各式小菜等），筷子十分经济实用。第四是合食制的普及，特别是食用火锅（如涮羊肉、涮涮锅）等，更突出了筷子的优越性，勺子等其他餐具只能作为辅助工具了。以上的分析，大致以中国饮食史的演变为主要考察对象，而筷子在亚洲其他地区的普及，还有文化的因素。越南、朝鲜半岛、日本及游牧民族生活地区的人使用筷子，大致与中国文化的影响有关——使用餐具进食被视为一种文明的象征，不过也反映了饮食方面的需要，如夹用蔬菜等。而食用日本的寿司（拙意认为就是一种日式的"小食"），筷子显然是最佳的工具，在近年也大力推动了筷子在世界各地的广泛使用。

  本书的写作，是在普林斯顿高等研究院开始的。2010年我获得了该院的奖助，在那里充任研究员，从事东亚历史和史学的相关研究。在我决定从事筷子史的研究之后，我与该研究院主管东亚史的狄宇宙（Nicola Di Cosmo）教授商量，希望他能允许我从事这一课题的研究和写作。狄宇宙教授对我的想法大力支持。正是在普林斯顿高等研究院期间，我在这一课题上取得了一些初步的研究成果，并在该年4月做了第一次相关报告，获得了狄宇宙教授和同期在那里的其他研究员不少帮助，如来自法国的 Marie Favereau-Doumenjou 帮我找到了中世纪土耳其人使用筷子吃面的研究论文，现任教于耶鲁大学历史系的日本史专家丹尼尔·波兹曼（Daniel Botsman）帮助我了解近代早期日本的社会生活，现任教于德国海德堡大学的中国艺术史专家胡素馨（Sarah Fraser）向我提供了敦煌壁画的相关知识，范德堡大学的 Jinah Kim 为我讲述了她在泰国的研究及当地人喜食常温食物的习俗，而纽约州立大学的范发迪则从自然科学史的角度，对我的研究多有鼓励。在普林斯顿期间，我还向余英时先生多有讨教。余先生参与了张光直先生所编《中国文化中的食物》（*Food in Chinese Culture*）一书中有关汉代饮食的写作，他的研究对我仍有不少启发。同时我还有机会与普林斯顿大学东亚系的艾尔曼、韩书瑞（Susan Naquin）教授交流。宾夕法尼亚大学东亚系的金鹏程（Paul Goldin）教授不但参加了我在普林斯顿高等研究院的讲座，还邀请我到宾夕法尼亚大学做了同一主题的讲演，题为"筷子：沟通文化的'桥梁'"。我选这个题目是因为在日文中，"筷子"和"桥"发音一样。

在本书的写作期间和出版之后，我应邀在许多单位做过相关报告。如应阮圆（Aida Y. Wong）教授邀请，在美国布兰迪斯大学做过讲座。阮教授是该校东亚艺术史的教授，对东亚之间的文化交流颇有造诣。她不但邀请我演讲、与我切磋，还借我相关的材料并帮我找寻有用的图像。之后几年我在北美，又应邀在罗格斯大学孔子学院、纽约州立大学石溪分校王嘉廉中心（Charles B. Wang Center）、纽约州立大学佛瑞多尼亚分校、加拿大安大略大学、密歇根大学孔子学院、纽约的饮食博物馆（Museum of Food and Drink）等地做过筷子文化的讲座。我对涂经怡、Dietrich Tschanz、Jinyoung Jin、范鑫、

Philip Shon、Miranda Brown 和 Anna Orchard 的邀请，深表感谢。

在中国各地，我曾在复旦大学、中国社科院近代史研究所、台湾汉学研究中心、南开大学、中国人民大学、华东师范大学、四川大学、山东师范大学、上海师范大学、辽宁师范大学、安徽大学、河南大学、南阳师范学院、湖北省图书馆等多地就筷子的文化和历史做过演讲。这些演讲由下列人士邀请、安排、主持或评论：复旦大学文史研究院的葛兆光、历史系的章清，社科院近代史所的赵晓阳，台湾"中研院"近代史所的黄克武，台湾汉学研究中心的耿立群和廖真，南开大学的孙卫国、余新忠，中国人民大学的王大庆、郭双林、周施廷，华东师范大学的胡逢祥、王东、李孝迁，四川大学的霍巍、刘世龙、王东杰、何一民、徐跃、范瑛，上海师范大学的陈恒、梁民愫，山东师范大学的朱亚非、孙若彦、孙琇，安徽大学的盛险峰、许曾会，辽宁师范大学的刘贵福、李玉君，河南大学的张宝明、马小泉，南阳师范学院的郑先兴，湖北省图书馆的姚迎东等，我在此谨向他们及在场听众的提问和热情，表示深深的谢意。

自 2007 年以来，我出任北大历史系长江讲座教授，参与负责该系史学理论、史学史方向的教学与研究。北大图书馆丰富的藏书和数据库，为我的研究和写作提供了诸多方便。本书的不少章节，便是那几年夏天我在北大期间完成的初稿。2013 年 6 月我还在北大历史系做了相关的报告，题为"筷子和筷子文化圈：一个新文化史的研究案例"。北大的同事李隆国、刘群艺、王新生、罗新、荣新江、王元周、朱孝远、彭小瑜、欧阳哲生等，对我的研究与写作，多有鼓励和帮助，特表谢忱。我也感谢北大的研究生宗雨、李雷波和张一博帮助了我搜寻了相关的资料。

在美国，我的工作单位是罗文大学历史系。像美国其他大学的历史系一样，我系有这样一个传统：一个老师写作论文或写书的时候，会在系上先发表讨论，让同事们批评指正。虽然各人的专攻和兴趣有所不同，但这一讨论的形式，往往能让作者得到诸多有益的建议。我多年来的感受是，正因为各人研究兴趣和方向的差异，同事们所提的意见往往能帮助作者找到新的想法和路径。2011 年我把书的提纲写好之后，便首先在系里发表，接受同事们的检验和批评，让我受益匪浅。我的初稿写成之后，又得到同事 Corinne Blake、Jim Heinzen、Scott Morschauser 和 Joy Wiltenburg 拨冗阅读，帮助我改进内容和文体，对此我表示由衷的谢意。我的写作还得到社会学系的同事李玉辉和数学系的同事阮孝的帮助，前者在中国西北长大，帮助我了解北方各地的饮食风俗；后者是越南人，通过他和他的家属，我获得了不少有关越南饮食风俗的知识。而我对日本饮食习惯的知识，除了自身的阅读之外，还来自福森友世的帮助。作为我的研究助理，她不但帮助我理解日文的材料，而且还增进了我对筷子在日本饮食文化中的地位、作用和意义的理解。我的写作还得到了系主任 Bill Carrigan 和时任人文社科学院院长 Cindy Vitto 的帮助，在此一并致谢。

为了此书的研究和写作，我曾利用暑期和外出开会的机会，参观访问了下列博物馆和文化机构：旅顺博物馆及其箸文化特藏、重庆的中国三峡博物馆、扬州博物馆、南京博物院、上海的筷子博物馆、韩国的民俗博物馆、东京的国家博物馆、江户－东京博物馆和京都的筷子文化中心。这些访问得到了下列人士的帮助，我对他们深表谢意：艾智科、陈蕴茜、崔剑、韩均澍、李玉君、李禹阶、刘俊勇、刘力、刘世龙、罗琳、欧阳哲生、Park Mihee、王楠、汪荣、王振芬、徐跃、喻小航、曾学文、赵毅、赵轶峰和周一平。上海的筷子博物馆由筷子收藏家蓝翔建立，他本人也写作了多本有关筷子历史的书籍。我在参观的时候，蓝先生不但容许我对他的收藏拍照，还回答了相关问题。我在日本期间，由任职于京都日本文化研究所的刘建辉教授陪同，特意去京都的筷子文化中心参观，可惜到达的时候，那个中心已经决定关门大吉。有幸的是，通过一个热心的老人，我们找到了中心的主人井津先生，与他做了简单的交谈。通过他的介绍，我们还去了京都最老的筷子专卖店之一——"御箸司·市原平兵衛商店"，得到了店主的热情接待，让我实地感受了日本筷子的种种形状和不同用途。店主还送给我一本介绍他们商店的杂志，其中有篇文章《筷子——架起食物和文化之间桥梁的一个工具》。显然，这一题目也借用和指出了日文中"筷子"与"桥"同音背后的寓意。

本书所用的各种资料（包括所附的图像和地图）、英文的写作以及中文译本的修改补充，还得到了下列人士的多方协助：艾智科、邓锐、范鑫、范瑛、韩江、韩均澍、何妍、林志泫、冈本充弘、江媚、刘世龙、潘光哲、Denis Rizzo、孙江、孙卫国、邢义田、王之鼎、王振芬、曾学文、张一博和赵文铎。出版原书的剑桥大学出版社编辑 Marigold Acland、Lucy Rhymer 和 Amanda Georges，对作者的选题和写作，充满热情，不但预先提供了出版合约和资助，而且在写作和出版中多有协助。英文书出版之后，他们还通过各种渠道进行宣传，包括联系制作视频、在美国的亚洲学会年会上让读者开展筷子使用的竞赛等，扩大了本书的影响。英文版的审读，除了匿名人士之外，还有王笛和伍安祖两位教授。他们的大力支持和批评建议，让我受益。同样，我也对中文版的编辑、三联书店曹明明的细心和认真，表示谢意。

本书的写作，让我回忆起母亲在我幼时教我执筷的情景。本书能顺利完成并产生了较大的反响，让我老母深感欣慰，与我家人的全力支持无法分开。本书既是写给读者，亦是献给他们的。

王晴佳

2018年4月22日草，5月1日改定

大事年表

时间（约）	中国	朝鲜半岛	日本	越南
公元前4000年以前	早期人类 新石器时代（仰韶文化） 谷物 骨器（包括骨箸）的发现	新石器时代	旧石器时代、新石器时代（绳文时代）	新石器时代
公元前4000年至公元前1000年	新石器时代 夏、商、周 甲骨文/书写系统 青铜时代（青铜器）	新石器时代 起源神话	新石器时代 起源神话	新石器时代 青铜时代
公元前1000年至公元300年	周、战国时代 秦、汉 丝绸之路 儒教与道教 北方以黍、南方以稻为主食 小麦面食的传播 用餐具代替手指取食	青铜时代 铁器时代 臣属中国汉朝 前三国时代	新石器时代 （绳文文化） 弥生文化 起源神话	青铜时代 铁器时代 被中国汉朝征服
300年至600年	汉代衰亡 佛教 南北朝 唐代 勺子和筷子成套使用	三国时代 铜器（勺子与筷子）的发现	古坟时代 飞鸟时代 佛教	青铜时代 铁器时代 佛教 继续由中国统治 开始使用餐具取食

续表

时间（约）	中国	朝鲜半岛	日本	越南
600年至1000年	唐代 佛教的传播 丝绸之路 北方以麦黍、南方以稻为主食 唐代衰亡	统一新罗时代 高丽王朝 开始使用餐具取食	飞鸟时代 奈良时代 平安时代 佛教的传播 日本遣唐使 引进饮食器具 木筷的发现	继续由中国统治
1000年至1450年	宋代 辽代 金代 西夏 引进占城稻 蒙古征服、元代 宋明理学 明代 合食制的推进 筷子成为主要取食工具	高丽王朝 朝鲜王朝 宋明理学 蒙古征服 食肉食 金属器皿	平安时代后期 镰仓、室町时代 用筷子取食	中国统治结束
1450年至1850年	明代 清代 瓷勺	李氏王朝 中国明朝与朝鲜李氏王朝合力抗击日本侵略 勺子和筷子成套使用	室町时代 日本统一 德川时代 江户时代	独立时期 黎朝攻占占婆

注：表格年代为大致的时间段，仅供参照，并非后面对应事件的确切年代。

第1章
导　言

今天，世界上超过15亿人使用筷子，也就是说每五人中就有一人用筷子进餐。而我写这本以筷子为主角的书，目的有三：首先，全面、可靠地叙述筷子作为一种用餐工具的发明、使用，以及如何并为何能在亚洲许多地区长久地受到人们的青睐；其次，讨论亚洲烹饪方法以及菜肴与筷子使用的相互影响，即该地区饮食方式的变化如何影响了人们选择取食工具，帮助和促进筷子成为主要的用餐工具；最后，分析在不同地域背景下筷子及其使用方法的异同、背后蕴藏的文化含义。与世界上其他餐具相比，筷子有其独特性：除了作为一种取食工具，还有其他多种用途。一言以蔽之，筷子的历史中蕴藏着深厚的文化内涵，值得我们去深入探究。

从大约7世纪以来，筷子在亚洲地区的广泛使用促成了一种独特饮食习惯的产生，将其使用者与世界其他地区、使用别的取食方式的人相区分。由此，一些日本学者指出，依取食方式来划分，亚洲存在着一个独特的"筷子文化圈"，而在世界其他各地，还有两大与之相异的饮食文化圈：一为中东、南亚和东南亚等地，当地人以手指取食为传统方式；二为欧洲、南北美洲、澳大利亚等地，其主要用餐方式是刀叉取食。①西方学者如林恩·怀特（Lynn White）也注意到了这个将世界文化一分为三的做法，即手指取食、刀叉取食、筷子取食所构成的三大饮食文化圈。②值得一提的是，这三大文化圈，以饮食文化的不同为基础，其实也代表了世界上的三大文明圈：筷子文化圈大致与儒家文化的产生和影响范围较一致，手指取食圈的地区主要受到了伊斯兰教的影响，而刀叉取食圈则基本代表了西方基督教文明。

以筷子文化圈的形成和扩展而言，古代中国的中原地区既是发祥地，此后至今亦是中心；其文化圈的构成还包括了朝鲜半岛、日本列岛、越南及蒙古草原和青藏高原的一些地区。近几十年来，亚洲食物在世界各地日益普及，范围不断扩大。其他地区的人在享用亚洲食物的同时，也越来越多地倾向于使用筷子。事实上，世界各地的华人餐馆和其他亚洲餐馆里，许多非亚洲食客都会尝试使用筷子，他们中间的一些人在使用筷子时表现出的灵活自如，还真是令人钦佩。在泰国和尼泊尔，虽然传统就餐方式是用自己的右手，而现在也常常能见到他们用筷子来进食。

对于很多筷子的使用者来说，选用这种亚洲取食工具，不仅为了延续一种悠久的饮食习惯；他们还相信，筷子除了可以用来取食，还有很多其他益处。巴伯贵美子（Kimiko Barber）是一位生活在伦敦的日裔英国作家，她在《筷子减肥》（*The Chopsticks Diet*，2009）一书中，表达了这样的观点：日本食物总的来说比西方食物更健康，而健康饮

---

① 一色八郎《箸の文化史：世界の箸・日本の箸》，东京：御茶水书房，1990年，36—40页；向井由纪子、桥本庆子《箸》，东京：法政大学出版局，2001年，135—142页。
② 林恩·怀特是加利福尼亚大学洛杉矶分校的历史教授。1983年7月17日，美国哲学学会（American Philosophical Society，APS）在费城召开会议，怀特发表题为"手指、筷子与叉子：对吃的技术的反思"（Fingers, Chopsticks and Forks: Reflections on the Technology of Eating）的演讲，探讨了这几种不同的饮食习惯，参见《纽约时报》（*New York Times*，东海岸），1983年7月17日，A-22。

食的关键不仅在于你吃什么,更在于你怎么吃。她声称,使用筷子进食对健康更加有益。她写道:"用筷子吃饭,会让人细嚼慢咽,吃得少一点。"而吃少一点,并非仅有的好处,用筷子吃饭,进餐速度还会慢许多。据她计算,每餐会多用十几分钟。"这不仅有利于身体,还有心理效益,"巴伯指出,"这样做会让你去感受食物,并从中得到乐趣。"①换句话说,用筷子吃饭,还有助于人珍惜食物,享受美味。

还有一些人指出了使用筷子的更多好处。一色八郎是提出"筷子文化圈"这一概念的日本学者之一。他认为,使用筷子,比使用其他取食工具更需要手脑协调。这不仅提高了人手的灵巧度,而且最终促进了人尤其是儿童的大脑发育。一色八郎并不是唯一持有这种观点的人。② 近年来,科学家做过一些有关筷子使用的实验,他们探索的问题之一就是,经常使用饮食工具能否提高人手的灵巧度。心理学家也在考察,使用筷子的儿童是否比同龄人更早地独立进食。这两项研究,都得出了肯定的结论。与此同时,科学研究也已证明,使用筷子,可以帮助儿童提高手指的肌肉运动技能。不过也有研究指出,终身使用筷子或许可能增加老年人手指罹患关节炎的风险。③

---

① Kimiko Barber, *The Chopsticks Diet: Japanese-Inspired Recipes for Easy Weight-Loss*,Lanham: Kyle Books, 2009, 7.
② 一色八郎《箸の文化史》,201—220 页。向井由纪子和桥本庆子在筷子研究中,也描述了通过学习使用筷子来帮助孩子形成良好的运动技能,参见向井由纪子、桥本庆子《箸》,181—186 页。
③ Sohee Shin, Shinichi Demura & Hiroki Aoki, "Effects of Prior Use of Chopsticks on Two Different Types of Dexterity Tests: Moving Beans Test and Purdue Pegboard," *Perceptual & Motor Skills*, 108:2 ,April 2009 , 392-398;Cheng-Pin Ho & Swei-Pi Wu, "Mode of Grasp, Materials, and Grooved Chopsticks Tip on Gripping Performance and Evaluation," *Perceptual & Motor Skills*, 102:1 ,February 2006 , 93-103;Sheila Wong,Kingsley Chan, Virginia Wong & Wilfred Wong, "Use of Chopsticks in Chinese Children," *Child: Care, Health & Development*, 28:2 ,March 2002 , 157-161;David J. Hunter, Yuqing Zhang, Michael C. Nevitt, Ling Xu, Jingbo Niu, Li-Yung Lui, Wei Yu, Piran Aliabadi & David T. Felson, "Chopsticks Arthropathy: The Beijing Osteoarthritis Study," *Arthritis & Rheumatism*, 50:5 ,May 2004 , 1495-1500.

考察、研究和说明筷子使用的各种好处以及潜在危害，无疑是一项值得从事的科学研究课题。不过本书的目标只限于开篇设定的三个方面。作为一名史学工作者，我将以史学和考古学为依据，主要讨论历史上筷子使用的优缺点，并依托文学作品、民俗资料和宗教文献，描述和解释筷子的多重功能，并以此来揭示筷子如何成为一种社会表征、文学符号、文化产品和祭祀用品。

人们使用筷子进食，一般需要经过一定程度的练习才能熟练掌握用法。但作为在亚洲地区已经使用了几千年的餐具，筷子早已显示而且证明了其持久的吸引力。在筷子文化圈，使用筷子的训练通常在儿童时期就开始了。近些年来，由于受到西方文化的影响，刀叉在亚洲国家的接受度越来越高，其使用者不仅限于在那里光顾餐馆的西方人士。也许与此相关，生长在筷子文化圈的亚洲年青一代正确使用筷子的技能，近年也有所下降。以往人们通常在家学会怎样使用筷子，而如今的孩子在家长那里似乎得不到足够的指导，于是只好按自己的方法使用筷子，因此显得不那么得体。尽管有上述现象出现，但与其他饮食文化圈相比（如手指取食文化圈在近百年来，其传统已经渐渐为西方的刀叉取食所侵蚀甚至取代），筷子文化圈的基础依然牢不可破。筷子这种餐具，对于筷子文化圈人们的日常生活，至今仍然不可或缺、无法取代。更有趣的是，筷子文化圈的人希望来访的游客也能使用它。在当地的大多数餐馆，桌子上往往只放置了筷子，请顾客使用。而在筷子文化圈区域范围之外、遍布全世界的中餐馆及其他亚洲餐馆，筷子套或纸垫上通常印有简单的说明，指导顾客如何使用筷子，鼓励他们去尝试使用。

筷子是何时发明的？它又为何最初在中国逐渐普及，成为主要的进餐工具呢？现有考古材料表明，中国各地新石器时代的遗址中，出土了不少长短不一的棍，往往由动物骨头制成。有的考古学家将这些骨制短棍称为"骨箸",它很有可能就是筷子的前身。在已经出版的关于筷子历史的专著中,如刘云主编的《中国箸文化史》(2006),也依据考古学家的发现,指出筷子的原型早在公元前5000年以前就在中国出现了,因此筷子在中国的历史长达七千年以上。①

如果这些骨棍确实可以被称为筷子的话,那么当时的人们似乎不只用它们来夹取食物。换句话说,这些原始的筷子,可能具有双重功能:既可以用来烹饪,也可以用来吃饭。有趣的是,许多亚洲家庭至今仍然这样使用筷子,他们不但用筷子取食,也常常借助筷子来做饭,比如打鸡蛋或搅拌肉馅儿等。也就是说,直到今天,筷子仍是一种灵活多用的厨房用具。例如,烹煮食物的时候,可以用筷子来搅拌,也可以用两根筷子夹起锅里的食物,检查成熟程度,或者品尝味道。将食物从煮器中取出放在食器中,不但用筷子夹取,而且还用来送到嘴里品尝,这样的使用方法,让筷子完成了从烹饪工具到取食工具的转化。饮食专家们普遍认为,筷子便是这样起源于中国的。

不过值得一提的是,如果筷子的原型早在七千多年前就已出现,那么上述转化则花费了好几千年,而且从筷子的多用性来考察,也不太彻底。因为筷子今天虽然主要用来进食,却仍保留着其他用途。还需要注意的是,历史文献和研究表明,中国古人起初也是用手指取食的,我们至今仍然称拇指和中指之间的手指为食指。而且这一习俗一直延续至公元前5世纪或前4世纪左右,即春秋战国时期。换句话说,孔子及其弟子用餐,很可能主要靠手来取食。不过在河南安阳殷墟的考古发掘中,出土了六支用青铜制成的箸

---

① 刘云主编《中国箸文化史》,北京:中华书局,2006年,51—61页。

头，可以接柄使用，而在商晚期和周的不少遗址中，也出土了象牙和青铜制成的箸，可见筷子作为一种食具已经在某些社会阶层（也许是王室成员）或宗教祭祀的重大典礼上使用了，其用途或许是烹饪和取食两用。① 我个人的看法是，从战国开始，用餐具（包括筷子）替代手指取食，才逐渐成为多数中国人首选的餐饮习俗。②

综上所述，筷子作为严格意义上的进食工具，其发明和使用无法取得明确的定论，它的广泛普及也经历了一个漫长而又曲折的过程，其中既包含了文化的多重因素，也与饮食习惯在中国及筷子文化圈内其他各地的变化，产生了密切的联系。本书取名"筷子：饮食与文化"，便是想突出筷子的普及使用与"饮食"和"文化"这两大因素同时相关。对中国人和其他亚洲人来说，用餐具来取食体现了一种文明的进步，这一观点将贯穿本书。如果人们希望食物在煮熟或煮热后食用，那么煮器的使用或许就必不可少了。在中国的考古遗址中，已经发现了史前时代不同类型的陶鼎和陶釜。到了商代，即青铜时代，鼎、簋、釜等青铜煮器、盛器十分常见。这些青铜器虽然形状各异，但都有三足或四足将之架起，方便在下面烧火，这种设计显然有利于烹饪加热，由此看来，中国古人喜欢吃热食。据哈佛大学人类学教授张光直研究，中国古代的烹饪方法有十多种，但炊具发明之后，特别是到了周代，煮和蒸这两种方法变得最为重要。③ 当然，人们还是可以用手指来取熟食。但是，如果这

---

① 刘云主编《中国箸文化史》，92—96页；王仁湘《中国古代进食具匕箸叉研究》，《考古学报》1990年第3期及其著《饮食与中国文化》，北京：人民出版社，1993年，266页。
② 太田昌子《箸の源流を探る：中国古代における箸使用習俗の成立》，东京：汲古书院，2001，1—23页；刘云主编《中国箸文化史》，70页。
③ K. C. Chang ed., *Food in Chinese Culture: Anthropological and Historical Perspectives*, New Haven: Yale University Press, 1977. 31. 考古学家王仁湘也有相似的看法，见其《从考古发现看中国古代的饮食文化传统》，《湖北经济学院学报》2004年第2期。

些食物是煮熟或蒸熟的，比如浸泡在滚烫的肉汤中，那么用手指取食就不容易了。为避免烫伤或弄脏手，就必须使用餐具，因为人的嘴巴可以吃烫食或喝热汤，但手指却无法承受同样的热度。有意思的是，似乎从古至今，中国人就偏好吃热食。现在人们待客，还经常说"趁热吃"这句客气话，不仅出于客气，还因为趁热吃的确是中国餐饮的习俗。不过要明确解释为什么中国人从古代开始就喜欢吃热食，并将这种饮食习惯保留到现在，还不太容易。饮食史专家也没有特别好的说法。中国北方的气候，可能是促成这一习俗的影响因素。因为在华北和西北地区，除了夏季，大都相对干燥寒冷，人们更愿意将食物煮热吃。据中国古代历史文献记载，"羹"，即现在常见的用肉或者菜调和的带汁浓汤，是那时最流行的菜肴。根据考古学家的研究，古代中国人的食物中，肉食相对以后占有更大的比例，而煮熟的肉食一旦冷却，就不那么可口了。这或许是大多数中国人喜吃热食的一个原因。[①]

不过，一旦使用餐具成为一种饮食传统，并成为一种文化的形态，它就会吸引周边区域的人，并影响和改变他们的饮食习惯。例如，日本人不一定像中国北方人那样喜欢吃热食，现在世界上流行的日本菜，如寿司和刺身，均以室温享用为佳。[②]但从7世纪以来，日本人一直钟情于筷子，并以使用餐具吃饭而自豪。同理，越南的气候要比中国北方温暖湿润得多，菜式也比较清淡，凉拌菜颇

[①] 参见赵荣光《箸与中华民族饮食文化》，《农业考古》1997年第2期；王仁湘《饮食与中国文化》，264—270页。

[②] 日本饮食史专家木村春子曾发表比较中日饮食习惯差异的论文，指出日本人没有中国人那么喜欢吃热食，参见《中国と日本その料理の特色、民族的な嗜好傾向》，《第六届中国饮食文化学术研讨会论文集》，台北：中国饮食文化基金会出版，1999年，509—526页。

多,虽也有煮、蒸的热菜,但很少使用煎、炒的方法。① 因而可以这么说,日本人和越南人选用餐具进食主要是受中国文化的影响。越南曾受中国历朝政权统治长达一千年之久,越南人选择用筷子进食,显然文化的因素远大于饮食的需要,因为与之相邻的其他东南亚国家,传统上都是用手指取食。而越南人使用筷子,应比日本人更早,在筷子文化圈中或许仅迟于中国人。

人们用餐具进食,就必须选用一双筷子吗?答案是不一定。事实上,尽管从大约7世纪直到现在,筷子文化圈在亚洲已经存在了千年之久,但用来取食的餐具,并不仅限于在这个圈内发明并使用的筷子。在这里,匕、匙、勺和刀叉也很早就出现了,与其他饮食文化圈形成的历史颇为相似。它们既被用作烹调工具,也被用作取食餐具。此外,根据考古发现和历史文献,虽然筷子发明较早,却并不是最早的餐具。甚至在其发明地古代中国,筷子在很长一段时间内也不是主要的饮食工具。匕出现得最早。更确切地说,在古代中国用作取食的主要工具,是状如匕首、介乎刀和匙之间的餐具。②《新华字典》解释,"匕"为"古代的一种取食器具,长柄浅斗,形状像汤勺",而"匙"则解释为"一种通常为金属、塑料或木质椭圆形或圆形的带柄小浅勺,供舀液体或细碎物体用"。换句话说,"匕"和"匙"在现代都称为"勺",不过至少在古代,勺比匕和匙要大且深,手执的柄也要长一些。但为了方便今天的读者,本书姑且用"勺子"来统一称呼这些用来舀取食物的餐具。

要理解在中国古代,为何勺子(匕、匙)作为饮食工具比筷子

---

① 参见李太生《论越南独特的饮食文化》,《南宁职业技术学院学报》2007年第4期;刘志强《从越南的饮食看国家与地区之间的文化交流》,《东南亚纵横》2006年第9期。

② 参见王仁湘《饮食与中国文化》,259—266页。

出现更早也更为重要，我们需要仔细考察历史上中国人和其他亚洲人通常摄入的食物种类。饮食史专家倾向于把食物分为两类：谷物类和非谷物类。以就餐而言，前者显然更重要，因为在许多地方，吃一顿饭通常就等于吃了一种谷物，无论是大米、小麦、小米还是玉米。亚洲人也不例外。在汉语中，"饭"泛指所有煮熟的谷物。在现代语境中，"饭"通常指的是"米饭"，也有可能是其他谷物煮熟之饭。这个字在其他亚洲国家的语言中表达的意思与汉语相同，韩语读作"밥"，日语读作"（ご）はん"，越南语读作"co'm"。因此，中国人就餐便是"吃饭"，字面意思是"吃煮熟的谷物（米）"。但在日常生活中，"吃饭"的意思显然超出了字面含义，很有可能也包括摄取非谷物类的食物，即吃"菜"。日语中的"ごはんをたべる"也有着同样的双重意义，并非仅指食用煮熟的米饭。这些类似的表达，说明了谷物食品的重要性。事实上，汉语口语中非谷物类食物"菜"，有时被称作"下饭菜"，在有的方言中直接叫"下饭"。这一词语表明，"菜"的主要功能是辅助人们摄入谷物食品。

在古代中国，勺子是主要的饮食工具，因为中国人最初用勺来取用谷物食品，而非后来的汤（本书第6章将会提到，汤匙其实是在较晚时期才出现的）。相比之下，筷子最初是用来夹取非谷物类食品的。这两种配套使用的餐具，在历史文献中被称为"匕箸"或"匙箸"，若用现代汉语来表达，大致翻译为"勺子和筷子"。在"匕箸"和"匙箸"的表述中，"匕"和"匙"在前，而"箸"则在后，显示出勺子在进餐工具中的重要地位。先勺子，后筷子，反映了中国古人摄入食物时"饭"与"菜"的主次关系。今天在朝鲜半岛，我们仍然能看到这种饮食传统的延续。那里的人就餐时会将勺子和筷子配套使用。就像中国古代的饮食习俗，朝鲜或韩国人通常用勺子取食谷物食品即米饭，而用筷子夹取非谷物类的食品。

然而，今天朝鲜半岛居民的饮食礼仪所反映的主要是一种文化规范，而非烹饪之需，因为随着稻米作为主食在亚洲各地普及，要将一团饭送入口中，筷子是一种颇为有效的工具。在如今的筷子文化圈中，大多数使用筷子的人通常都会这么做。其实，朝鲜和韩国人虽然在就餐时将勺子和筷子配套使用，但在不太正式的场合，如在家中用餐，他们也会简化礼节，只用筷子来完成夹送米饭和菜肴的功能。

古代中国人和今天朝鲜半岛居民用勺子和筷子来进食，反映了饮食和文化的双重影响。更确切地说，如果后者体现了一种约定俗成的礼仪，那么前者则与饮食上的需求相关。从上古到唐代，中国北方（以及朝鲜半岛）的主要粮食是小米，这是一种适合该地区气候的作物，既耐寒又抗涝。不过小米烧熟之后，不像稻米那么黏，易于团成块。因此小米煮成粥最佳，古今皆然。据中国礼仪文献推荐，食粥用勺子更好。相比之下，筷子当时则主要用于从有汤的菜（羹或其他炖菜）中夹起食物。于是，在古代中国，筷子被看作一种次于勺子的进餐工具，其主要功能是夹取非谷物类食品或炖菜中的食物。

筷子的这个角色，不久就产生了变化。事实上，这一变化大约在汉代就开始了，此时用小麦粉制成的食品，如面条、饺子、煎饼和烧饼开始日益受到喜爱。考古发现证明，古代中国人早已学会了用臼和杵来研磨谷物做面条。世界上最早的面条，是在中国的西北地区发现的。这种由小米制成的面条，有超过四千年的历史。[①]到了汉代，人或动物带动的石磨渐渐普及使用。除了小米，

[①] 英国《自然》(Nature)杂志2005年报道，中国学者在青海喇家新石器文化遗址中发现了小米做的面条，是世界上迄今发现最早的面食。参见邱庞同《中国面点史》，青岛：青岛出版社，2009年，18—19页。

中国人也开始研磨小麦。这可能是受到了来自中亚的文化影响。而在研磨成为一种广为接受的小麦加工方法之前，中国人煮食完整的小麦，即"麦饭"。至少在中国，小麦的食用经历了一个从粒食到粉食的过程。但这一转化不是即刻完成的，因为在面粉出现之后，许多地区仍然保留了食用麦饭的传统。不过毫无疑问，是面粉把小麦变成了更受欢迎的谷物食品。到了唐代末年，即10世纪初，小麦种植已经变得非常重要，足以动摇小米在中国北方农作物中的霸主地位了。

不仅在亚洲，还包括其他地区，除了烧饼、煎饼和馒头，面条和饺子是两种广受欢迎的面食。吃这些食物时，筷子比勺子更合适。也就是说，由于面食的魅力，大约从1世纪起，筷子在中国开始挑战勺子，最终荣登餐具首位。有趣的是，西方的食品专家注意到，面条的普及也导致了欧洲人开始使用叉子（当然时间上要比中国和亚洲其他国家晚得多），以致从14世纪起渐渐与其他餐具配合使用。如上所述，刀、叉在西方的古典时代便已经出现，但至少在罗马时代，叉子只是在厨房里使用，不上桌面。而据意大利传说，11世纪早期，一位嫁给威尼斯贵族的土耳其公主首次把叉子带到了欧洲。但叉子作为餐具的广泛使用，还要等到欧洲人习惯吃意大利面之后。事实上，某些研究显示，中世纪晚期的土耳其人不仅用叉子，也曾在一段时间里用筷子吃面条。[①] 不管怎样，叉子是欧洲等地人食用面条的工具，而筷子则是亚洲人（包括筷子文化圈之外

---

① Giovanni Rebora, *Culture of the Fork*, trans. Albert Sonnenfeld, New York: Columbia University Press, 2001, 14-17; James C. Giblin, *From Hand to Mouth, Or How We Invented Knives, Forks, Spoons, and Chopsticks and the Table Manners to Go with Them*, New York: Thomas Y. Crowell, 1987, 45-46; and Peter B. Golden, "Chopsticks and Pasta in Medieval Turkic Cuisine," *Rocznik orientalisticzny*, 49 (1994-1995), 71-80.

的一些亚洲人）用来取食面条的选择。如在泰国这样的东南亚国家，人们吃面条时会倾向于用筷子，而吃其他食物时，则会习惯用手指或其他餐具。①

面条是一种谷物食品。人们通常不会单独吃面条，而喜欢将面条和其他东西混在一起，或是汤，或是调味汁，或是肉类和蔬菜。如此做法，面条便成了一顿饭。在这种混合物中，"饭"和"菜"，谷物食品和非谷物食品的区分，就不再重要了，因为它们混合在一起。亚洲的拉面（日语称"ラーメン"）就是一个很好的例子。拉面是一种带汤的面条，起源于中国。近几个世纪以来，拉面在亚洲得到了广泛的普及，也正在走向全世界。正像"拉"这个字所暗示的，其制作是通过抻拉完成的，即用手或机器将面团一次次抻拉成条。人们对拉面的喜好在于其汤底，其中加入了肉、蔬菜及葱、酱油等调味品。日本拉面还特别配有海藻、鱼糕，有时加一个鸡蛋。这一切表明，一旦调好味，面条便成了一道混合了谷物和非谷物的美食。中国的饺子，薄薄的擀面皮包裹着肉馅儿和蔬菜，也同样超越了传统的谷物与非谷物食品之分。最重要的是，吃这样的面食，用筷子比用勺子更加有效。

以面粉形式为主的小麦食品的流行，可能仅限于中国北方。而在南方地区，稻米从远古时代起就已经是主粮。长期以来，这里的居民可能已经使用筷子来取食米饭和其他配食。② 在宋代，由于选用了来自越南的早熟新品种，水稻产量在中国南方和北方都得到很

---

① Penny Van Esterik, *Food Culture in Southeast Asia*, Westport: Greenwood Press, 2008, xxiv; 54-55.
② 中国学者沈涛曾提出，云南是筷子的起源地，在殷商时期逐步向中原地区蔓延，参见其著《箸探》，《中国烹饪》1987年第5期。太田昌子在《箸の源流を探る》中讨论了沈涛的观点，参见该书248—260页。

大提高。到了明代，水稻种植持续增长。同样，朝鲜半岛的稻米种植也在此时有了明显的增长。这些时期，由于人们对稻米的消费增加，筷子文化圈得到进一步巩固和强化。文学和历史文献表明，从 14 世纪起，对许多人而言，筷子已经成为可用的唯一取食工具。这种变化在中国尤其明显，因为之前中国人的饮食习俗是勺子和筷子一起使用。后来只选用筷子，原因可能多种多样，其中一个原因是大约从明代开始，甚至更早，人们渐渐采用了合食制，即大家一同坐在方桌旁进食。筷子可以用来夹取所有的食物，无论是谷物还是非谷物，这就促成了筷子成为主要的进餐工具。这一变化的另一个结果是，勺子渐渐丧失了原来取用谷物类食品的功用，而主要用来舀汤，从以前用来吃饭的饭匙变成了汤匙。在今天的中国、越南和日本等地，勺子的功能仍然如此。

在亚洲（或者中国）独特的文化传统中，促进筷子使用的，除了吃米饭，还有喝茶。很多老茶客不仅喜欢品尝茶饮，也习惯在喝茶时享用一点小吃和开胃菜，它们也叫"小食"（小食品）或"点心"（在英语中常拼写为"dim sum"，意思就是开胃菜）。"小食"和"点心"这两个词最早出现于唐代，显然得益于当时人们对饮茶表示出来的越来越浓的兴趣。接下来的几个世纪里，一边饮茶一边品尝各种小碟食品的习俗，得到强化和普及，并持续至今。这些小碟装的吃食（在当今世界各地的粤菜餐馆中通常是烧卖、肉圆、虾饺、鱼丸等），大部分适宜用筷子来取食。在亚洲各地的小酒馆、茶馆中，筷子的确是最简便、常见的餐具。

比起别的饮食器具，竹筷、木筷价格低廉，这使得筷子在亚洲得以广泛使用。从某种意义上说，无论人们社会地位有何不同，他们都可以有饮茶和使用筷子的习惯。毋庸置疑，正如英国著名人类学家杰克·古迪（Jack Goody，1919—2015）在其名著《做饭、烹调和阶级》(*Cooking，Cuisine and Class*)中指出的那样，饮食文化反映了社会的地位等级。[①] 杜甫的名句"朱门酒肉臭，路有冻死骨"，也早已形象地形容了饮食文化中表现出来的巨大贫富差异。的确，富人能买得起上品的好茶，享受盛馔，使用精致的筷子，穷人则负担不起。可无论贫富，谁都可以喝茶放松，用筷吃饭。本书希图指出，与其他历史、社会现象一样，饮食文化并非一成不变，而是经历了种种演化。筷子成为主要的饮食工具，以及合食制的发展，都有可能始于中国及周边地区的下层社会。这些就餐习惯，随意又不过分拘泥于礼节，为普通百姓日常生活中喜闻乐见，经过自下而上的互动，逐渐扩散到上流阶层，为整个社会所普遍接受。如上所述，今天一些在朝鲜半岛生活的居民，在家庭或其他轻松场合用餐时，也会使用筷子吃饭，而不会使用比较讲究礼节的勺子。如此情形，足以说明这一点。

与勺子和筷子几乎同时，甚至更早出现的刀叉，在中国古代社会的接受程度又如何呢？考古发掘的汉代墓葬里，一些画像石、画像砖上描绘了烹饪和饮食的场景。从这些石刻的图像中可以看到，刀叉在当时是用作厨房用具而非进餐用具的。而在接下来的几百年里，刀叉的这种功能一直没有变化。甚至直到近代初期，作为欧洲餐具的刀叉传入中国和亚洲之前都是如此。换句话说，在中国及其邻近地区，刀叉并没有像筷子那样从烹饪工具发展为进餐工具。对这一现象的解释，我们还需要考虑饮食和文化的双重因素，考察它们所发挥的作用。

从烹饪的角度看，羹或炖菜在早期中国的流行特别值得我们关

---

① Jack Goody, *Cooking, Cuisine and Class: A Study in Comparative Sociology*, Cambridge: Cambridge University Press, 1982.

注。炖菜一般是将固体食物原料置于汤中炖煮，吃的时候再加上肉汁或酱汁。历史文献和考古发现表明，至少在汉代，炖菜中的固体成分，在烹煮前已经切成了一口大小。这样，用来切肉的刀就可以留在厨房，没有必要上餐桌了。由于炖菜中的食块较小，从汤中取出来时，用筷子要比用叉子更有效。

当然，肉切成一口大小的原因，也可以归因于人们喜欢使用筷子。20世纪60年代，法国语言学家、文学评论家罗兰·巴特（Roland Barthes，1915—1980）曾造访日本，对当地做过一些有趣的、富有哲理的观察。他强调食物与餐具的相辅相成：

> 小块的食物和可食的食物，具有一种一致性：食物呈小块状以便入口，而小块食物也就体现了这一食物可吃的特质。东方食物与筷子之间的合作关系不仅仅是功能性或工具性的：将食物切小是为了能用筷子夹住，而使用筷子也是因为食物已经被切成了小块，二者相辅相成。这样的关系便克服了食物与餐具之间的隔阂，使二者融洽无间。①

罗兰·巴特仔细观察了筷子如何夹取食物，对筷子与刀叉（他自己更习惯使用的餐具）做了比较，也对筷子的文化意义进行了一番思考：

> 筷子通过分、拨、戳来分解食物，而无须像我们的餐具那样对食物进行切、扎。筷子从不有违食物的本性：要么慢慢地将

---

① Roland Barthes, *Empire of Signs*, trans. Richard Howard, New York: Hill and Wang, 1982, 15-16.

之拨开（比如蔬菜），要么将之戳开（比如鱼），由此重新发现这种食物的天然缝隙（在这一点上，筷子比刀更接近于手指的作用）；最后，再用筷子运送食物（这也许是筷子最可爱的功能），或像双手那样，无须夹住而是直接托起饭团将它送入口中，或像勺子那样，将雪白的米饭从碗里拨到唇边（真正东方人的传统吃饭姿势）。筷子的这些功能和表现，不同于我们生猛的刀及其替代品叉，不必切、扎、剁、绞（这都是很有限的动作，只能归为烹饪前对食物的准备：活剥鳗鱼皮的卖鱼人，通过初步的献祭，为我们一劳永逸地驱除屠宰之罪）。使用筷子，食物不再是受蹂躏的猎物（需与之搏斗的肉食），而是被平和传送的物质。筷子将事先分割好的食物一点一点送进口中，将米饭接连不断地送进嘴里。筷子像慈母一般不知疲倦地一口一口运送着食物，让配备刀叉的我们去行掠食之事吧。①

这段思考可以很好地启发进一步讨论：文化因素是如何以及为什么使筷子变成了早期中国的餐具。对罗兰·巴特来说，筷子不是"掠夺性的"，使用者不会像用刀叉那样"暴力地"对待食物。罗兰·巴特不是唯一提出这个观点的人。16世纪，一些到亚洲旅游的西方人，看到当地的人用筷子进食，都有类似的看法，认为亚洲人使用筷子是一种（更）文明的用餐习俗。

而对中国人而言，用餐具进食早就成为一种自豪的文化信仰。长期执教于牛津大学的汉学家雷蒙德·道森（Raymond Dawson），曾对中国文化对于周边地区的影响，包括饮食生活等方面，做过精辟的论述：

---

① Roland Barthes, *Empire of Signs*, 17-18.

中国文化之于朝鲜半岛、越南和日本，除了语言、文学和思想之外，还在其他诸多方面有着不可磨灭的影响，比如在建筑和艺术等方面，影响便十分深远。这些地区的绘画，就部分地与中国的书写文字相关，因为书法和绘画都用毛笔在一个平面上进行技术操作。而在日常习俗的方面，"汉化"最重要的标志就是用筷子进食。远东地区（东亚）的平民百姓普遍认为，用筷子吃饭还是用手指或之后的刀叉吃饭，是区分文明与野蛮最明确无误的标志。①

不用说，这一见解不仅中国人乐于接受，筷子文化圈中的其他亚洲人也完全认同，因为他们都选择把刀留在厨房，而不是带到餐桌上。要想追踪这一行为的文化起源，一个简单的办法就是读一读《孟子》。孟子是孔子之后儒家文化的主要代表人物之一，他这样来论述"君子"的素养：

> 无伤也，是乃仁术也，见牛未见羊也。君子之于禽兽也，见其生，不忍见其死；闻其声，不忍食其肉。是以君子远庖厨也。（《孟子·梁惠王上》）

我们无法知晓，是否是因为孟子的这一评论，才使得肉类的食用在传统的亚洲烹饪中，与其他文化圈相比显得微不足道。但至少有一点是明确的，那就是孟子关于"君子远庖厨"的教导，不但家喻户晓，而且流传至今。再广一点看，不仅在中国，在亚洲或者至少在儒家思想影响的地区，同样的观念照样流传甚广，成为筷子文

---

① Raymond S. Dawson, ed., *The Legacy of China*, Oxford: Oxford University Press, 1971, 342.

化圈的理论支柱。遵照孟子的训诫，刀只能由厨房里的厨师用来将上桌前的肉切成小片。这也正是孟子尊奉的孔子在享用肉食时，向厨子们提出的要求："食不厌精，脍不厌细"（《论语·乡党》）。在儒家文化之后，大约于公元前1世纪之后渐渐传入中国的佛教，对亚洲筷子文化圈的饮食文化，也产生了深远的影响。由于佛教戒杀生，亚洲食品中的肉食成分，便显得愈益减少。按照普林斯顿大学中国历史教授牟复礼（Frederick W. Mote，1922—2005）的说法，在中国传统的烹饪中，如果一道菜要用到肉，它的主要功能常常是"给蔬菜调味，给调味汁打底，而非一道菜的主料"[①]。这一形容虽略有夸张，但也反映了亚洲烹饪传统的特色，其结果是在千百年来有效地将刀限制在厨房之内。既然不用刀，叉子也就没有必要了，因为其功能之一是在切肉时固定住；另一个功能是将切小的肉块和其他食物送入口中，而这一动作完全可以由筷子轻松取代。

使用筷子的传统让中国人和其他亚洲人向来认为自己的饮食方式要比其他人更文明。但我们今天必须指出的是，无论是用餐具还是用手指取食，都只反映了一种文化的偏好，而不能表明文明程度的高下。事实上，优雅得体的饮食方式，更依赖于如何将食物送进嘴里，而不在于是否使用餐具，或使用什么样的餐具。这也就是说，每种饮食传统里，都有自己优雅的、有别于粗俗的进食方式。是优雅还是粗俗，不同的地方有不同的标准。例如，许多用手吃饭的地区，通常只能用右手进食，因为人们认为左手不洁净。而在手指取食文化圈的某些地方，用手优雅地进食的方式是只使用三个手指（拇指、食指和中指），而非整只手。而在使用西式餐具的地方，得体的饮食方式表现在用合适的餐具来取用和运送不同的食物——

[①] Frederick W. Mote, "Yuan and Ming," *Food in Chinese Culture*, ed. K. C. Chang, 201.

沙拉、汤、主菜和甜食。

几千年来，随着筷子的使用的普及，相关的礼仪规则也逐渐形成。这套规则要求使用者正确、得体地握住筷子，并有效地使用它。在整个筷子文化圈中，筷子的长短、粗细并不一致，但使用筷子的礼仪规矩却惊人地相似。首先，筷子使用者普遍认为，拿筷子最有效、最优雅的方式，是将下面那一根筷子置于拇指根部，垫在无名指与中指之间，以便将其固定。然后，像握铅笔那样握住上面那一根，用食指和中指将其移动，又借助拇指将其稳定。夹取和运送食物的时候，两根筷子需要一起运作，夹起食物，送进嘴里。除了学会如何拿筷子，还有一些规则要求使用者正确和有效地取用食物。例如，尽管筷子用起来很灵便，似乎可以任意选择、夹取碗盘中中意的食品，但礼仪则规定使用者不能用它在碗盘里随意掏挖。有些食品如肉丸子，用筷子夹取并不方便，容易在运送的过程中滑落，但礼仪也规定不能将筷子戳入肉丸来取用。而在用筷子运送食物的过程中滴淌汁水，也被视作失礼的行为。总之，筷子已经成了一种广泛使用的餐具，正确而熟练地使用它，已成为亚洲人良好餐桌礼仪的重要组成部分。

餐桌礼仪的形成，是为了避免令人生厌的就餐动作影响他人的食欲。上述筷子礼仪的发展，基本上是出于同样的顾虑。其实，也可以这样说，筷子的发明和使用，在某种程度上就是为了防止就餐时有可能出现的混乱、难看和难堪的状况。在现代西方世界，人们在使用餐具用餐的过程中，需要不时用餐巾来擦嘴、擦手。这种习惯的养成自然是为了培养优雅的就餐习惯，在近现代世界更被视为文明用餐的标志。不过有趣的是，欧洲人16世纪来到亚洲时，曾对当地人用筷子进食的方式发出过钦佩的感叹，因为亚洲人可以用筷子将一口大小的食物从碗里送到嘴里，根本不会弄脏自己的手，这样就不需要使用餐巾,甚至无须在用餐前洗手。①

所谓干净利落、举止优雅的餐饮方式,自然会随地区、文化的不同而产生一定的差异。例如,在筷子文化圈,从筷子上滴下食物汁水通常会令人反感,所以人们摸索出多种应对方法。一种常用的方法就是缩短运送食物的距离。中国人、日本人和越南人吃饭时,通常会将饭碗抬高到靠近嘴巴的位置,方便用筷子将里面的米饭送进嘴里(但日本人虽然抬起饭碗,却在礼仪上主张用筷子夹起一团饭送进嘴里,而不是嘴巴凑着碗,用筷子将米饭拨进嘴里)。② 而对于朝鲜半岛的居民和一些首次使用筷子的欧洲人来说,抬起饭碗吃饭的用餐方式不太优雅。因此,为了保存传统,生活在朝鲜半岛的人从很早开始,便提倡勺子和筷子配套使用,用勺子来进食米饭,而用筷子夹食小菜。即便是勺筷并用,他们不会也不能左右开弓,双手将二者同时使用。朝鲜半岛上的就餐礼节,其实也是中国的古礼。宋代朱熹的《童蒙须知》便规定:"凡饮食,举匙必置箸,举箸必置匙。食已,则置匙箸于案。"本书将对中国古代的就餐礼仪,在数个章节详加讨论。

不管使用熟不熟练,两根筷子都得一起用才能夹起食物。这种不可分离的独特性,连同其形状、颜色和材料,使得筷子这种餐具,长期以来都是一种备受欢迎的礼物,一种文化的象征,甚至成为流行于亚洲许多地方的文学隐喻。也就是说,筷子不只是一种进食工具。例如,筷子需成双成对,在亚洲,人们都愿意用它作为结

---

① 16世纪晚期,意大利商人弗朗切斯科·卡莱蒂(Francesco Carletti)到日本,曾有这样的描述:"日本人可以极敏捷地用这两根小棍将食物送进口中,不管食物有多小,都能夹起来,完全不会弄脏手。"引自 Giblin, *From Hand to Mouth*, 44。同样,那时到达中国的欧洲人,也有类似的观察,参见 C. R. Boxer ed., *South China in the Sixteenth Century*, London: Hakluyt Society, 1953, 14, 141。

② 有关日本人吃米饭的礼仪,参见 Ishige Naomichi, *The History and Culture of Japanese Food*, Londen:Routledge, 2011, 68。

婚礼物，以表达对夫妻的良好祝愿。筷子是许多亚洲人婚礼仪式上基本的甚至是必不可少的物件。以筷子为主题的爱情故事，也出现在亚洲民间传说和神话中。正像这些故事中所叙述的以及今天婚礼上仍然流行的那样，筷子常常会在定情仪式和结婚典礼上出现，成为表情达意的有效工具。因此，文学家依据筷子的独特使用方式，创造出一些短语，让诗歌和故事更为生动形象。最后，筷子所用的材料也具有重要的社会意义，甚至政治意义。例如，有钱人往往喜欢用价格昂贵的金、银、象牙、玉石、乌木和其他珍贵木材制成的筷子，来表明或抬高自己的身价。而不少文人雅士则偏好质朴的竹筷，视其为乡野乐趣的象征。由于历史上的原因，象牙筷（象箸）在习惯上象征着堕落和腐败。玉筷由于易碎，也不会被当作日常用具；但"玉筷"这一词语则频频出现在文学文本中，人们借用它的颜色和形状来比喻女人的眼泪！

作为一项具有悠久历史的发明，筷子已随时间演变成一种适应性很强的工具。无论在饮食还是非饮食的场合，筷子不仅方便，还可以被创造性地使用。筷子的适应性，也是它的独特性。其他用餐工具，不可与之匹敌。诺贝尔物理学奖获得者李政道曾将筷子和手指做过有趣的对比：

> 中国人早在战国时期就发明了筷子。如此简单的两根小细棍，却高妙绝伦地应用了物理学上的杠杆原理。筷子是人类手指的延伸。手指能做的事，筷子也能做，且不怕高温，不怕寒冻，真是高明极了。①

---

① 在接受日本记者采访时，李政道针对筷子的使用说了这一番话，参见 http://www.chinadaily.com.cn/food/2012-08/02/content_15640036.htm。

最近几个世纪，筷子的使用及其文化经历了相当瞩目的变化。比如，随着现代科技的发展，经济耐用的塑料筷子变得十分常见，脱颖而出。但木筷和竹筷依旧很受欢迎，金属筷也同样如此。事实上，耐久性并非现今人们选择筷子的唯一品质标准。现代消费主义鼓励消费，而非节约和保存，再加上日益提高的卫生意识，导致一次性筷子（大多用廉价的木材，有时也会用竹子制成）的使用，在世界各地形成新的、蓬勃上涨的趋势。毫无疑问，塑料筷子和一次性筷子的普及，有助于筷子的使用风靡全球，也增强了亚洲食品特别是中国食品的跨文化吸引力。因此，筷子文化圈非但没有缩小，而且还在不断扩展，跟随亚洲餐馆逐渐扩大到亚洲以外的地方，走向了全世界各个角落。当然，塑料和木质材料的过度使用，会产生一系列的环境问题。尽管如此，作为世界上最古老的餐具之一，筷子在未来的岁月里，无疑还会保持持久和独特的魅力。

第 2 章
为什么是筷子？
筷子的起源及最初的功能

羹之有菜者用梜，其无菜者不用梜。

饭黍毋以箸。

——《礼记·曲礼上》

1993 年 4 月 5 日，南京博物院考古研究所会同扬州市博物馆、盐城市博物馆及高邮市文管会组织了一支考古队，在高邮龙虬庄新石器时代遗址进行了一系列发掘工作。1995 年 12 月，这支考古队完成了第四次也是最后一次发掘，总面积 1335 平方米，出土的 2000 多件时代在公元前 6600—前 5500 年的器物，大都是用动物骨头制作的工具和器皿。该遗址被评为 1993 年度"全国十大考古新发现"之一。与其他新石器时代文化遗址不同的是，这里出土了 42 根骨棍。参加发掘的考古人员在报告中指出，它们就是骨箸，即中国最早的筷子原型！

这些骨棍真的是筷子吗？它们是什么形状的？根据考古发掘报告，这些骨棍长 9.2—18.5 厘米，直径 0.3—0.9 厘米，中间粗一点，顶部略呈钝圆形，底部逐渐变细。虽然看似粗糙，但外形的确有点像今天的筷子。类似的骨棍在其他新石器时代遗址中也有发现，但学者们普遍将它们认作骨笄,即扎住头发的发笄。事实上,龙虬庄考古队最初对这些骨棍进行分类时,也把它们当作骨笄。但考古队长张敏(后来担任南京博物院考古研究所所长)则指出,这些骨棍的放置位置有所不同,不在头部而在腰部即手的位置,并与其他陶制食器、盛器放在一起。他判断这些骨棍应该是食具,而不是用来整理头发的。这一论断,让龙虬庄出土的骨棍成为中国最早的筷子的说法,写入了考古报告并正式出版,而且张敏在2015年的一次演讲中,再度重申了他的这一发现。不过其他研究人员也持不同的看法。①

《中国箸文化史》主编刘云及其编写者,支持了龙虬庄考古队的判断。他们在书中指出,有四点证据能够说明它们确实是骨箸:

(一)骨箸表面制作粗糙,不平光,而骨笄加工细致,表面光平。

(二)骨箸截面是扁形或不规则椭圆形,而骨笄截面呈标准的圆形。

(三)骨箸多数一端平齐,一端圆,而骨笄一端钝尖,一端锐尖。

(四)骨箸多随陶豆、陶盆、陶碗、陶鼎等置于人骨的腰部,而骨笄置于头部。②

---

① 龙虬庄遗址考古队《龙虬庄——江淮东部新石器时代遗址发掘报告》,北京:科学出版社,1999年,346—347页。2015年在扬州建城2500周年的纪念活动中,张敏应邀做了"江淮地区文明之光"的系列讲座,他强调龙虬庄的骨箸为中国最早的筷子,参见《扬州晚报》2015年1月18日。笔者在2016—2017年修订、补充本书时,多次与南京博物院院长龚良接触,希望他帮助提供该院收藏的龙虬庄骨箸的照片。但龚良与笔者在2017年7月2日的通话中,说到龙虬庄的骨棍不能认定为骨箸。可惜的是,他之后没有也不愿提供反驳龙虬庄考古发掘报告观点的论著。
② 刘云主编《中国箸文化史》,52页。

《中国箸文化史》还告诉读者，曾经参与陕西临潼姜寨新石器时代遗址发掘的王志俊，受到龙虬庄考古报告的启发，对在1972—1979年姜寨遗址发现的50件骨棍做了重新的界定，认为这些很有可能是骨箸，因为它们也与陶钵、陶罐一起放置在葬者腰部，而在头部还发现与之形状类似的骨棍。王志俊认为，前者是骨箸而后者是骨笄，因为它们虽然都是骨制短棍，但形状上有着与龙虬庄骨棍同样的差别。《中国箸文化史》的编写者们还据此检查了其他中国新石器时代文化遗址中发现的骨棍和木棍，指出类似的情形也出现在其他遗址中，被前人看作的骨箭、骨针、骨锥和骨笄，他们认为对"过去考古发掘者定名的骨镖、骨针、骨锥、骨两端器、骨箭头等用具有必要加以重新检视"，因为它们有可能是骨箸。①

张敏、王志俊和刘云等人的上述看法，有一定的理由。不过，为了谨慎起见，从科学立场出发，我们仍需思考，如何避免以今律古，从我们现在的生活来理解、解释过去。更确切地说，要确定龙虬庄遗址发现的骨棍的确是古人用的筷子，还需要对筷子本身的定义做出明确的界定，那就是把它视为一种取食的工具。但正如导言指出的那样，筷子的使用至今仍有其多样性，它既能用来吃饭，又能用来协助烹饪。从考古学家提出的上述理由来看，远在新石器时代，古人就开始使用骨制或木制的短棍作为工具。它们有可能被用来取食，也有可能被用来搅拌烹煮中的食物，或拨弄陶罐下的火炭，后者被称作"火箸"，在筷子文化圈中颇为常见。关键的一点是，如果这些短棍的确是用来进食的工具，古人是否将它们成对使用？甚或也像我们这样用手握着它们，将食物夹住并送入口中？今

---

① 刘云主编《中国箸文化史》，53—60页。

人无法回到过去，要想对这些问题做出明确的解答，显然是不太可能的。

考古发现的新石器时代之后的遗存，提供了比较明确的物证，显示今天筷子的原型在中国古代首先是一种烹饪工具。在商代，古人已经制作了青铜短棍，作为食具用来备餐。考虑到筷子的多用性，我们可以将之称为"箸"。20世纪30年代，考古学家在河南安阳殷墟发现了六根青铜箸头，与若干匕、勺放置在一起。这些青铜箸头的直径近1.3厘米，比后来的筷子粗，但数量及摆放位置表明，此物如钳子一般，曾被成对使用过。至于它们是不是只用来进食，考古学家还不太确定。青铜器专家陈梦家则提出，这些青铜箸头也有可能是用来冶金的，因为它们比较粗，作为取食的器具似乎不太方便。① 而更多的人认为，这些青铜制品是用来帮助烹饪的，或用来搅拌锅中的食物，或用来整理煮器下面的炭、柴，助长或控制火势等。美国人类学家尤金·安德森（Eugene N. Anderson）在他的《中国食物》（The Food of China）一书中写道，一般人仅需很少几样工具，就可以做中餐了；除了菜刀、砧板、炒锅、炖罐，再来一把炒菜的铲子和一双筷子就足够了。用他的话来形容，筷子在中国人的厨房中，用途甚广，不但可以用来打鸡蛋，而且还能用来夹住、搅拌食物，滤出食物中多余的水分和拨动、摆放食物等。② 根据筷子多用性的传统，我们把这些商代出土的文物视为古代筷子的原型，颇有道理。在东亚和东南亚地区，筷子仍然是一件重要的烹饪工具，常被当作打蛋器（打鸡蛋）和搅拌器（做饺子馅儿时将肉末和蔬菜混合在一起）。

---

① 陈梦家《殷代铜器》，《考古学报》1954年第7期；刘云主编《中国箸文化史》，92—93页。

② E.N.Anderson , The Food of China, New Haven: Yale University Press, 1988, 150.

在中国南方和西南地区的青铜时代遗址，考古学家们发现了若干短棍，并认定其为煮食和取食的箸。例如，20世纪80年代，湖北长阳（位于长江中游）出土了两件商代骨箸。在同一地区的周代遗址中，还发现了一双象牙箸。这是迄今为止中国历史上最早的象牙筷子。此外，在今天的安徽和云南，也发现了青铜箸，其直径为0.4—0.6厘米，比河南安阳发现的更细，顶端呈方形，底端更细呈圆形，形状和现在用的筷子十分相像。参与长阳遗址发掘的考古学家王善才这样描述：

> 长阳香炉石遗址出土的生活用具中的古箸、勺，其形制和我们今天所使用的筷子、勺几乎没有大的区别，做工也十分精致，箸面还有纹饰。考古发现的先秦时期最早的箸是商代中期的骨箸。可见，我国古代巴人远在3300多年前就已在用箸。制箸技艺已达到相当高的水平。①

值得注意的是，王善才指出勺子是中国古代的另一种进食工具。相关的考古发现和文献资料都证明，勺子的确是中国人最早用来进食的主要工具。勺子像筷子一样，既可以用来搅拌锅里煮着的食物，也可以将食物送进嘴里。因此，《诗经·小雅·大东》就有"有饛簋飧，有捄棘匕"一句，形容当时的人如何用酸枣木做的勺子煮食、取食。当筷子第一次出现在新石器时代，勺子或者更准确地说是匕首形勺（历史文献中的"匕"或"匙"），在中国已经广为人知。这种类型的勺子，还有燧石和骨刀，在全国各地的新石器时代遗址中都有发现。从年代上来看，最早的匕可能出现在中原地

---

① 刘云主编《中国箸文化史》，92—96页；引文参见第94页。

区，河北武安磁山遗址和河南裴李岗文化的遗址中均有出土。二者年代都在距今 8000 年前左右。河南舞阳贾湖遗址出土骨匕 50 件，磁山遗址中则发现骨匕 23 件。这些匕都用动物的肢骨磨制而成，据信是用来切割肉的，也可以用来把锅里或碗里煮熟的食物舀起。除了这些骨制的匕勺，在河南裴李岗遗址中还发现两把陶勺。匕底部尖，看起来像一个人的舌头。比较而言，陶勺（古代称作勺或柶）的形状更圆一些，呈椭圆形，更像长柄勺。匕和勺的顶端都有一个细手柄。今天考古发掘出土了更多匕首形的勺，椭圆形的勺要少一些。虽然匕大都由动物骨头制成，但也有用其他材料制成的，包括玉石和象牙，比如 20 世纪 50 年代中期发掘的西安半坡遗址中就有发现。

新石器时代骨制、金属制的刀、叉也有发现，但数量少得多。随着时间的推移，古代遗址中发现的刀、叉越来越少。这表明，中国人逐渐不再用刀、叉（特别是刀）进食。大约从周代晚期开始，刀仅限于用来准备食材。而叉（大多有两齿，而非三齿或三齿以上）则一直使用到汉代及之后的一段时间。当时，叉子是一种厨房用具，主要用来上菜盛饭，而非进食。① 考古学家解释了为什么传统上不把刀、叉用作进食工具。中国社会科学院考古研究所的王仁湘认为：

> 餐叉的使用与肉食有不可分割的联系，它是以叉的力量获取食物的，与匕与箸都不相同。先秦时代将"肉食者"作为贵族阶

---

① 这一点并不突兀。在古罗马，叉也被用作厨房用具。餐叉到 14 世纪才开始在欧洲使用，而且只有两根齿，像罗马厨房里用的那种，而非今天看到的三齿叉或四齿叉。参见周达生《中国の食文化》，东京：创元社，1989 年，125—131 页；Giblin, *From Hand to Mouth*, 45-56。

层的代称,餐叉在那个时代可能是上层社会的专用品,不可能十分普及。下层社会的"藿食者",因为食物中没有肉,所以用不着置备专门食肉的餐叉。①

叉子既可以用来吃蔬菜(如生菜沙拉),又可以用来吃肉。而他对中国(亚洲)古代烹饪习惯的说法也得到了考古发现和历史研究的支持。这并不令人意外,食物类型决定了饮食工具的使用。有充分的理由相信,饮食工具的发明与做饭、吃饭的欲望和需求有关。过去和现在的中国人,用筷子作为烹饪和进食工具,就是一个很好的例子。

在人类文明进程中,如果控制火的能力是一个划时代的成就,那么,用火来做饭同样具有跨时代的意义。全球史家费利佩·费南德兹-阿梅斯托(Felipe Fernandez-Armesto)从食物的角度,对人类历史的演化进行了研究。他指出,烹饪的发明是人类历史上的第一次"科学革命",因为其他动物,如大猩猩,似乎也能在人的训练下做点烟之类的简单动作,但它们绝对无法用火来煮熟食物,加以食用。因此烹饪是人类区别于其他动物的一个相对明确的标志。费南德兹-阿梅斯托进一步解释了这一"革命"的意义:

> 烹饪革命是第一次科学革命:通过实验和观察,人们发现烹饪产生了一种生物化学的变化,不但增加了食物的口感,而且还有助消化。所以把烹饪称作"厨房化学"不是没有道理的。虽然现代的营养师对动物脂肪毫无好感,但肉类食品对人体发育而

---

① 王仁湘《勺子、叉子、筷子——中国古代进食方式的考古研究》,《寻根》1997年第10期,12—19页。

言是最佳养料,而且它还富于纤维和让人强健。烹饪使得肉类纤维中的蛋白质融化,让人容易吸收其胶原蛋白。作为最早的烹饪手段,烧烤让肉类的表皮变焦,凝聚起肉汁,因为蛋白质一旦加热会凝固,形成"美拉德反应",其结果是促成蛋白质、氨基酸的一系列反应,产生色香味。我们已知资料证明,淀粉类食品对大多数人来说都是能量的来源,但其有效性也需要通过烹饪来获得。淀粉类食品经过加热会分化,从而释放出内在的糖分。而且,加热使得淀粉中的糊精变得焦黄,让人联想到煮熟的食物应该有的样子。①

为探究食物对人类进化的影响,瑞士生物学家哈罗德·布吕索（Harold Brüssow）写作了一本700页的巨著,名为《觅食:吃的自然史》(The Quest for Food: A Natural History of Eating)。他从科学的角度证明,人的进化与烹饪及所带来的吃熟食的习惯,大有关系。

直立人是烹饪的发明者。这一发明不但有力地提高了食物的安全性,而且还降低了继续保留大牙齿的必要性。比起吃生食,吃熟食不再怎么需要牙齿进行切、撕和磨。从直立人过渡到智人的一个显著标志就是,牙齿进一步变小了。（还有一个原因是食物不再单一。）南非卡拉哈里沙漠的布须曼人和澳大利亚的原住民都不只吃捕猎来的大动物的肉,他们也吃蛇、鸟和鸟蛋、蝗虫、蝎子、蜈蚣、乌龟、老鼠、刺猬、鱼、硬壳的螃蟹和其他软

---

① Felipe Fernandez-Armesto, *Near a Thousand Tables: A History of Food*, New York: Free Press, 2002, 3-10；引文参见10页。

壳类的海鲜等。除了这些动物类食物，还有植物类东西，如绿叶的蔬菜、水果、坚果、根茎状食物和朴树果之类的种子。早期人类也许也吃这些多种多样的食物。若要考察食物对人类健康的影响，那么我们必须看到人类之所以能进化，取决于食物越来越多样化。早期和贫穷的农业社会的人，其饮食往往比较单一，而我们的食物与我们的先人相比，则更加丰富多样。①

吃熟食对人类的进化显然十分重要。但吃熟食并不意味着一定要吃热的食物。不过如果打算吃热食，那就必然要用到餐具。这一点，导言中已经提到过。② 具体地说，中国古人发明和使用勺子、筷子等餐具，是因为希望吃热食时手不被烫着，而借助餐具就可以让人吃热食。中国饮食史专家赵荣光如此描述：

> 中华民族的祖先很早便开始了熟食的过程。与此同时，很早便形成了尚热食的传统。"趁热吃"，"趁热喝"，是迄今为止人们仍沿袭的饮食生活习惯。饭（米饭或面食）要趁热吃，包括羹汤在内的各种菜肴要趁热吃，断炊即食，似乎只有这样才得味适意。汉代以前，禁火寒食制度令人生畏，可以从一个侧面反映人们的这一习惯和心理。至少在可供冷食的面点大量出现以前（出现在汉代）和冷荤肴品成为宴享传统以前（也主要形成于汉代），即在整个社会上层和下层各类食者群都基本以各类羹汤为佐餐主要肴品的时代（自仰韶文化、河姆渡文化以下可以延伸到6世

---

① Harold Brüssow, *The Quest for Food: A Natural History of Eating*, New York: Springer, 2007, 608.
② 历史学家林恩·怀特曾探讨过世界上几种不同的饮食方法，他也认为，使用餐具主要是想取食热食，参见他的"手指、筷子与叉子"演讲。

纪），这一习惯无疑是很突出的，各类羹汤（下层社会民众的羹汤无论从质还是量上都无法同上层社会同日而语）显然也是适意于趁热进食的。①

的确，从古到今，吃热食似乎已经成为中国人根深蒂固的饮食习惯。今天，许多中国人招待客人时，会准备好数道菜来招待客人，显示自己的热情好客。有趣的是，主人通常不会在客人到来之前就把菜烧好，因为主人希望客人吃热食，用常用的话来说，就是要做到"趁热吃"。让我们看一个比较有名的例子，那就是在1972年，美国国家安全助理亨利·基辛格陪同美国总统尼克松访华，在国宴上，周恩来总理建议基辛格趁热先吃烤鸭。② 赵荣光提出中国人"尚热食"的传统，古今皆然，但没有解释背后的原因，下面将尝试分析一下。

与中国人的饮食偏好相对照，传统上用手进食的国家或地区，人们常常不习惯、不喜欢吃热食。例如，南亚和东南亚地区的人，像中东人一样，通常喜欢吃常温的食物。在南亚，虽然有些人会在某些场合用到餐具，但用手进食的传统一直持续到现在。因此，气候和生态环境也对饮食文化的发展有着制约的作用。日本学者小濑木绘莉子对中国和日本食物在东南亚的传播做了一番研究。她指出东亚的食物到了菲律宾，不但由于食材和调味品的缺乏而有所变化，而且当地人的饮食习惯也影响了他们如何食用中华料理：

> 菲律宾的中华料理特征缺乏的要素，就是上热菜时保持热态

---

① 赵荣光《箸与中华民族饮食文化》，225—235页。
② 赵荣光《箸与中华民族饮食文化》；J.A.G. Roberts, *China to Chinatown: Chinese Food in the West*, London: Reaktion Books, 2002, 117.

的习惯。由于当地的饮食习惯不喜欢热食热菜，即使是一般都要趁热吃的中华料理，上菜时却常常处于微温的状态，但当地人并不认为这样就不好吃。这与其说是吃的时候要降温，放入口中不烫伤，莫如说是要捕捉美味。在菲律宾，即使是炒面也要这样慢慢享用。从正式宴会到日常的大众食堂，饮食习惯一般是从自助餐的配菜中选取自己喜欢吃的东西，与其说是面条刚煮好就端上来吃有嚼头，不如说是更为重视面条冷却后如何照样保持其不错的味道。①

从新石器时代起，华北和西北地区经常作为中国政治文化的中心，其气候介于干旱和半干旱之间。冬季寒冷，除了夏季，其他季节均干燥缺水。这种气候可能导致中国人上述的饮食偏好，爱吃煮过或炖过的热的、多汁的食物。为了理解古代中国人的饮食习惯，我们有必要对上古时代的烹饪方法及其食器的发明略加描述。新石器时代出现的陶器和商代大量的青铜器皿，其形状、大小均有助于揭示早期中国人怎样准备饭菜和进食。《礼记·礼运》曾这样描述先人的饮食习惯："夫礼之初，始诸饮食，其燔黍捭豚，污尊而抔饮，蒉桴而土鼓，犹若可以致其敬于鬼神。"意思是说，饮食习惯其实是礼仪规范的开始。先人在地上掘一个坑，在里面烧烤谷物和猪肉，然后用双手捧水喝。他们又用土堆成鼓状，加以敲击，以此来表达对鬼神的尊敬。汉代经学家郑玄对

---

① 小濑木绘莉子《糟糕的味道：大众料理中对中国味道的接受——以菲律宾、日本为例》，《第六届中国饮食文化学术研讨会论文集》，台北：中国饮食文化基金会，1999年，229—230页。比·威尔逊（Bee Wilson）注意到，阿拉伯人及中东地区其他民族差不多也是这样，倾向于食用室温的食物，参见其著 *Consider the Fork: A History of How We Cook and Eat*, New York: Basic Books, 2012, 203。

"燔黍捭豚"作这样的解释:"中古未有釜甑,释米捭肉,加于烧石之上而食之耳,今北狄犹然。""燔"的含义就是烧烤,而在古代煮器(釜、甑、鼎)发明之前,就是将食物放在火上烤,这个方法一直沿用到现在。还有一个办法称为"炮",即用黏泥包住食物再放在火上烤。相比于直接放在火上烧烤,"炮"比较容易掌握火候。但如果是谷物,烤、炮都不太适用。因此中国古人就像郑玄形容的那样,将食物"加于烧石之上而食之",即采取了"石烹法",意思是将食物放在烧热的石板上烤熟。之后人们又将烧热的石头与食物一同放入水中,重复几次,靠石头的热度来煮熟食物。如此一来,渐渐就有了制作煮器的需要,因为烹制谷物比其他食物更需要炊具,所以考古学家王仁湘写道:"陶器在很大程度上是为谷物烹饪发明的。"其原因看来还是为了更好地掌握火候。最早的器皿是陶制的,如新石器文化遗址上常出现的陶罐。陶釜由陶罐演化出来,二者不同在底部,陶罐扁平,而陶釜为圆底或尖圆底。平底的陶罐可以存放食物,而陶釜底部尖圆是为了集中火力,有利于烹煮。复旦大学文博学院的胡志祥于是指出:"釜的出现,标志着专门炊具的诞生,为了便于烹饪和安放。"用陶釜来煮食,还需要用石块、土块做一个支架,便于生火。长江流域的河姆渡文化遗址中,就发现有陶釜,并配有支架。而一旦在釜身安上了支架,那就成了鼎。[①]

陶鼎在新石器时代文化遗址中已经出现,到了商代,三足或四足的青铜鼎成了最常见的器皿,可见吃熟食已经是此时风尚了。除了鼎之外,商代青铜制作的食物容器中还有鬲(拥有三个中空的袋

[①] 参见胡志祥《先秦主食烹食方法探析》,《农业考古》1994年第2期,214页;另参见王仁湘《饮食与中国文化》,8—10页。

状足)、甗（蒸食器）、簋（釜）、甗（蒸食器）。这些容器都是为了烹食所用的，具体用途将在后文详述。虽然用途不同，但这些炊具有一个共同特点，那就是都可以在下面生火加热。使用这些炊具烹饪还产生了一种需要，那就是使用长柄勺、勺子、筷子之类的食具。人们可以用这些工具来帮助混合、翻动、搅拌这些容器里煮着的食物，而且商代制作的有些青铜器皿，体积已经相当大，一旦饭菜做好，就需要用餐具协助将饭菜取出。

古代的匕，也就是勺子，就是重要的食具，不但用来煮食，还用来取食。《仪礼·特牲馈食礼》中，就有这样的记载："宗人执毕先入，当作阶，南面。鼎西面错，右人抽肩，委于鼎北。赞者错俎，加匕，乃朼。佐食升肵俎，鼏之，设于阼阶西。卒载，加匕于鼎。主人升，入复位。"这里描述的是，在鼎或其他煮器中将食物煮好之后，将之抬到用餐的场所，放到规定的位置，然后配上匕（"加匕于鼎"）也就是勺子供人享用。与勺子相比，筷子可能不是取食最方便的餐具，但在烹调过程中，筷子可以用来检查、搅拌、品尝食物。当然，真正开吃是要等到一切准备就绪之后了。上面已经提到，筷子在厨房里的另一个用途，就像火钳一样，拨弄煮器下的柴火。中国和日本均有"火箸"，这是筷子用于非饮食场合的一个早期例证。

据说，商代最后一位君主纣王拥有一双象牙筷子，用来享用为其精心准备的盛宴。这个最早也是最著名的关于筷子的文献，表明了此种餐具在中国古代就已存在。上古时期，大象和其他大型动物曾经在温暖潮湿的中国北方地区频繁出没。但正如上文提到的，考古出土的象牙筷子年代在周代及其之后，而非殷商时期。这篇描述商纣王使用象牙筷子的文献，出自战国时代，作者是集法家思想大成的思想家韩非：

昔者纣为象箸而箕子怖，以为象箸必不加于土铏，必将犀玉之杯；象箸玉杯必不羹菽藿，则必旄、象、豹胎；旄、象、豹胎必不衣短褐而食于茅屋之下，则锦衣九重，广室高台。吾畏其卒，故怖其始。居五年，纣为肉圃，设炮烙，登糟丘，临酒池，纣遂以亡。故箕子见象箸以知天下之祸。故曰："见小曰明。"（《韩非子·喻老》）

《韩非子》中还有一处又讲到了这个事情，还做了更为明确的说明，为什么使用象箸就会亡国："……称此以求，则天下不足矣。圣人见微以知萌，见端以知末。故见象箸而怖，知天下不足也。"（《韩非子·说林上》）他的意思是说，商纣王对饮食有如此高的要求（"称此以求"），便容易导致"天下不足"，也就是骄奢无度，由此便会激起民怨，商朝的统治也就岌岌可危了。箕子以小见大，从纣王的奢侈行为看到了潜在的灾祸，便有点儿不寒而栗了。

韩非生活的年代为战国晚期，相距商朝灭亡有好几百年。他用象箸作为一种比喻，来说明统治者需要体贴臣民，不能骄奢淫逸。看来在他的年代，纣王用象箸的传说，已经成为一个典故，为人所熟知。又过了一百多年，汉代伟大史家司马迁再度提到这个典故：

箕子者，纣亲戚也。纣始为象箸，箕子叹曰："彼为象箸，必为玉杯；为杯，则必思远方珍怪之物而御之矣。舆马宫室之渐自此始，不可振也。"纣为淫逸，箕子谏，不听。人或曰："可以去矣。"箕子曰："为人臣谏不听而去，是彰君之恶而自说于民，吾不忍为也。"乃被发佯狂而为奴。遂隐而鼓琴以自悲，故传之约箕子操。（《史记·宋微子世家》）

司马迁真不愧为伟大史家。在他的笔下，纣王用象箸的典故，如此生动。我们不但知道箕子与纣王的关系，也了解了箕子劝谏纣王不成之后，又如何作为，以至于如何被视为遵守君臣之道的典范。中国古代的象牙筷子，由此而被视为极其珍贵的物品，常被看作奢侈生活方式的象征。就像韩非认为的那样，纣王奢侈淫逸的作风最终导致商朝的覆灭。据说箕子在商朝灭亡之后，流亡到了朝鲜半岛。的确，韩非对纣王炫耀象箸的寓言，也保存在朝鲜人的历史记忆中。生活在深受中国中原文化影响的朝鲜李氏王朝（1392—1910）的学者认为，纣王使用象牙筷子是一种耻辱，象征着肆意挥霍、颓废堕落的生活方式，代表了暴虐腐败的政权。①

不过有点吊诡的是，象牙筷子虽然象征腐败，但也是奢华生活的标志，于是对于富人来说，象牙筷子显然要比其他材质的筷子更具吸引力。在筷子文化圈中，除了韩国人喜欢的金属筷子以外，竹、木筷子更为常见，或多或少一直沿用至今。然而，到目前为止，考古发掘出土的中国古代竹筷、木筷并不多。1978年，湖北曾侯乙墓出土了一双竹筷，长37—38厘米，宽1.8—2厘米，是公元前5世纪中期的物品。筷子的一端是连起来的，看起来更像钳子。在湖北当阳发现了一双分开的、长约18.5厘米的筷子，可以追溯到公元前4世纪。②考古发现的竹、木筷子更多出现于汉代，这将在下一章讨论。总体而言，古代的竹、木筷子出土数量不多，可能与骨头、象牙、犀牛角、金属（青铜、铜、金、银、铁）制成

---

① 通过检索韩国古典综合数据库（DB, http://db.itkc.or.kr/itkcdb/mainIndexIframe.jsp）发现，在朝鲜王朝的官方历史记录及其他文献中，"象箸"出现了14次。

② 向井由纪子、桥本庆子《箸》，3—4页。值得注意的是，日本也发现了古代夹取食物的筷子，虽然出现的时间要晚一些。另参见周新华《调鼎集：中国古代饮食器具文化》，杭州：杭州出版社，2005年，75页。

的筷子相比，竹、木筷子更容易腐烂，因此出土相对很少。

然而，周至汉代的历史文献提供了明确的证据，表明在中国早期，竹、木是制作筷子的主要材料。在这些文献中，所有表示筷子的汉字，要么写成"箸"或"筯"，要么写成"梜"或"筴"，都有"竹"或"木"的偏旁，这表明竹、木是筷子最常见的材质。这些象形文字，也向我们透露了大量有关筷子使用及其意义的信息。"箸"含有"竹制之物"的意思，而"筯"意指用竹子做的辅助工具。"梜"和"筴"都表示，筷子像钳子一样，是用来夹取食物的。所以，尽管考古发现的竹筷、木筷不多，但这些以竹、木为偏旁的文字已经清楚地表明，早期的筷子和今天的一样，是用更易得、更便宜的竹木材料制成，而不是象牙、黄金或青铜。

以上古代筷子的写法中，"梜"或"筴"的出现似乎特别重要，因为它们有助于我们推测作为餐具的筷子大约在什么年代正式出现。如上所述，骨箸出现的年代十分久远，但在最初的阶段，骨箸或铜箸应该更有可能是烹饪工具。如果要用骨箸取食并将食物送入口中，那么就需要两根并用。"梜"字的出现及其含义，让人自然而然地联想到用法，那就是用手将两根筷子夹住并提取食物，这与今天人们使用筷子大致相似。迄今为止最早提到"梜"的文献，是《礼记·曲礼上》，其中有这么一句："羹之有菜者用梜，其无菜者不用梜。"意思比较明确，一般人都能理解，那就是在享用羹汤的时候，如果其中有菜，那就先用"梜"将之夹出取用。郑玄对这句话的注解，让我们更加了解其意思："梜犹箸也，今人或谓箸为梜提。"换句话说，"梜"就是箸，即筷子，而在郑玄生活的东汉时期，还有人称筷子为"梜提"，更明确地说明其用法，即在羹汤里夹住食物然后将之提取出来。顺便说一下，如果用筷子喝羹汤是一种古俗，那么这一习惯在今天的日本仍被保留下来。日本人吃饭常配有酱汤，他们喝汤不用勺子，而是用筷子将其中的紫菜、蘑菇和其他蔬菜夹出来取用，并直接将汤碗端到嘴边喝汤。①

《礼》，为"六经"之一，主要记载了周代及其前代的典章和礼仪。孔子整理"六经"之后，其弟子继续其工作，对《礼》等古代流传下来的典籍加以注释，被后人称为"记"。秦始皇焚书坑儒之后，"六经"成了"五经"，但有些"记"仍然得以保存下来。西汉的戴德、戴圣父子对此作了整理，由此而产生了《大戴礼记》和《小戴礼记》。东汉郑玄对戴圣的《小戴礼记》作了详细的注释，流传至今。因此《礼记》的成形，经历了好几百年，其中记载的语句，很难确定具体年代。尽管如此，《礼记》对于我们了解中国古代的风俗习惯，仍然有着重要的价值。《礼记·曲礼上》称筷子为"梜"，郑玄的注又说明"梜"是汉代之前的人对"箸"的称呼，那就可以大致说明，双手执筷夹取食物的饮食习惯，在汉代之前便已形成。

"箸"字在战国文献中频繁出现，显示了中国人那时已普遍使用这种餐具。理由是，由于筷子在那时已经司空见惯，思想家才能用它来做比喻，说明其他的道理。上述韩非子有关象牙筷子导致商朝覆亡的言论，仅是一例而已。与韩非子同时代的荀子在其著作中，用筷子进一步帮助说明"解蔽"的重要性：

> 凡观物有疑，中心不定，则外物不清；吾虑不清，未可定然否也：冥冥而行者，见寝石以为伏虎也，见植林以为后人也；

---

① 赵荣光在《箸与中华民族饮食文化》中注意到，箸的使用经过了从一根到两根并用的过程，颇有启发。但他认为汉代开始，人们就用筷子吃饭即谷物类的食品，显然有点早。有关日本人用筷子喝汤符合中国古礼的说法，参见青木正儿著，范建明译《用匙吃饭考》，《中华名物考（外一种）》，北京：中华书局，2005年，281—282页。

冥冥蔽其明也。醉者越百步之沟，以为跬步之浍也；俯而出城门，以为小之闺也：酒乱其神也。厌目而视者，视一以为两；掩耳而听者，听漠漠而以为讻讻；执乱其官也。故从山上望牛者若羊，而求羊者不下牵也；远蔽其大也。从山下望木者，十仞之木若箸，而求箸者不上折也；高蔽其长也。水动而景摇，人不以定美恶；水执玄也。瞽者仰视而不见星，人不以定有无；用精惑也。有人焉，以此时定物，则世之愚者也。彼愚者之定物，以疑决疑，决必不当。夫苟不当，安能无过乎。（《荀子·解蔽》）

思想家荀子在这里用许多事例来说明，有些东西不是看一眼便能明了的，需要有所思考。比如一个人站在山顶往下看，很高的树都似乎矮得像筷子，而折树枝做筷子的人，一般都只在低处，不会到高处去折。这段话表明，人们从树上折断小树枝做成筷子，在那时颇为常见。传说夏朝的创建者禹正是用这种方法做成了世上第一双筷子。据说他急于抗击洪水（他正是因此被选为统治者），匆忙中抓了两根树枝，对付着吃了一顿饭。虽然这仅仅是个传说，但说明了筷子的确可以轻松地临时选择材料制作。

类似的描述在近现代也有。1900 年，清朝政府为西方列强所败，八国联军进入北京。王朝的实际统治者慈禧太后带着光绪皇帝及下人匆忙出逃，一路往西。他们在逃亡路上经过一个村庄，遇到地方官员吴永，向之大叹苦经，说是"连日奔走，又不得饮食，既冷且饿"。听说吴永准备了一锅小米粥，慈禧闻之大喜："有小米粥？甚好，甚好，可速进。"但当吴永将小米粥送上的时候，服侍她的太监发现，居然没有筷子，"幸随身佩带小刀牙筷，遂取箸拂拭呈进。顾余人不能遍及，太后命折秫秸梗为之"。太监随身携带的刀筷（满洲风俗，将在第 4 章详述），为西太后解了

52　　　　　　　　　　　　　　　筷子：饮食与文化

围，让她顺利进食，而她身边的人，只能使用高粱秆制作的临时筷子了。① 此事虽然是吴永的一家之言，但有一点毫无疑问，那就是在清朝末年，用筷子吃饭（谷物类食品）已经是中国人约定俗成的饮食习惯了。

不过，要弄清中国人具体在什么年代将筷子当作进食工具，还是不容易的。我们需要采用考古发掘和文献考证两重办法，参互印证，才能得到比较可靠的结论。考古发掘已经证明，作为食具的筷子原型，历史上很早就出现了。但古人如何使用它们，还需要文献证明。而反过来，历史文献中如果提到筷子，也无法证明现代意义上的筷子已经在古代出现。比如上文提到"纣为象箸而箕子怖"的传说，便很难作为商代人使用筷子的证据，因为正如饮食史专家赵荣光指出的那样："自纣而下直至春秋以前，我们既见不到更有力的文字证据，尤无可信的实物佐证，近乎是箸的5个世纪之久的空白。"② 安阳殷墟发现的六件青铜箸头，其用途尚有争议，最早的象牙筷子则发现在东周后期，不见于商代。

所以，韩非用象箸来比喻奢侈腐败，更多反映的是他那个时代的饮食风尚。战国时期的各种文字资料反复提到筷子，让我们有理由推测，那几百年间，这种餐具已经十分常用了。换句话说，正是在东周晚期，筷子逐渐完成了从烹饪工具到进食工具的过渡，尽管前者的功能长期以来仍然得以保留。日本学者太田昌子著有《筷子源流考》（箸の源流を探る）一书，对中国古代筷子的起源进行了详细的研究。通过对相关文本的解读，她认为，东周中晚期，即公元前6—前3世纪，中国人逐渐习惯使用勺子和筷子进餐了。太田

---

① 参见吴永《庚子西狩丛谈》，北京：中华书局，2009年，56—57页。
② 赵荣光《箸与中华民族饮食文化》，228页。

昌子还指出，战国时期都市的兴起和贸易的频繁，都是那时人们转向使用餐具吃饭的背景条件。① 如果我们同意她的推测，那么古代中国人从用手指转向用餐具吃饭，经历了从春秋到战国几个世纪的过渡期。考古发掘也提供了相应的证据。在先秦时代，中国的贵族阶层就餐的时候，遵循一套"盥洗之礼"，也就是在餐前用盆或匜洗手。这些青铜器具在商周时期墓葬陪葬品中均有发现，并与其他食具放在一起。"盥"的意思是浇水洗手，也可指洗手的器具。所以《仪礼》的《特牲馈食礼》及其他相关篇章中，对古人用餐前的盥洗之礼多有描述，如"主妇盥于房中，荐两豆，葵菹蜗醢，醢在北。宗人遣佐食及执事盥出，主人降，及宾盥出"（《仪礼·特牲馈食礼》）。这里的"盥"都是洗手的意思，主人、主妇和客人均在备餐和用餐时洗手。重要的是，考古发现证明，匜、盥和盆等洗手的器具，在战国时代及之后的墓葬中，已经逐渐不是必葬之品了，可见自那时开始，古人进餐的方式有了明显的改变，他们开始主要使用餐具进食了。②

不过需要指出的是，人们选择使用餐具，并不意味着马上摒弃了手指取食的传统，这里经历了一个长期的转变过程。对于上层社会而言，就餐的盥洗之礼也不会即刻消失。汉代的墓葬中，仍然出土了匜、盆等洗手器具，说明古人使用餐具虽然似乎可以免去洗手的程序，但这并不等于说，用了餐具就一定不洗手吃饭了。新习俗的建立和旧习俗的消失，往往经历很长的时期。尽管成书年代尚有

---

① 太田昌子《箸の源流を探る》，1—19页。
② 胡志祥《先秦主食烹食方法探析》，217—218页。上海的筷子收藏家蓝翔先生著有多部关于筷子及其历史的著作，他认为："盥洗盘匜陪葬的消失，也可旁证筷子在战国晚期或秦始皇统一中国后，已成为华夏民族的主要独特餐具。"参见其著《筷子古今谈》，北京：中国商业出版社，1993年，6—7页。

争议，《礼记》仍是记录和提供这一过渡期的重要文献。具体而言，虽然《礼记·曲礼上》"羹之有菜者用梜"让我们比较清楚地了解古人用筷子的方法，但《礼记》的其他篇章也有古人仍用手吃饭相对明确的材料。换句话说，筷子虽然在先秦时期已经成为一种餐具，可当时还有不少人习惯用手进食。而且这些用手指进食的人，大都是社会上层阶级，因为《礼记》本身是为上层社会编写的有关仪式和礼节的书，它在就餐方面的要求，主要是针对贵族阶层的。

《礼记》中有关古人用手吃饭的材料，主要见于下面两段：

> 共食不饱，共饭不泽手。

> 毋抟饭，毋放饭，毋流歠，毋咤食，毋啮骨，毋反鱼肉，毋投与狗骨，毋固获，毋扬饭，饭黍毋以箸，毋嚃羹，毋絮羹，毋刺齿，毋歠醢。客絮羹，主人辞不能亨。客歠醢，主人辞以窭。濡肉齿决，干肉不齿决。毋嘬炙。（《礼记·曲礼上》）

第一段引文指出，要用手而非餐具来拿取饭或煮熟的谷物，而第二段第一句也指出"不要把饭捏成团"。显然，能将饭捏成团的只能是手，不会是餐具，由此证明中国古人的确曾用手吃饭，只是有具体的规定，以求符合礼节。

这两段材料如此重要，值得进一步细致解读。"共食不饱"这句话比较简单，即与别人或客人一起吃饭的时候，不能吃得太饱，否则会显得过于急切，万一打了饱嗝儿，就更为难堪了。可"共饭不泽手"就相对理解困难一些。关键是对"泽"字的理解，因为它有三点水作偏旁，就一定与水有关了，不过这句话的意思并非让人吃饭时不洗手。汉代经学家郑玄解释，"为汗手不洁也"。他还对

"泽"字做了这样的解读:"泽为挼莎也",也就是手的揉擦。几百年后,唐代著名儒学家孔颖达支持郑玄的解释,不过他对"泽"的理解有所不同:"泽为光泽也。古之礼饭不用箸,但用手。既与人共饭,手宜洁净,不得临食始挼莎手乃食,恐为人秽也。"孔颖达的说法是,古人用手取饭,如果与人一同吃饭,则双手必须事先清洗干净,不能临到吃饭的时候,才赶紧揉擦一下手去取饭,这样会让人感觉脏。换句话说,手上的汗珠、水滴和污垢需要提前清除,才能与人一同在盛饭的器皿中取食。①

第二段的引文更长,内容颇为丰富、重要。我们先将其翻译成现代文:

> 不要把饭揉成饭团吃。不要把手上沾着的饭又放回到公共食器里去。不要像喝水似的喝流质食物。吃东西时,嘴里不要发出响声。不要咬骨头。不要把自己咬过的鱼肉又放回到公共食器中去。吃饭时不要把骨头扔给狗吃。不要专门抢菜吃。不要急于扇拂饭上的热气。吃黍饭要用饭勺,不要使筷子。不要吞饮羹食。不要给羹再加作料。不要剔牙。不要喝肉酱。如果客人自己给羹加作料,主人就应说:"菜做得不好!"如果客人喝肉酱,主人就应说:"(味道太淡)照顾不周!"带汁的湿肉,可以用牙咬;干肉要用手撕,不要用牙咬。烤肉要一口一口吃,不要囫囵吞。②

第一句除了表明古人用手吃饭之外,还与"共食不饱"相呼应,因为如果将饭捏成团来吃,就会吃得比别人多,于是显得不客气、不

---

① 最近几年,有学者质疑这种说法。参见王仁湘《往古的滋味:中国饮食的历史与文化》,济南:山东画报出版社,2006年,47—51页。
② 参见《先秦烹饪史料选注》,北京:中国商业出版社,1986年,110—111页,略有改动。

礼貌了。其他内容基本都是为了讲究礼貌而规定的。有趣的是，这些就餐礼仪，虽然出自遥远的古代，但又具有普遍性。现代世界的餐桌礼仪，受近代西方影响很大。的确，西方社会走向近代的时候，社交礼仪也慢慢发展出来了。德国社会学家诺贝特·埃利亚斯（Norbert Elias，1897—1990）著有《文明的进程》(*Über den Prozess der Zivilisation*) 一书，是相关著作中的经典。埃利亚斯在书中描述了欧洲中世纪中后期开始渐渐出现的就餐礼仪，其中也强调，与人一起吃饭时，不能像馋鬼饿狼一样急不可耐；不能将咬过的食物放回公用的餐盘里；不要在餐盘里乱翻乱搅，只挑选自己喜欢的食物；在公共的餐盘中取食的时候，手要干净，不能搔痒、抠鼻、掏耳、擤涕等。① 这些规定与《礼记》中所说的，有不少相近之处，只是就年代上来讲，西方出现这些饮食礼仪，比中国晚了差不多一千年。

更有趣的是，虽然中西文化都发展出了十分相似的就餐礼仪规范，但并不过于强调使用餐具吃饭的重要性。为什么《礼记》要求"饭黍毋以箸"，即不用筷子吃饭？换句话说，为什么中国古人既用手指又用餐具来进食？这个问题虽然值得探究，但又并不特殊，因为在其他文明中，既用餐具又用手指吃饭的情形不少，而且今天仍然存在。如传统上用手指进食的中东和南亚地区，今天不少人已经改用了餐具，不过手食的现象仍然常见。而使用刀叉进食的西方文明更有意思，因为欧洲人虽然自14世纪开始逐步走向使用餐具，但基本只限于取用菜肴，而不包括通常作为主食的面包。即使在相当正式的场合，西方人仍然可以用手掰开面包食用。而且，西方人

---

① 诺贝特·埃利亚斯著，王佩莉译《文明的进程：文明的社会起源与心理起源的研究》（第一卷"西方国家世俗上层行为的变化"），北京：生活·读书·新知三联书店，1998年，126—137页。

今天还保持用手指吃食的习惯。英语中"手指食品"（finger food）一词，就是明显的例子。"手指食品"种类繁多，有小馅儿饼、香肠卷、香肠串、芝士橄榄串、鸡腿、鸡翅、迷你乳蛋饼、三角饼、三明治、芦笋等，这表明，在西方用手进食不仅被允许，而且还在聚会时颇受欢迎，因为这些"手指食品"常常作为前餐，用来招待参加鸡尾酒会的客人。从现今的情况来看，相对于其他两个饮食文化圈，生活在筷子文化圈的人，不分尊卑，都比较习惯用餐具进食。也许唯一的例外是吃坚果和零食，比如吃花生时会用手指送入口中，虽然很多人也能熟练地用筷子完成这样的任务。上面提到在清朝宫中服侍西太后的太监们，在没有餐具的情况下，也选择使用高粱秆做成筷子帮助进食。

但他们吃的是小米粥。那么，吃（喝）小米粥是否可以不用筷子，以口就碗，直接将碗端到嘴边而吸啜吞下？似乎也可以。但显然没有用筷子在碗边拨动一下更便捷。所以，用手指还是用餐具往往取决于要吃的是何种食物。《礼记》中"饭黍毋以箸"一句表明，在中国古代，人们不用筷子取食小米（黍）。这是为什么呢？从引文语境中可以看出，"饭"在里面虽然是动词，但还是有现代人讲的"吃饭"的"饭"的含义。当时人们仅将小米当作"饭"吗？实际情况并不是这样，因为周代留存的历史文献中有"百谷""九谷""六谷"以及最常见的"五谷"之称。这些称谓清楚地表明，饭，可以由多种谷物做成。那么，古人吃的都是些什么谷物呢？《礼记·内则》所说"饭，黍、稷、稻、粱、白黍、黄粱、稰、穛"，也就是说到了周代，古人吃的饭有上面八种。其中的"黍、稷、粱、白黍和黄粱"，其实都是现在人说的小米。

著有《中国食物史研究》的日本学者篠田统（1899—1978）认

为,"五谷"在古代文献中较多出现,是受道教"五行"说的影响,因而"五谷"较"六谷""九谷"更易为人所接受。换句话说,"五谷"是一种比喻性的说法,并不具有实际的分类意义。① 不过,人们最熟悉的"五谷"的提法,仍出自儒家经典。《论语》是孔子的弟子记录其言行的文字,其中有一处提及"五谷",在中国称得上耳熟能详:

> 子路从而后,遇丈人,以杖荷蓧。子路问曰:"子见夫子乎?"丈人曰:"四体不勤,五谷不分,孰为夫子?"植其杖而芸。(《论语·微子》)

然而,《论语》也没有说明"五谷"指哪些谷物。"五谷"也多次出现在《礼记》和《周礼》中,但仍"五谷不分",没有具体分类。大约一百年后的《孟子》也只含糊地提到了"五谷":"后稷教民稼穑,树艺五谷,五谷熟而民人育。"(《孟子·滕文公上》)

最早企图给"五谷"下一个具体定义,出现在汉代。公元前221年,秦结束了战国征战割据的局面,实现了统一。秦衰亡后,汉建立。然而,汉代起初对"五谷"的定义并不统一。汉代重要的孟子研究者赵岐(108—201)将《孟子》中的"五谷"注解为"稻、黍、稷、麦、菽"。而与之同时代的郑玄在注释《周礼》和《礼记》时认为,"五谷"应该指"麻、黍、稷、麦、豆"。郑玄在这里用麻取代了稻。虽然麻是一种纤维作物,但种子是可以食用的,当时像郑玄一样生活在华北和西北部的中国人确实以此为食,

---

① 篠田统著,高桂林、薛来运、孙音译《中国食物史研究》,北京:中国商业出版社,1987年,6—7页。

而且这一饮食习惯多多少少延续到了今天。① 在解释《周礼》中"六谷"这个词时，郑玄又没有将麻列入其中，而是说"六谷"包括了"稌（稻）、黍、稷、粱、麦、苽"，也就是说，郑玄本人对中国古代谷物分类的时候，就存在着不一致的地方。② 中国农业史专家黄兴宗，曾为李约瑟主编的多卷本《中国科学技术史》撰写《发酵与食物科学》一卷，具体描述了中国古代食物种植和加工技术的发展。他用一些例子说明，郑玄等古人在界定"五谷"等术语的时候，也许考虑到了地域的不同。他说"五谷"最早出现在《范子计然》一书中，相传此书为范蠡所著，其中"东方多黍，南方多稷，西方多麻，北方多菽，中央多禾，五土之所宜也，各有高下"，便是一例。③ 黄兴宗的推测有些道理。还有一些现代学者指出，即使稻不属于"五谷"，麻也不会是大麻，而可能指的是芝麻。芝麻作为中亚的作物，在郑玄生活的时代就已通过西北地区进入了中国。④

尽管有关谷物分类的排列、顺序乃至所包括的谷物品种，在古代文献中不尽一致。但有一点是很清楚的，除了小麦、豆类（部分地区或许也包括水稻），中国北方的主要粮食作物是小米，因为上述文献记载虽有变化，但都提到黍、稷和粟等古代对小米的称谓。

---

① 参阅贺菊莲《天山家宴——西域饮食文化纵横谈》，兰州：兰州大学出版社，2011年，58页。作者讨论了大麻种子如何在古代吐鲁番，或现代新疆成了食物。

② 参见《先秦烹饪史料选注》，58页。

③ H. T. Huang, Science and Civilisation in China, Vol. 6, Biology and Biological Technology, Part V. Fermentation and Food Science, Cambridge: Cambridge University Press, 2000, 22-23.

④ 徐海荣主编《中国饮食史》第二卷，北京：华夏出版社，1999年，15页。不过黄兴宗认为，古代文献中的麻主要不是指芝麻，虽然芝麻有可能很早就在中国培植。他说大麻虽然远不及小米等谷物重要，但在新石器时代就已经出现，既可用来织衣，其种子又含有丰富的植物油，因此具有一定的重要性。参见 H.T. Huang, Science and Civilisation in China, Vol. 6, Biology and Biological Technology, Part V, Fermentation and Food Science, 28。

由此推论，小米显然比其他谷物占据了更为重要的地位。小米（尤其是黍）、大豆和水稻被认为首先在中国栽培。而水稻长期以来被认为是南亚、东南亚土生土长的作物。但江西仙人洞、吊桶环遗址最近的考古发掘，发现了最早驯化水稻的遗迹，其年代可以追溯到距今10000—9000年。其他周代的谷物可能属于外来作物，如小麦原产于中亚，在青铜时代或许更早时期进入中国，商代的甲骨上出现的"麦""来""牟"等字，专家认为就是麦子，"来""麦"可能指小麦，"牟"指大麦，不过看法也有分歧。[①] 至于水稻的培植，除了江西吊桶环遗址之外，浙江河姆渡遗址也发现了水稻遗存，年代大约距今8000年。在号称最早的骨箸发现地江苏龙虬庄，也出土了水稻化石，年代为距今6500—5500年。[②] 这些考古发现证明，中国南方，即降水量充沛的长江流域，可能是亚洲水稻栽培的起源地。但水稻主要是（至今仍然是）中国南方的作物，因此作为北方人的郑玄或许因此将其排除在"五谷"之外。

小米作为谷物在古代中国十分普及，这是有据可查的。《诗经》可以说是中国古代流传下来的最古老的文学作品，其中描述粟、黍等多种小米品种，共37次，这使得小米成为在《诗经》中出现频率最高的粮食作物，比如：

> 曾孙之稼，如茨如梁。
> 曾孙之庾，如坻如京。
> 乃求千斯仓，乃求万斯箱。
> 黍稷稻粱，农夫之庆。（《诗经·小雅·甫田》）

[①] Francesca Bray, *Science and Civilisation in China*, Vol. 6, Biology and Biological Technology, Part Ⅱ. Agriculture，Cambridge: Cambridge University Press，434-449,459-489.
[②] 龙虬庄遗址考古队《龙虬庄——江淮东部新石器时代遗址发掘报告》，440—463页。

而中国的农神被称为后稷,突显了稷的重要。《诗经·鲁颂》记载后稷为天帝之子,还收录了一首赞颂他的诗:

> 黍稷重穋,稙稚菽麦。
> 奄有下国,俾民稼穑。
> 有稷有黍,有稻有秬。
> 奄有下土,缵禹之绪。(《诗经·鲁颂·閟宫》)

而在同样古老的《尚书》中,常出现"社稷"一词,将土地神与谷物神并列起来,接受世人的崇拜,并渐渐成为国家的代称。

对小米的尊崇也体现在日常生活中。《韩非子》中记载了这样一个故事:

> 孔子侍坐于鲁哀公,哀公赐之桃与黍。哀公曰:"请用。"仲尼先饭黍而后啖桃,左右皆掩口而笑。哀公曰:"黍者,非饭之也,以雪桃也。"仲尼对曰:"丘知之矣。夫黍者,五谷之长也,祭先王为上盛。果蓏有六,而桃为下,祭先王不得入庙。丘之闻也,君子贱雪贵,不闻以贵雪贱。今以五谷之长雪果蓏之下,是以上雪下也。丘以为妨义,故不敢以先于宗庙之盛也。"(《韩非子·外储说左下》)

于是,在孔子眼里,小米是"五谷之长"。他不顾主人的劝慰和别人的耻笑,坚持先吃原本用来擦洗桃子的小米,因为小米的地位远比作为果蔬的桃子尊贵。他特别提到,小米是祭祀的最上品,无怪后稷一直受人膜拜了。

小米在中国古代如此重要和流行是有原因的,与其他作物相比，小米既抗涝又耐旱，特别适合黄河流域的干旱气候。虽然小米有可能最初曾在亚热带地区的中国南方和东南亚生长，但基本上可以肯定，这种作物在中国北方开始被人工栽培。何炳棣是卓有成就的中国现代史学家。他从字源、考古和气候等方面做了比较详尽的分析，再结合历史文献如《诗经》，指出粟、黍和稷，应该原产于黄河和渭河周边的高原、谷地，即"黄土地带"，而野生的粟或黍至今仍然可以在该区域见到。何炳棣进一步指出，这一"黄土地带"是中国农业文明的源头。① 哈佛大学考古学、人类学教授张光直编撰了首部英文写作的中国饮食文化研究著作，他也认为小米是古代中国最主要的谷物：

> 在古代中国，粟和黍是主要的淀粉类食品；有些文献或许写作"禾"或"谷"，其实那时大都指的是小米。植物学家还未能确定粟和黍的原生地，不过许多人认为是中国北方，当然也可能出自"旧世界"（欧亚大陆，区别于地理大发现的新世界——美洲）的其他地区。虽然从植物史的角度而言，我们还需要对粟和黍加以研究，但鉴于它们在华北的重要性，粟和黍应该是典型的中国谷物。至少野生的粟生长在华北，并且从新石器时代到周代，中国人一直将其栽培。

张光直在书中还举例道，20世纪初以来的考古发现，如在西安半坡仰韶新石器时代文化遗址中，均出土了不少小米的遗存。②

小米品种至少有数百种，而在中国古代，人们栽种的小米也多

---

① Ping-ti Ho, "The Loess and the Origin of Chinese Agriculture," *American Historical Review*, 75:1 (October 1969), 1-36.

② K.C. Chang, "Ancient China," *Food in Chinese Culture*, 26.

种多样。北魏时期贾思勰撰写的《齐民要术》是一部关于中国农业的重要著述，其中指出，到了5世纪，中国人已经有近一百种对小米的不同称呼。贾思勰还在书中提到，针对小米品种的不同，采用不同的方法栽培：

> 凡谷成熟有早晚，苗秆有高下，收实有多少，质性有强弱，米味有美恶，粒实有息耗。（早熟者苗短而收多，晚熟者苗长而收少。强苗者短，黄谷之属是也；弱苗者长，青、白、黑是也。收少者美而耗，收多者恶而息也。）地势有良薄，（良田宜种晚，薄田宜种早。良地非独宜晚，早亦无害；薄地宜早，晚必不成实也。）山、泽有异宜。（山田种强苗，以避风霜；泽田种弱苗，以求华实也。）顺天时，量地利，则用力少而成功多。任情返道，劳而无获。（入泉伐木，登山求鱼，手必虚；迎风散水，逆坂走丸，其势难。）①

因此，小米作为中国古代的"五谷之长"，其名称之繁多也是一个有力的证据。在商代甲骨文及其之后周代的历史文献中，均出现了许多术语指代小米，其中最常见的是黍、粟、稷、粱（虽然"粱"字后来也可以用来指高粱）。但这些词到底指什么品种的小米，它们之间有什么关系（比如，粟、稷是不是指同一种小米），现在其实不能确定。根据另一位参与编纂李约瑟《中国科学技术史》的农业史专家白馥兰（Francesca Bray）的研究，古代中国培植小米的拉丁名有"*Setaria italica*"（Foxtail Millet）和"*Panicum miliaceum*"（Broomcorn Millet）两种，前者大致对应于"粟"，而后者对应于

---

① 贾思勰《齐民要术》卷一，台北：商务印书馆，1968年，6页。

"黍"，不过也不完全一致。"稷"这个十分常见的术语，大部分人认为是一种"粟"，有时又指一种不黏的"黍"。① 这些术语定义含混，不免让人困惑。中国古代有如此多种多样却又定义不明的术语，恰恰证明了小米这种作物在那时的普及程度。事实上，所有的证据都表明，小米成为中国北方的主要作物至少有千年历史，即从上古时代一直到8世纪左右。

以上对中国古代农业发展的简单回顾，让我们有比较足够的理由相信，《礼记》中提到的"饭"最有可能就是小米，它或是用小米单独做的，或在小米中混合了豆类、小麦和其他谷物。② 不过，问题是，为什么《礼记》规定吃小米不能用筷子？答案似乎与小米的烹饪方式有很大关系。由于颗粒小（小于稻米），从古至今，大多数中国人通常用煮或蒸的方法来处理小米。小米一旦受热，就会紧密地粘在一起，很难让空气从中通过。因此，小米不太能像稻米那样，可以利用高温，用适量的水煮开，然后用小火慢慢煨，直至变得柔软蓬松。如果小米这么煮，如果水不够，锅底的颗粒就会烧焦，而中间的部分仍未煮熟。总之，煮小米的关键是需要更好地掌握火候，但对古人来说，炊具不够先进，因此煮成粥或许最为简便。汉代思想家王充在其名著《论衡·幸偶》中，有这样的观察："蒸谷为饭，酿饭为酒。酒之成也，甘苦异味；饭之熟也，刚柔殊和。非庖厨酒人有意异也，手指之调有偶适也"。③ 他的意思是，蒸饭的时候，时硬时软，常常不是厨子有意为之，而是操作起来有些

---

① Francesca Bray, *Science and Civilisation in China*, Vol. 6, Biology and Biological Technology, Part Ⅱ. Agriculture, 434-441. "粱"颗粒较大，可能类似一种欧洲的小米。
② 在中国基本古籍库中对周代到唐代文献进行关键词搜索，发现"黍饭"出现了92次，"粟饭"出现了73次，"麦饭"出现了107次，这表明粟和黍做成的小米饭（也有可能是小米粥）是主食，而粒食的麦饭也颇为流行。
③ 黄晖撰《论衡校释（附刘盼遂集解）》第一册，北京：中华书局，1990年，42页。

偶然性。换句话说，古人在没有电饭煲的时候，想每次都做出软硬适中的饭，并不容易。那时对于许多人来说，吃饭主要是为了填饱肚子，煮成粥这种流质食物更容易达到这个目的。

虽然小米粥最为常见，但小米显然也可以做成饭，主要方法是蒸。上述引文提供了另一个信息：酿酒需要用蒸饭。所以对古人而言，蒸饭有其必要性，甚至可以说体现了一种自古以来的社会需求，因为酒在中国文明的演进中，须臾不可缺少。譬如后人提到商纣王的奢侈生活，不但用"象箸"的比喻，还用"酒池肉林"来形容。事实也是，从商周两代开始，酒就在中国人的生活中，扮演了重要的角色。先秦文献《周礼》有《酒正》一篇，具体规定祭祀时所用的酒，而与王充同时代的史学家班固更有这样的描述："酒者天之美禄，帝王所以颐养天下，享祀祈福，扶衰养疾，百礼之会，非酒不可。"（《汉书·食货志下》）酒既然如此重要，"蒸谷为饭"也就自然是一个悠久的传统了。

那么古人如何蒸饭呢？日本汉学家青木正儿（1887—1964）回忆他民国时期在北京，观察北京人做米饭的情景：

> 现在（民国时期）北京人烧饭，先把米放在锅里煮烧，把黏稠的米汤去掉，然后把米放在蒸笼里蒸成饭。本来就黏性不强的米还要用这种方法炊烧，所以与我们日本人的嗜好是完全不一样的。但是这是北人的嗜好。这种嗜好其历史是相当悠久的，出于这样的嗜好，他们把有黏性的饭反而看作下等品而加以鄙视。①

如果采用上面的方法，将谷物做成饭的时候，不太容易焦煳。那

---

① 青木正儿著，范建明译《中华名物考（外一种）》，283页。

时北方人用这种方法煮饭，或许沿袭了他们以小米为主食的传统，因为现今还有一些北方人这么做饭。先秦文献告诉我们，类似蒸饭的方法，也许在古代中国就早已发明采用了。《诗经·大雅·泂酌》中"泂酌彼行潦，挹彼注兹，可以餴饎"，意思是"远舀路边积水潭，把这水缸都装满，可以用来蒸食物"。根据郑玄的理解，"餴"就是蒸米。比郑玄更早的许慎，在其所编《说文解字》中将其解释为"滫饭"。清代学者段玉裁对《说文解字》做了详尽的注释，说"滫"应为"脩"，脩之言溲也。《新华字典》对"餴"这一古字的解释，简单明了："蒸饭，煮米半熟用箕漉出再蒸熟。"不过那时蒸熟的饭，并不粘在一起。东汉《释名》，由比郑玄生活时代略晚的刘熙编著，其中将其解释为"分也，众粒各自分也"①。上引《礼记·曲礼》中有"毋抟饭"一句，不让人将饭捏成团吃，也许反映了这一偏好。的确，与大米相比，小米的黏度相对要低一些，除了一些特殊的品种（如黄粱）之外。

在古代汉语中，蒸黍似乎更多的是指饭，煮黍指粥。周代文献中已经有了这种区分，汉代之后的文献也重申了这一点。一份周代晚期的文献写道："黄帝始蒸谷为饭也，又曰黄帝始烹谷为粥。"② 黄帝是否真的发明了蒸饭，我们无法确证，不过上面已经引了王充的著作，"蒸谷为饭"到了汉代应该已经是很平常的事。而王充在《论衡·量知》中又一次提到了做饭："谷之始熟曰粟，舂之于臼，簸其秕糠，蒸之于甑。爨之以火，成熟为饭，乃甘可

---

① 参见胡志祥《先秦主食烹食方法探析》，214—215 页。
② 据说出自《周书》或《逸周书》，此书写作年代或可早至周代晚至战国。宋代学者高承在其编撰的《事物纪原》第九卷中引述了这句话。

食。"① 他在这里告诉我们,那时蒸饭的器具是甑。饮食文化传统的建立,往往有一个渐变的过程,将谷物煮熟或蒸熟,应该不止在汉代,在上古时代就很普遍了。譬如,"粥"字在商代、周代的甲骨文、金文中已经出现,而"饭"字出现在周代及以后的历史文献中,略晚于"粥"字。"粥"先于"饭",表明煮应该是更为流行、更受欢迎的烹饪方法。商代青铜器的研究也发现煮食器、釜、三足鼎的发明早于蒸食器。现代学者认为,蒸食器的设计,如甑、甗,是对簋或釜的一种改进,而簋或釜是商周时代青铜器和陶器中十分常见的煮食器。甑和甗都由两部分组成,顶部装食物,底部加热并产生蒸汽。那就是说,这些蒸食器是通过在釜上简单地加了一个蒸架制成的。王充等人所留下的历史文献显示,形体不大的甑主要是用来蒸谷物的。②

《礼记》教人用手吃饭,这饭很可能是蒸熟的小米饭而非煮熟的小米粥,因为相对而言,蒸熟的小米更硬实一些,可以用手来拿取。于是《礼记·丧大记》规定"食粥于盛不盥,食于篹者盥",即使用"盛"这样的容器喝粥的时候,不用洗手,而从"篹"这样的竹筐里抓蒸饭的时候,需要洗手。蒸黍则需要更多的时间,故而不太经济;做成饭之后,量也较小。但《礼记》是以上层社会为对象的,所以它对如何食用蒸熟的黍饭,提出了具体的要求,与其服务的对象颇为一致。相比之下,普通人大概只能拿煮黍(粥)、稀饭(豆科种子、蔬菜)来果腹。但在节庆场合,即使是平民百姓也喜欢蒸制谷物,做糕饼、馒头等(中国有些地区婚庆的时候,必须蒸制馒头)。这种饮食习俗不但在中国存在,也见于亚洲其他地区

---

① 黄晖撰《论衡校释(附刘盼遂集解)》第二册,550—551页。
② 徐海荣主编《中国饮食史》第二卷,51—55页。"甑"传统上用来蒸谷物,如小米、麦子。《宋史·胡交修传》记载"昔人谓甑有麦饭"。

的饮食文化传统。饶有趣味的是，人们在吃蒸制的食物如馒头时，用手握住还颇为常见。

用手取食看起来容易，实际上需要更多的礼仪。例如，中东、南亚和东南亚人传统上大多用手指进食，其文化中的饮食禁忌大多在于防止进餐时混乱、不净，以致影响他人的胃口。上引埃利亚斯《文明的进程》一书，也指出在刀叉作为餐具之前，西方上层社会也发展出了相似的规定，比如高贵之士如何只用三个手指进餐，一般人不能将两只手同时伸进餐盘取食等。① 中国古人在使用餐具进食之前，也要求餐前必须将手清理干净（"共饭不泽手"），以免他人觉得不洁。因此，中国古代的《礼记》详细地说明了应该如何用手来拿取煮（蒸）熟的小米。春秋时代的孔子和他的弟子们不但熟知古礼，而且还竭力倡导。他们应该大多用手进饭，并知道进餐时该如何做到得体有礼。在孔子的时代，贵族们似乎也习惯用手将食物送进嘴里。

中国古代另一部史书《左传》，记载了一个有趣的故事，让我们从侧面了解到古人用手进食的习俗和成语"染指于鼎"的由来。故事发生在春秋时代，不过比孔子生活的年代略早：

> 楚人献鼋于郑灵公。公子宋与子家将见，子公之食指动，以示子家，曰："他日我如此，必尝异味。"及入，宰夫将解鼋，相视而笑。公问之，子家以告。及食大夫鼋，召子公而弗与也。子公怒，染指于鼎，尝之而出。公怒，欲杀子公。子公与子家谋先，子家曰："畜老，犹惮杀之，而况君乎？"反谮子家，子家惧而从之。夏，弑灵公。（《左传·宣公四年》）

---

① 诺贝特·埃利亚斯著，王佩莉译《文明的进程》第一卷，127、137 页。

故事讲的是，楚国人献给郑灵公一只大甲鱼。郑国的大夫公子宋和子家将要进见，来到殿前，公子宋的食指忽然自己动了起来，就把它给子家看，说："以往我遇到这种情况，一定可以尝到美味。"进去以后，厨师正准备切甲鱼，两人于是相视一笑。郑灵公问他们为什么笑，子家就把刚才的情况告诉郑灵公。等到郑灵公把甲鱼赐给大夫们吃的时候，也把公子宋召来却偏不给他吃。公子宋恼怒起来了，用手指头在鼎里蘸了蘸，尝到味道后才退出去。郑灵公发怒，要杀死公子宋。公子宋和子家于是策划先下手。子家说："牲口老了，尚且怕杀，何况国君？"公子宋就反过来诬陷子家。子家害怕，只好跟着他干，到了夏季，便杀了郑灵公。

此事真假，无法考辨，不过"染指于鼎"却成了成语，一直流传下来，意指沾取不该得的利益。更重要的是，直至今天，我们仍然称拇指与中指之间的手指为"食指"，因为如果用手指取食，这个手指最方便与拇指一起配合使用。中文里"食指"的称呼，反映了古代餐饮习俗残留的影响。

公子宋虽然恼怒，他也只是将手指在鼎里稍微蘸了一下，因为如果食物在鼎里刚刚煮好，手指是不可能忍受其热度的。所以如果吃炖煮的谷物，使用餐具显然更为方便。春秋时期的政治家管仲留有《管子》一书，也许不全是管子本人所作，但其中不少内容反映了战国时代的生活。如《管子·弟子职》中写道：

> 至于食时，先生将食，弟子馔馈。摄衽盥漱，跪坐而馈。置酱错食，陈膳毋悖。凡置彼食，鸟兽鱼鳖，必先菜羹。羹胾中别，胾在酱前，其设要方。饭是为卒。左酒右酱，告具而退。捧手而立。
>
> 三饭二斗，左执虚豆，右执挟匕。周还而贰，唯嗛之视。同

嗛以齿，周则有始。柄尺不跪，是谓贰纪。

先生已食，弟子乃彻。趋走进漱，拼前敛祭。先生有命，弟子乃食。以齿相要，坐必尽席。饭必捧揽，羹不以手。亦有据膝，无有隐肘。既食乃饱，循咡覆手。振袵扫席，已食者作。抠衣而降，旋而乡席。各彻其馈，如于宾客。既彻并器，乃还而立。

这里的内容与《礼记》有不少可比之处，都相当细致。比如上菜的顺序是，先上素食的羹汤，再上肉类——鸟兽鱼鳖，而且羹汤与肉类需要分开摆放；在肉类食物之前，还要放上酱料，以便蘸用，等等。《礼记·曲礼上》也说："凡进食之礼，左殽右胾。食居人之左，羹居人之右。脍炙处外，醯酱处内。葱㳿处末，酒浆处右。以脯脩置者，左朐右末。"对食物的摆放，做了更为具体的规定，譬如左边是连骨的肉（殽），而右边是切肉（胾）；饭在最左边，羹则在最右边，等等。《管子·弟子职》中的"左执虚豆，右执挟匕"和"饭必捧揽，羹不以手"两句，更为重要，这是在讲述餐具的用法。第一句讲的是左手拿碗，右手执"挟匕"，也就是筷子和勺子。虽然古今学者，对于匕的用途（用来吃菜肴还是谷物）尚有一些分歧，但他们都认为"挟"就是筷子。这句话表明，当时人已经用勺子和筷子作为进食工具了。第二句中的"揽"（"擥"的俗体字）字，清代学者洪亮吉等人认为是"擘"字，而"擘"和"擥"字一样，都是用手握住或撮住的意思。换句话说，当时人进食的时候，饭用手取，而羹则不能用手，也就是要用筷子，因为有"羹之有菜者用挟"的教导。① 概而言之，《管子·弟子职》提供的信息是，虽然古人已经用餐具进食，但同时还保留了用手取饭的习惯。

---

① 参见黎翔凤撰《管子校注》下册，北京：中华书局，2004年，1147—1150页。

学者们对"匕"的用法观点不一,因为《礼记》《管子》等著作只说吃饭用手,却未规定该怎样吃粥(煮黍)。显而易见,如果谷物煮成粥,那么用手进食就很不方便了。唐代经学家孔颖达在解释《礼记·曲礼》中的"饭黍毋以箸"时,指出"当用匕",也就是说《礼记》其实推荐用匕来吃黍。孔颖达又引用他人的注释说:"匕所以匕黍稷是也。"根据他的理解,古人是用匕来吃小米这样的谷物食品的。但上面不是说"饭必捧揽",即吃饭应该用手吗?怎么会出现这样的矛盾之处呢?其实没有什么矛盾,因为自古以来,烹饪小米就有两种方法:蒸和煮;蒸黍用手吃,煮黍用勺吃。① 当然,用筷子也可以吃稀薄的食物,比如粥。但要做到这一点,需要把碗举到嘴边,将食物一口一口吞下,必要时用筷子推拨。不用说,这种进餐行为不很雅观,导致《礼记》反对这么做。毫无疑问,之前有人或许曾这么做过(因此《礼记》才会有具体的规定),就像今天依然有人这样喝粥一样。据说北京的面茶,还非得端到嘴边喝下才行。② 不过,用勺子吃小米粥更方便、更优雅,可以直接从碗里将食物舀起,而不用将碗举到嘴边,再使劲用嘴吸啜而咽下。

但如果用嘴巴凑着碗直接喝粥,一不小心粥便会溢出而滴落在衣服上,让人难堪。中国史书中有一个颇为有名的故事,主人公是司马懿:

---

① 王仁湘认为,孔颖达提出过,古代中国人用手吃饭,但在这里又说用勺子吃,显得矛盾。我觉得这并非不一致,而是因为蒸熟的小米可以用手拿,而呈液态的小米粥得用勺子才比较方便、文雅。参见王仁湘《往古的滋味》,50页。
② 面茶是一种与芝麻、麻油、盐混合的小米糊,在北京很受大众喜爱,推荐的习惯性吃法是,直接透过碗面上形成的一层凝胶,一口一口地抿。这层凝胶能够保持粥的温度和味道,使用餐具会将它弄破。参见崔岱远《京味儿》,北京:生活·读书·新知三联书店,2009年,71页。

> 爽、晏谓帝（司马懿）疾笃，遂有无君之心，与当密谋，图危社稷，期有日矣。帝亦潜为之备，爽之徒属亦颇疑帝。会河南尹李胜将莅荆州，来候帝。帝诈疾笃，使两婢侍，持衣衣落，指口言渴，婢进粥，帝不持杯饮，粥皆流出沾胸。胜曰："众情谓明公旧风发动，何意尊体乃尔！"帝使声气才属，说"年老枕疾，死在旦夕。君当屈并州，并州近胡，善为之备。恐不复相见，以子师、昭兄弟为托"。胜曰："当还忝本州，非并州。"帝乃错乱其辞曰："君方到并州。"胜复曰："当忝荆州。"帝曰："年老意荒，不解君言。今还为本州，盛德壮烈，好建功勋！"胜退告爽曰："司马公尸居余气，形神已离，不足虑矣。"他日，又言曰："太傅不可复济，令人怆然。"故爽等不复设备。（《晋书·帝纪第一·宣帝》）

这里讲的是年近七十的司马懿，得知曹爽和曹晏有除掉自己之心。当河南尹李胜来看望他的时候，司马懿故意做出虚弱之态，示意婢女给他粥喝，但又不用勺子，所以粥流出嘴巴，滴在了衣襟上。李胜觉得司马懿不中用了，回去向曹爽等人报告。曹爽他们于是便对司马懿不加设防。这个故事虽然说司马懿是故意为之，但喝粥不用餐具，的确容易溢出嘴巴，也是古今皆知的道理。

人们使用餐具一般出于几个原因：必要、方便、流行。在中国古代，煮食毫无疑问比蒸食更为流行，因为这种烹饪方式更加经济、方便。考古出土的商代至两汉青铜器、陶器，其中的煮食器要比蒸食器多。考古学家还发现，除了簋（釜）和鼎（三足）以外，鬲（小一点、供个人使用）是常见的器物。与主要用来煮肉的青铜鼎相比，大多数鬲都是陶器。由于其体积小，考古学家认为，鬲是供个人用来烹煮食物的。自20世纪早期起，大量陶鬲的碎片不断在河南殷墟出土。这些发现表明，鬲是平民大众的烹饪器具，并进一步证明,中国古代越来越多的人将小米煮成粥。从文字学上来考察,粥在古代的异体字是"鬻",可见粥是常用鬲来煮的。古代以"鬲"为底部偏旁的字不少,表明鬲是一种常用的煮食器。不过这些字现在都不太用了,而"鬻"则比较常见(虽然意思已经不同于古代),或许证明用鬲煮粥更为普遍。①

据史料记载,煮黍有多种形式,这取决于水的稠薄,以及用没用其他食材,稠的称"饘",薄的称"粥"或"酏"。《礼记·檀弓上》记载,曾子曰:"申也闻诸申之父曰:'哭泣之哀,齐、斩之情,饘粥之食,自天子达。'"《孟子》也证实了粥的普及:"诸侯之礼,吾未之学也,虽然,吾尝闻之矣。三年之丧,齐疏之服,饘粥之食,自天子达于庶人,三代共之。"(《孟子·滕文公上》)蒸黍通常供贵族食用,也属于节日食品。除了蒸黍,如何烹饪和食用小米可能显示出等级差异:享用稠粥的可能更多是富人,而食用薄粥的大都是不太富裕的人。但这种差异不是绝对的,因为无论过去和现在,粥都是适宜在中国北方干冷天气食用的食物。

炖煮食物最常见,用勺子取食最方便,所以勺子成了中国古代主要的餐具。相比之下,筷子显得居于次等位置,因为当时不用筷子取食煮熟的谷物。中国古代,有一个指筷子的字是"筯",透露出筷子在古代,是一种辅助性的进食工具。由此我们可以理解《礼记》的教导:"羹之有菜者用梜,其无菜者不用梜。"(《礼记·曲礼上》)也就是说,夹起羹汤里的蔬菜送入口中,是古人用筷的主要(唯一?)场合。羹的制作,和现在一样,是将食材放入水中炖煮而成。在中国,像煮小米粥一样,煮羹的方法也有多种。羹可以是浓汁炖肉,也可以是只有蔬菜的清汤。"羹"字("羔"字头)表明,以其

---

① 胡志祥《先秦主食烹食方法探析》,214—218 页。

最初的字形,羹里一定要有羊肉。最古老的汉语词典《尔雅》解释道:"肉谓之羹。"除了羊肉,用来做羹的原料还有牛肉、猪肉、鸡肉、鸭肉和狗肉。在"羹"字前加上主料名,就有了羊羹、犬羹、豕羹等。还有铏羹,据信为无肉的素菜羹或素菜汤。而肉羹会搭配蔬菜和其他调料来改善口味,这使得筷子成了食羹的有用工具。①

我们已经提到,在炊食器发明和使用之后,煮是古代中国人最常用的烹饪手段。羹有这么多不同的种类,说明羹或炖菜在中国古代是最受欢迎的菜肴。《礼记·内则》提供了文献依据:"羹食,自诸侯以下至于庶人,无等。"而《尚书·说命下》中就有"若作和羹,尔惟盐梅"一句,教人如何煮羹。换句话说,无论贵贱,都会吃羹食。这也明确了在中国古代,人们不仅将谷物煮成粥,也习惯炖煮非谷物类食物(难怪古代有许多以"鬲"做偏旁的字),羹就成了最常见的菜。于是筷子作为餐具,虽然次要,却又必要,因为如果一顿饭食由"饭"和"菜",即主食和副食两部分组成,那么副食的取用,常常就需要筷子。总之,羹在古代中国的流行使筷子成了重要的食具,因为中国人喜欢吃热的食物。考古出土的商周两代青铜器和陶器中,除了有大量的釜和鼎,还发现了形态不一的温鼎,上面往往还加了盖子。②这些食物加热器更证实了中国人饮食的偏好。可以想象,筷子可以用来搅拌、混合、夹取、试吃器皿中的食物。研究中国饮食史的学者于是推测,正是由于需要做羹、吃羹,才发明了筷子,先是用来搅拌煮食器中的食物,后来其他功能也被开发了出来。③

---

① 孔颖达解释,若羹里无菜,可直接喝,即"直啜而已"。引自王仁湘《往古的滋味》,50 页。
② 王仁湘《饮食与中国文化》,16—17 页。
③ 王仁湘《饮食与中国文化》,270 页;也可参见赵荣光《箸与中华民族饮食文化》和胡志祥《先秦主食烹食方法探析》。

那么，在小米不是主食的地方，比如华南地区，人们是否和怎样使用餐具呢？那里的人是不是也像《礼记》所教导的那样，筷子只是用来吃菜？实际上，在古代亚洲，似乎早就形成了不同的烹饪传统和饮食文化。《楚辞》据传是楚国大夫屈原的作品，而楚国在战国时代位居南方。《楚辞》中描述了许多吃喝的场合，如：

魂乎归来！乐不可言只。
五谷六仞，设菰梁只。
鼎臑盈望，和致芳只。
内鸧鸽鹄，味豺羹只。

魂乎归来！恣所尝只。
鲜蠵甘鸡，和楚酪只。
醢豚苦狗，脍苴蓴只。
吴酸蒿蒌，不沾薄只。

魂兮归来！恣所择只。
炙鸹烝凫，煔鹑陈只。
煎鰿膗雀，遽爽存只。

魂乎归来！丽以先只。
四酎并孰，不涩嗌只。
清馨冻饮，不歠役只。
吴醴白蘖，和楚沥只。（《楚辞·大招》）

这首诗描绘了各种食物及流行的烹饪技法，并指明烹饪在吴楚之地有着不一样的传统和风格。吴楚之地指长江中下游地区——中游的楚和下游的吴。可是，中国南方饮食文化到底是什么样的呢？遗憾的是，除了强调其异域风味，《楚辞》和大部分东周晚期的历史文献一样，未能对其作详细的描述。事实上，我们迄今所见到的大部分古代历史文献，都是由北方人书写或编注的，《楚辞》或许是一个例外。这导致我们对古代中国的认识，不免存在一定的偏差。

现代考古学和人类学研究表明，在中国古代，农业和农艺就已经出现了南北分化。黄河流域周边的北方地区和长江流域周边的南方地区，地理和生态差异导致了这一情形的产生。对这两大区域的农业和饮食的形成，两大河流的影响巨大并贯穿了中国历史的整个进程。参与李约瑟《中国科学技术史》编写的白馥兰，注意到了中国南北地区农业经济的显著不同。她将观察到的现象作了简洁的描述：

> 中国有两种主要的农业传统，北方的旱地谷物栽培和南方的水稻耕种，两者都有其特征鲜明的农作物、作业工具和农田模式。我们已经指出，这两种农业传统的不同，与南北方的气候和土质的影响相关，而它们的发展演化，又与人口的增长和新农具、新谷物的发明和引进有关。①

现存历史文献并没有提及中国水稻种植有南北之分。《诗经》有十几次提到了稻米，而小米出现的次数要多得多。但水稻似乎从古代起就是中国南方的主要粮食。江西吊桶环遗址、浙江河姆渡遗址、四川三星堆遗址的考古发现都取得了令人信服的证据，表明水

---

① Francesca Bray, *Science and Civilisation in China*, Vol. 6, Biology and Biological Technology, Part Ⅱ. Agriculture, 557.

稻一直是长江沿岸地区的主要作物。此外，这些发现还表明，在新石器时代，南方文化发展达到了北方同等水平。1976年发现的河姆渡遗址，便是重要的证据。白馥兰观察道：

> 新石器时代一批稻农在河姆渡遗址上生活了数千年。在该遗址最早的、公元前5000年的文化层，发现有最多量的稻米残骸，其年代与黄河流域的农业文明同样古老。河姆渡村落坐落在一片湿地的边缘，屋子则建在干栏上。其最早的文化层展示出，河姆渡的居民已经掌握了相当成熟的生产技术。制作精良、装饰精美的陶器，复杂的木工活，以及大量的稻米残骸，表明当地的居民已经不是采集者，而是主要依靠自己种植水稻来维生。①

水稻对推进中国南方文明如此重要，有必要简要概述其作为一种粮食作物的作用。纵观历史，水稻是种植得最多、品种最为丰富的谷物。玛格丽特·维萨（Margaret Visser）是一位获奖作家，她声称："这种谷物（水稻）是地球一半人口的主要食粮。如果现在有什么灾祸毁灭了世界上所有的水稻作物，那么至少十亿五千万人将会遭受饥荒，数以百万人将会死于饥饿。"② 水稻在今天是必不可少的，而近代之前尤为重要。全球史家费利佩·费南德兹-阿梅斯托写道：

---

① Francesca Bray, *Science and Civilisation in China*, Vol. 6, Biology and Biological Technology, Part Ⅱ. Agriculture，485.

② Margaret Visser, *Much Depends on Dinner: The Extraordinary History and Mythology, Allure and Obsessions, Perils and Taboos, of an Ordinary Meal*, New York: GrovePress, 1986，155-156.

在人类历史的大部分时间里，即小麦经科学改良产生今天的惊人高效品种之前，水稻是世界上独一无二的最高效食品：平均每公顷水稻（传统品种）养活 5.63 人，而每公顷小麦养活 3.67 人、玉米养活 5.06 人。在人类历史的大部分时间，以米饭为主食的东亚和南亚文明，人口更多、更高效、更具创意、更发达，技术更丰富，在战争中比别的地方更强大。食用小麦的西方人只是在最近五百年中才慢慢改变了相对落后的处境。若用客观的标准来衡量，西方在 18 世纪胜过了印度，19 世纪才赶上了中国。[①]

稻米与中国文明的发展息息相关。如果说小米哺育了中国北方的早期文明，水稻对南方文化的发展则起到了同样重要的作用。随着时间的推移，水稻逐渐在中国农业和粮食系统中占据了更重要的位置。历史文献提到了水稻在南方的重要性。例如，《周礼》称同属长江流域的荆州、扬州，"其谷宜稻"。不但读了万卷书，还行了万里路、游历了全国各地的汉代伟大史学家司马迁，也在《史记》中观察道："楚越之地，地广人稀，饭稻羹鱼。"（《史记·货殖列传》）该描述将南北方的饮食方式，做了标志性的区分。南方人的饭是稻米，而他们的菜——羹则是鱼羹。相比而言，稻米在北方则相对较少，由此而显得珍贵。所以孔子有这样的感叹："食夫稻，衣夫锦，于女安乎？"（《论语·阳货》）锦衣（稻）米饭，在他生长的北方，代表了一种奢侈的生活。

是不是食用稻米导致南方人更多地使用筷子呢？考古发现表明，可能会有一些相关性，因为在中国南方考古遗存中发现的筷子更多。筷子原型的发现地江苏龙虬庄遗址，地理上大致属于南方。

---

① Felipe Fernandez-Armesto, *Near a Thousand Tables: A History of Food*, 92.

考古学家指出，相对于黄河文化，龙虬庄文化与长江和淮河文化更为密切相关。因此，稻米的遗迹也出现在龙虬庄遗址，很可能不是一种巧合。如上所述，考古学家发现的大多数青铜时代至汉代的筷子（青铜箸和竹箸）都出现在南部和西南部的遗址中，即水稻种植更广泛的地方。从这些发现可以推测，在中国南方，筷子更有可能是比较实用的进食工具，这有别于北方的筷子传统。也就是说，南方人很可能不仅用筷子从炖菜中挑取食物，还用它来吃米饭。[①]

相对于其他谷物，米饭用筷子成块取送更容易。由此推测，吃米饭和用筷子息息相关。当然，水稻是一种多样化的农作物。东亚和东南亚最常见的水稻品种是没有黏性的粳稻和籼稻，是当地人常用的食物。而有黏性的稻米（中文叫作"糯米"，越南语为"nếp"，泰语为"ข้าวเหนียว"），则更习惯用来在节日期间做年糕等种类的糕饼。糯米的颗粒呈圆形且不透明，而颗粒相对半透明的粳米和籼米，虽然在中国各地新石器时代遗址都有发现，但明显在长江流域更常见。[②] 粳米和籼米各有特色，成熟期不同，颗粒的大小和形状各异，烹饪特点也不一样。例如，粳米比长粒籼米更软更黏。稻米像小米一样可以整粒食用也可以磨成米粉，这两种方法古代中国人都会用。

由于稻米颗粒大，空气易于通过沸水，因此它比小米（包括糯

[①] 龙虬庄遗址考古队《龙虬庄——江淮东部新石器时代遗址发掘报告》。有关龙虬庄文化与其他新石器时代文化遗址的关系，参见张江凯、魏峻《新石器时代考古》，北京：文物出版社，2004年，173—176页。由于南方发掘出更多的筷子，沈涛甚至推测这种饮食工具起源于中国云南，这一观点得到了某些学者的支持。参见太田昌子《箸の源流を探る》，248—249页；向井由纪子、桥本庆子《箸》，4—6页。

[②] Chang Te-tzu, "Rice," *Cambridge World History of Food*, Vol. 1, eds. Kenneth F. Kiple & Kriemhild C. Ornelas ,Cambridge: Cambridge University Press, 2000 ,149-152. *sinica/japonica* 和 *indica* 大致与中国文献中"粳米"和"籼米"的记载相对应。

小米）更容易煮熟。因此，不论是蒸是煮，稻米比小米用时要短。虽然粳米和籼米皆非糯米，但煮熟后都比小米更有黏性，用筷子夹起小块米饭就容易多了。鉴于米饭的黏性，用手拿米饭不会像拿蒸黍那么方便，因为饭粒会粘在皮肤上。世界上有些地方的人在使用餐具之前，用手指吃米饭，饭前都备有盛水的盆供人洗手。处理这个问题还有一种方式，就是做米饭时加入油脂，使其比较滑润，但麻烦的是饭后还要除去手指上的油。用筷子吃米饭可以解决这样的不便。当然，使用筷子将米饭送进嘴里，米饭也会粘在上面，但清理筷子要容易得多。随着时间的推移，筷子变得尖细光滑，更加有效地解决了这样的就餐问题。

然而，正如导言中指出的那样，文化因素和饮食因素都决定着是否使用餐具、用何种餐具进食。吃米饭并不一定意味着要使用餐具，而所用的餐具也不一定就是筷子。在东南亚，水稻一直是主食，但只有越南人用筷子吃饭；其他人要么用手指，要么用勺子和叉子。比如，在泰国，过去人们用手吃饭，通行的方法是先从碗里舀上一勺，然后另一只手用叉子的背面推进嘴里。至于糯米饭，很难用叉子和勺子来吃，通常用右手拿上一块，团成小球状（上面留有拇指大小的压痕，以便添上酱汁、调味料和配菜），再将其送进嘴里。① 这说明吃米饭的方法多种多样，使用筷子只是其中之一。相对于实际需要，人们使用筷子更多是因为文化的影响。

总之，通过考古证据和文献资料，可以基本了解与筷子渊源相关的中国古代饮食文化。首先，虽然在新石器时代初期餐具便已经发明了出来，早期中国人仍然继续用手进食（当然最好只用右手），

---

① Leedom Lefferts, "Sticky Rice, Fermented Fish, and the Course of a Kingdom: The Politics of Food in Northeast Thailand," *Asian Studies Review*, 29 (September 2005), 247–258； Penny Van Esterik, *Food Culture in Southeast Asia*, 21.

《礼记·内则》有这样的建议："子能食食，教以右手。"意思是孩子一旦可以自己进食，应该教他们用右手取食。不过用右手直接取食还是借助餐具，有个过渡时期。事实上，或用餐具，或用手指，这两种进食方式并存的情形，还持续了相当一段时间。其次，有了炊具之后，煮是最常见的烹饪方法，然后是蒸，另外也出现了其他方式。[①] 中国人不仅煮谷物——饭，也煮非谷物类食物——菜；前者为粥，后者为羹。这种烹饪方式不仅决定了人们就餐是否使用餐具，而且决定了需要使用何种餐具。再次，在中国早期，发明勺子首先是为了吃富含汤水的煮食。勺子或匕，形状像锋利的匕首，也可以用来切炖菜里的肉。因此，勺子是主要的进食工具，而筷子起辅助作用。筷子的主要功能是在炖菜或肉汤中夹取蔬菜，但不被推荐用于炖煮的谷物，如小米粥。至于蒸熟的小米饭，人们通常用手来拿取。因此，筷子原来仅用来吃菜（非谷物类食品），而非吃饭（谷物）；而谷物（淀粉食品）一直是中国和其他地方就餐的主要对象，所以筷子作为餐具，其重要性低于勺子。然而，在中国南方地区，筷子成为餐具之后，人们可能不仅用它来吃非谷物类食品或炖菜，也用来取食该地区的主食——米饭。由于大多数历史文献来自中国北方，所以我们很难确定，这种饮食习惯何时在南方形成，即筷子何时得以广泛使用，甚至成为一种至今仍在越南、日本和中国大部分地区常见且独特的饮食工具。但最终，在北方生活的人们也会发现，筷子夹取谷物食品亦非常有效，所以可以改变"饭黍毋以箸"的传统。从汉代起，随着烹饪传统在中国北部和西北地区经历的显著变化，筷子将会展示更多功能，这一话题将在下一章讨论。

---

① 有关中国古代的烹饪方法，参见 K.C. Chang, "Ancient China," *Food in Chinese Culture*, 31。

第3章
菜肴、米饭还是面食？
筷子用途的变迁

尔生始悬弧，我作座上宾。引箸举汤饼，祝词天麒麟。
——刘禹锡，《送张盥赴举诗》

发现一种美食，比发现一颗新星，更造福于人类。
——昂泰尔姆·布里亚-萨瓦兰（Anthelme Brillat-Savarin），
《味觉生理学》（*Physiologie du Gout*）

司马迁在《史记》中，记述了很多发生在汉代引人入胜的故事。其中有些便提到了筷子。刘邦少小生活在江苏北部，离龙虬庄新石器时代文化遗址还不太远。后来，他建立了汉朝。司马迁为他专门撰写了《高祖本纪》，其中提到他的几个功勋卓著的谋士。张良就是其中之一，还有一位郦食其。两人提供的谋略，并不一致。在秦朝被推翻之后，刘邦与项羽争霸中原，郦食其建议刘邦，既然秦朝已灭，不如马上分封诸侯，但张良觉得时机并未成熟。司马迁这样描述：

食其未行，张良从外来谒。汉王方食，曰："子房前！客有为我计桡楚权者。"具以郦生语告，曰："于子房何如？"良曰："谁为陛下画此计者？陛下事去矣。"汉王曰："何哉？"张良对曰："臣请借前箸为大王筹之。"曰："昔者汤伐桀而封其后于杞者，度能制桀之死命也。今陛下能制项籍之死命乎？"曰："未能也。""其不可一也。武王伐纣封其后于宋者，度能得纣之头也。今陛下能得项籍之头乎？"曰："未能也。""其不可二也。武王入殷，表商容之闾，释箕子之拘，封比干之墓。今陛下能封圣人之墓，表贤者之闾，式智者之门乎？"曰："未能也。""其不可三也。发钜桥之粟，散鹿台之钱，以赐贫穷。今陛下能散府库以赐贫穷乎？"曰："未能也。""其不可四矣。殷事已毕，偃革为轩，倒置干戈，覆以虎皮，以示天下不复用兵。今陛下能偃武行文，不复用兵乎？"曰："未能也。""其不可五矣。休马华山之阳，示以无所为。今陛下能休马无所用乎？"曰："未能也。""其不可六矣。放牛桃林之阴，以示不复输积。今陛下能放牛不复输积乎？"曰："未能也。""其不可七矣。且天下游士离其亲戚，弃坟墓，去故旧，从陛下游者，徒欲日夜望咫尺之地。今复六国，立韩、魏、燕、赵、齐、楚之后，天下游士各归事其主，从其亲戚，反其故旧坟墓，陛下与谁取天下乎？其不可八矣。且夫楚唯无强，六国立者复桡而从之，陛下焉得而臣之？诚用客之谋，陛下事去矣。"汉王辍食吐哺，骂曰："竖儒，几败而公事！"令趣销印。(《史记·留侯世家》)

张良列举理由说服刘邦，借了刘邦用餐的筷子，条分缕析，一一说明，做了有力的抗辩。最后，他成功说服刘邦放弃了郦食其的建议。司马迁没有具体描述张良怎样用筷子来阐述他的观点，这个故事却从此流传下来。从中可以看出，刘邦和他的部下与其他人一样,用筷子吃饭。

《史记》的另一篇传记也提到了筷子。传主周亚夫,是汉文帝和汉景帝时期一位骁勇善战的将军。由于战功卓越,周亚夫得到两位皇帝的信任。但也许是因为居功自傲,最终他不但失去了景帝的信任,还失去了性命。司马迁记录了这样一件事,描述了周亚夫与景帝之间因为筷子而产生的矛盾:

> 顷之,景帝居禁中,召条侯,赐食。独置大胾,无切肉,又不置箸。条侯心不平,顾谓尚席取箸。景帝视而笑曰:"此不足君所乎?"条侯免冠谢。上起,条侯因趋出。景帝以目送之,曰:"此怏怏者非少主臣也!"(《史记·绛侯周勃世家》)

周亚夫受召进宫与皇帝共餐,发现自己的盘内有一大块肉,既没有切开,也未配筷子。他转身向内侍官要筷子,却被皇帝调侃:"这还不能满足你的要求吗?"周亚夫感觉受到了羞辱,没有碰盘里的食物,谢过皇上即告退了。见此情景,景帝叹息道:"这么不高兴,怎么可以为我做事啊!"几年后,景帝到底找了个借口将周亚夫处死了。

这两个故事表明,两汉时期,使用筷子就餐已经成了习惯。然而,有两个问题值得进一步思考。一是在这两则故事中,司马迁都未提及进餐时是否用到或备有勺子。上一章已经提到,勺子其实是古代中国人主要的进食工具。另一个问题是,周亚夫看见面前一块未切的肉,便转身找筷子,但根据《礼记》的要求,筷子应该只用于夹取羹汤里的菜,周亚夫为什么想用筷子取肉呢?回答第一个问题比较容易:虽然我们认为,战国时期中国人用餐具吃饭已经成了一种习俗,但他们吃谷物食物时,并不都用勺子,还会用手指将食物送进嘴里。下面我们会提到马王堆汉墓的发掘及其意义，在那里出土的陪葬品中，还有盆、匜等洗手用的器具，说明至少那时在上层社会，用餐时的盥洗之礼仍然施行。至于第二个问题，涉及"胾"的意思，古代指的是切肉，已经去骨，但体积可能比较大，因为切细的肉叫"脍"。司马迁还特别强调，给周亚夫的胾是大块的，没切开，所以没有餐具，取用起来就会很麻烦。当然对付大胾最好的办法是用刀，但刀在先秦时代就留在厨房，归厨子——"庖人"专用。司马迁没有说是否给了周亚夫勺子，但即使有勺子，也主要是用来吃主食（饭）的，而且用勺子拿取大肉，显然也不方便，所以周亚夫在连筷子也没有的情况下，基本是无法享用那块大胾了。汉景帝想为难周亚夫，这是显而易见的。除了告诉我们周亚夫的尴尬境遇，司马迁描述的这个故事还透露，在汉代的时候，中国人或许已经开始用筷子来夹菜，即所有非谷物类的食物了。本章将详细围绕下面两个问题讨论：第一是从汉代到唐代，中国人如何慢慢养成只用饮食工具进食的习惯；第二是他们是否已经开始用筷子取食碗碟中的所有食物。

过去几十年里，中国考古学家发掘了一批汉代墓葬，为了解当时人们如何安排每天的餐饮，提供了十分有价值的信息。湖南长沙马王堆汉墓是一个重要的案例。此墓于1972—1974年发掘，由三座墓组成，埋葬的是长沙国宰相利苍（公元前193年至公元前186年长沙第一代轪侯）一家三口。1972年发现的第一座墓是最壮观的，墓主人被鉴定为利苍的妻子辛追。她死时大约50岁，遗体仍保存得相当完好。考古学家发现辛追有可能死于心脏病，很可能是由吃甜瓜引发的，因为在她的食道、肠胃中发现了甜瓜的种子。墓中还出土了48个竹盒、51种盛有多种食品的各类陶器。这表明，墓主人生前极爱美食。在竹盒和陶器中发现的谷物有水稻、小麦、黍、粟、扁豆。除了食品容器,她的四周堆满了漆器餐具和饮水器具,在一只漆碗上正放着一双竹筷!①

除了筷子,墓葬中还发现了漆木勺和长柄勺。这些勺子看起来更精致,相对而言,仅仅上过朱漆的筷子似乎相当简单。向井由纪子和桥本庆子是两位研究日本筷子的学者,她们推测这是辛追生前使用过的筷子,而其他保存更为完好、精美的勺、碗等餐具可能是陪葬品。她们还认为辛追可能还保留了用手进食的习惯。②当然,马王堆汉墓并不是唯一出土勺子、筷子等餐具的遗址。其他汉墓也有类似发现,出土的勺子和筷子通常被摆放在一起。这些考古发现使得一些学者相信,在汉代,人们就餐的时候,已经越来越习惯将两者(匕和箸)当作一套饮食工具来使用。③即使是这样,二者的关系似乎仍不像西方人用刀和叉那么紧密——叉用来按住食物,刀用来切割。中国人即使只使用筷子或勺子,应该就可以吃饭了。

有些汉墓的墓道、墓室内有壁画,也有画像石、画像砖,上面刻画了做饭和吃饭的场景。例如,在四川新都发现的画像石描述了一个宴饮场面:三人跽坐地板上,中间一人手执一双筷子,指向左边一人呈上的食物,而此人托着的碗上,也放着一双筷子;地板中心的大垫上还放着两双筷子。山东嘉祥武梁祠的墙上,描绘着另一个饮宴场面——"邢渠哺父"。画中,邢渠左手拿着夹着食物的筷子,右手握着勺子,正在喂父亲吃饭。他身后的仆人端着一碗食物。毫无疑问,这幅画宣扬了自汉武帝以来,汉朝官方认可和提倡的儒家孝道。

---

① 湖南省博物馆《长沙马王堆一号汉墓》,北京:文物出版社,1973年。
② 向井由纪子、桥本庆子《箸》,9—10页。
③ 刘云主编《中国箸文化史》,125—135页。

这些宴会和饮食场景证实了上面提到的《史记》中的故事，筷子到了汉代已经是人们主要的进食工具。这还表明，虽然墓葬中筷子和勺子通常埋在一起，但在实际生活中也许不一定同时使用。邢渠手中的长柄勺，可以舀上一大勺饭，让父亲自己用手拿着送入口中，而这把勺子比普通吃饭的勺子要大一些。马王堆汉墓中发现的漆勺，似乎也支持这一看法，有些勺子并不是供个人使用的。大多数勺子，总长度超过18厘米，勺头宽6厘米，可能更适合用来盛饭。此外，马王堆汉墓中还有一些椭圆、浅腹、双耳的小碗，称作耳杯。考古学家推测，这些耳杯是用来装酒、汤或有汤水的食物的，双耳的设计显然为了便于手持握，将里面盛的东西送进嘴里。换句话说，用这些带耳的小碗进食（如小米粥），或许就不需要勺子了。

如果汉初中国人或多或少保持前代的饮食习惯，即交替使用手指和餐具来进食，那么，到了汉末（确切地说是从约2世纪开始），情况发生了显著的变化。[①]这种变化使得人们越来越多地用到餐具，并最终摒弃了用手指进食。汉语文献中，进食工具被称作"匕箸"。最早提到"匕箸"的，是陈寿撰写的《三国志》，这是一部叙述3世纪汉朝衰亡、魏蜀吴三国兴起的历史著作。开篇描述汉朝的衰败，将之归因于太监、军阀对年幼的皇帝——习称"儿皇帝"的挟持和操弄。称霸一方的将军董卓就是一个例子。根据陈寿的记载，董卓为了恐吓对手，并将朝廷完全捏在自己手中，故意在宴请其他大臣时处置一批战俘，"卓豫施帐幔饮，诱降北地反者数百人，

[①] 黄兴宗（H.T. Huang）提到，在汉代，"人们用手指拿米饭，用筷子夹菜肴，用勺子舀汤"。参见 H.T. Huang, "Han Gastronomy-Chinese Cuisine in *statu nascendi*," *Interdisciplinary Science Reviews*, 15:2 (1990),149. 总体而言，这种说法没错，但事实上，在汉代甚至之前，勺子也会用来食用小米这样的谷物。

于坐中先断其舌,或斩手足,或凿眼,或镬煮之,未死,偃转杯案间,会者皆战栗亡失匕箸,而卓饮食自若"(《三国志》"董卓,李傕,郭汜"条)。目睹这样的恐怖情景,许多赴宴的大臣吓得直发抖,甚至拿不住勺子和筷子,而凶残的董卓却若无其事,仍然饮宴自如。陈寿的生动描述表明,在汉代末期,勺子和筷子作为取食工具,已经更多地被人成套使用了。

陈寿在《三国志》中将勺子和筷子相提并论,并非仅此一例。曹操和刘备分别是三国时期魏、蜀的开创者,关于二人,有一个更为著名的饮宴故事。董卓死后,汉朝的实际掌权者转为曹操,刘备虽是汉室宗亲,但他年轻,资历和实力都不可与曹操同日而语。有次曹操宴请刘备。两人见面之前,刘备收到汉献帝密诏,要他除掉曹操。宴会上,在刘备准备动筷进餐时,曹操从容地举杯对他说:"今天下英雄,唯使君与操耳。本初(袁绍)之徒,不足数也。"刘备担心曹操发现了他的图谋,十分震惊和恐惧,"先主方食,失匕箸"(《三国志》,"刘备"条)。刘备像当年董卓宴会上的官员一样,心慌之下,也掉了勺子和筷子。其实除了生怕曹操洞察其密谋之外,刘备也担心自己的对抗之心已经被对方察觉,因为曹操提到的袁绍,在当时是另一位有实力的人物。但在曹操眼里,袁绍"不足数",而刘备显然更具潜在实力。如此的话,刘备有可能招来杀身之祸。

上述故事中的人物,吃饭时是否只用勺子和筷子,还是偶尔也会用到手,陈寿并没有详细交代。可见自那时(3世纪)开始到20世纪初,"匕箸"或"匙箸"("匙"的形状更像是现代的勺子,勺头浅,勺柄弯而长,通常比匕长)在汉语文献中成了一种约定俗成的说法,在各种文体的文本中用来描述或记录饮宴场面。[①] 这些表

---

① 在中华基本古籍库中检索,"匕箸"出现了1232次,"匙箸"出现了492次。

明，经过了战国，到了秦汉时期，吃饭不用手而用餐具，或已成为中国人首选的习惯或社交规范。

筷子是手指的有效扩展，其灵活性促使当时的中国人放弃用手吃饭。如上所述，司马迁描写的周亚夫的遭遇表明，汉代筷子的功能可能已经超出《礼记》的教导，不单用来夹取羹汤中的菜，还可能在无法使用勺子的场合，用来拿取其他非谷物食品了。不过，要想用筷子有效地运送碗碟中各种食物做成的菜，其实常常需要一个条件，那就是需要把食物切成小块，以便用筷子夹取，再送进嘴里啃咬、咀嚼。将食物切小加以烹饪，应该是在周代渐渐形成的传统。因为商代的青铜器皿，有的体积相当庞大。由此推测，在中国的青铜时代，古人基本上将大块的肉炖煮加工。肉煮熟之后，用匕之类的工具取出食用。王仁湘引述容庚、陈梦家等前辈考古学家指出，古人用的匕根据取用食物的不同有所区别，但大致可以分为两种，一种用来食粥，也就是那时流行的饭食，而另一种用来吃菜——大致以羹的形式出现。前者有时称作柶，或直接叫饭匕，而后者有牲匕、梳匕、挑匕等称呼，体积都比饭匕要大。古人用牲匕将煮好的肉从煮器鼎或镬中取出后，一般放在俎（一种祭祀用的大盘子）中，供人食用。①

那么，又怎么将置于盘中的肉送入口中呢？因为中国古人不用餐叉，所以估计是用手将肉放入口中的，就像今天的游牧民族吃烤肉那样。所以，孔颖达在解释《礼记·曲礼》中的"羹之有菜者用梜，其无菜者不用梜"的时候，做了这样的补充："有菜者为铏羹是也，以其有菜交横，非梜不可。无菜者谓大羹，湆也，直啜之而已。其有肉调者，犬羹、兔羹之属，或当用匕也。""铏羹"是有

---

① 王仁湘《中国古代进食具匕箸叉研究》，278 页。

蔬菜的羹汤，所以要用筷子将里面的菜夹出取用，而"大羹"是"湆"，也就是肉汤，所以可以直接以口就碗喝下。但如果里面有肉（狗肉、兔肉等）怎么办，距离先秦时代已经有八百多年的孔颖达也不是特别清楚，因此他说"或当用匕"来食用。的确，古时的匕有尖刺形的，如果羹里的肉块太大，可以用来切肉，但最后送入口中，估计还是靠手指。《礼记》在同一篇中建议，与客人一块进餐时，"濡肉齿决，干肉不齿决"（《礼记·曲礼上》）。换句话说，用牙齿啃咬煮烂的肉符合社交礼仪（因为比较容易咬下），但如果肉还比较干硬，那么就不该硬啃，以免难堪。不管软还是硬，这些肉想来都是靠手放到嘴里的，如同当今美国人用手指食用烤鸡翅、烤鸡腿和烤猪排那样。

所以，将肉事先在厨房切小然后加以烹煮的方法，不但表达了"君子远庖厨"的文化诉求，而且反映了一种饮食上的需要。由于已经有了吃热食的传统，古人发现在餐席上用手指取用热食不方便，因为手指无法忍受高热温度，最好使用餐具，而当时已经发明的勺子和筷子，都需要在食物切小之后方可使用。这一烹饪方法，估计在周代开始流行，因此《周礼·天官冢宰·外饔》中用"割烹"来形容烹饪：

> 凡宗庙之祭祀，掌割亨之事。凡燕饮食亦如之。凡掌共羞、脩、刑、膴、胖、骨、鱐，以待共膳。凡王之好赐肉脩，则饔人共之。
>
> 外饔掌外祭祀之割亨，共其脯、脩、刑、膴。陈其鼎俎，实之牲体、鱼、腊。凡宾客之飧饔、饔食之事亦如之。邦飨耆老、孤子，则掌其割亨之事。飨士庶子亦如之。师役，则掌共其献、赐脯肉之事。凡小丧纪，陈其鼎俎而实之。

这里描述的主要是为祭祀准备的烹饪，包含了多种方法，但总体上都经过了"割烹"的程序，也就是将食物切小然后再加工的意思。至今日本人还用这个汉字来为餐馆命名。这一新的烹饪方法，首先吸引了文人阶层：将肉切割成理想的大小，再将肉块摆放整齐，配上酱等佐料，从而获得更好的视觉和味觉感受。孔子对饮食，就十分讲究，不但希望食物干净，而且要求食物切成一定的大小，然后才会食用。他的要求经过弟子的转述而闻名于世：

> 食不厌精，脍不厌细。食饐而餲，鱼馁而肉败，不食。色恶，不食。恶臭，不食。失饪，不食。不时，不食。割不正，不食。不得其酱，不食。肉虽多，不使胜食气。唯酒无量，不及乱。沽酒市脯不食，不撤姜食，不多食。祭于公，不宿肉。祭肉，不出三日，出三日，不食之矣。（《论语·乡党》）

周代流行的"割烹"这种烹饪方法，会不会是因为那时肉食较为稀少呢？这一点比较难说，因为至少宫廷的饮食中，肉食种类还是很多的。《周礼·天官冢宰·膳夫》中说："凡王之馈，食用六谷，膳用六牲，饮用六清，羞用百有二十品，珍用八物，酱用百有二十瓮。"如此场面十分壮观。郑玄将"六牲"解释为"马、牛、羊、豕、犬、鸡也"。不过还有历史文献表明，周代统治者并不鼓励老百姓进食肉类，特别是牛肉，因为牛对于农业生产十分重要。而周代王室的祭祀活动，也根据重要性分了几个等级，如"太牢"是最尊贵的等级，需要用到牛、羊和猪三牲，而次一级的是"少牢"，只用羊和猪了，可见牛之珍贵。"牺牲"原意是祭祀时的供品，都用牛字偏旁，可见牛肉主要在国君祭祀时才用到。《国语·楚语上》说："祭典有之曰：'国君有牛享，大夫有羊馈，士有豚犬之奠，庶人有鱼炙之荐,笾豆脯醢则上下共之。'不羞珍异,不陈庶侈。"① 换句话说,其他陆地动物的肉,如羊肉、猪肉甚至狗肉的食用,都有其特殊的场合,唯有豆类和蔬菜可以随便食用。因此,《礼记》中就包含以下禁令:

> 诸侯无故不杀牛,大夫无故不杀羊,士无故不杀犬豕,庶人无故不食珍。
> 庶羞不逾牲,燕衣不逾祭服,寝不逾庙。(《礼记·王制》)

而到了周代晚期,一般老百姓用肉食就更少了。《孟子》中这样规劝君王:

> 五亩之宅,树之以桑,五十者可以衣帛矣。鸡豚狗彘之畜,无失其时,七十者可以食肉矣。百亩之田,勿夺其时,数口之家,可以无饥矣。谨庠序之教,申之以孝悌之义,颁白者不负戴于道路矣。七十者衣帛食肉,黎民不饥不寒,然而不王者,未之有也。(《孟子·梁惠王上》)

孟子指出,如果普通人到了七十岁,可以吃上肉,那么这样的国君就会受人爱戴。由此可见古代老百姓生活之艰辛。如果大动物的肉基本只用于祭祀,那么平时便会食用小动物的肉,如鸡、雉、鸭,这些肉几乎不需要怎么切割。因此,把肉切成小块的做法,是一种文化偏好,也可能是自然的选择。但前者无疑还是重要的。随着儒学取得支配地位,成为汉代官方的意识形态,一般民众也许仍以孔

---

① 参见徐海荣主编《中国饮食史》第二卷,29—36 页。

子的饮食偏好为标准，来展示自己的文化修养。食物在割烹之后，方便人们使用餐具，这种进食的方法，渐渐成为一种文明标志，也为中国之外的地区所接受。

马王堆汉墓中的发现，有助于揭示汉代的饮食习俗。墓葬中出土了一套竹简，共312根。这些竹简其实是食谱，记载了各种菜肴，以及烹饪方法，如"羹、炙、煎、熬、蒸、濯、脯、腊、炮、菹"等。上面还记载，羹大体分为两类：肉羹、烩羹。前者包括九种不同的原料配方，分别为牛、羊、豕、豚、犬、鹿、凫、雉、鸡；后者是谷物或者蔬菜与肉类的混合，如牛肉和米饭（牛白羹）。烩羹品种更为丰富，如"鹿肉鲍鱼笋白羹、鹿肉芋白羹、小菽鹿胁白羹、鸡瓠白羹、鲫白羹、鲜鳜禺鲍白羹、犬巾羹、鲫巾羹、牛羹（牛肉萝卜）、羊羹（羊肉萝卜）、豕羹（猪肉萝卜）、牛苦羹、犬苦羹等"①。虽然这些菜谱已经很具体了，但并没有详细说明，在炖煮大动物时，是否要切成小块以便与其他小动物（如鸡、鸭、野鸡等）相配。不过，当时人们应该会这么做。这些炖菜几乎都混合了多种食材，如果切成相似的大小，炖煮起来就更容易了。

20世纪中国著名作家林语堂总结道："中国烹饪艺术的真谛就在于其调和的手法。"②也许正因如此，中文里还有"烹调"这一术语。如果将切成相似大小的食物放在锅里一起烹饪，筷子就成了最佳取食工具，不论这些食物是肉、蔬菜还是其他东西。这种烹饪艺术似乎在汉代已经形成。也许正是因为这样，周亚夫在看到一整块肉时，才会想着转身找一双筷子，而非刀或匕，尽管筷子显然不是帮助他吃这块肉最合适的工具。周亚夫可能已经习惯用筷子吃菜，

---

① Ying-shih Yu，"Han，"*Food in Chinese Culture*, 57-58.
② 引自 K.C. Chang，"Ancient China，"*Food in Chinese Culture*, 31。

其中或许也包括了肉做的菜。

中国人很早避开了刀叉的使用,那么,要去对付一大块肉就可能让人气馁,使人尴尬。《史记》里还有一则关于刘邦的故事值得一提——鸿门宴。项庄舞剑,欲刺杀刘邦。刘邦的贴身护卫樊哙,意识到危险,冲了进来。项羽给了他一个半熟的猪腿,想让他难堪。樊哙不为所惧,拿出护剑切割起来,把猪腿全吃了。见此情景,项羽吃惊不小,犹豫之际,刘邦趁机找了个借口,逃了出来,救了自己一命。在司马迁的笔下,樊哙在鸿门宴上的英勇表现是这样的:

> 于是张良至军门,见樊哙。樊哙曰:"今日之事何如?"良曰:"甚急。今者项庄拔剑舞,其意常在沛公也。"哙曰:"此迫矣,臣请入,与之同命。"哙即带剑拥盾入军门。交戟之卫士欲止不内,樊哙侧其盾以撞,卫士仆地,哙遂入,披帷西向立,瞋目视项王,头发上指,目眦尽裂。项王按剑而跽曰:"客何为者?"张良曰:"沛公之参乘樊哙者也。"项王曰:"壮士,赐之卮酒。"则与斗卮酒。哙拜谢,起,立而饮之。项王曰:"赐之彘肩。"则与一生彘肩。樊哙覆其盾于地,加彘肩上,拔剑切而啖之。项王曰:"壮士!能复饮乎?"樊哙曰:"臣死且不避,卮酒安足辞!夫秦王有虎狼之心,杀人如不能举,刑人如恐不胜,天下皆叛之。怀王与诸将约曰'先破秦入咸阳者王之'。今沛公先破秦入咸阳,毫毛不敢有所近,封闭宫室,还军霸上,以待大王来。故遣将守关者,备他盗出入与非常也。劳苦而功高如此,未有封侯之赏,而听细说,欲诛有功之人。此亡秦之续耳,窃为大王不取也。"项王未有以应,曰:"坐。"樊哙从良坐。(《史记·项羽本纪》)

就这样，鸿门宴成了中国历史上最有名的一场宴请，项羽错失除掉刘邦的机会，导致局势朝着不利于自己的方向发展，结果落得个最终失败、自刎乌江的下场。最有趣的是，鸿门宴上，樊哙的英雄气概，竟然是通过对付一大块肉来表现的！

换一个角度看，在秦汉之际，能够对付大块肉成了英勇行为，可能因为那时人们已经逐渐习惯将肉切成一口大小再来烹煮加工。南朝史学家范晔记录的一个故事，可以帮助说明这一点。一个叫陆续的苏州名士，卷入了谋反案，被捕入狱：

> 续母远至京师，觇候消息，狱事特急，无缘与续相闻，母但作馈食，付门卒以进之。续虽见考苦毒，而辞色慷慨，未尝易容，唯对食悲泣，不能自胜。使者怪而问其故。续曰："母来不得相见，故泣耳。"使者大怒，以为门卒通传意气，召将案之。续曰："因食饷羹，识母所自调和，故知来耳，非人告也。"使者问："何以知母所作乎？"续曰："母尝截肉未尝不方，断葱以寸为度，是以知之。"使者问诸谒舍，续母果来，于是阴嘉之，上书说续行状。帝即赦兴等事，还乡里，禁锢终身。续以老病卒。
> （《后汉书·陆续》）

陆续的母亲做了一些饭菜，托人送给陆续。看守并没有告诉他，饭菜是谁做的。陆续入狱之后，表现坚强，但面对饭菜，却悲泣不止。使者觉得奇怪，便问他究竟。他回答道，因为知道母亲来看他，而未能相见。使者更加奇怪了，说你怎么知道这顿饭一定是你母亲做的。陆续的回答是：我母亲做羹，都将肉切成齐整的方块，葱也切得长短一样，因此便知饭食出自母亲之手。这些动人的故事都有助我们做出推断：在陆续所处的东汉时期，由于煮熟的食物都被切成一口大小，筷子的作用就得到了延展，被用来取用所有非谷物类食物，而不再只是用来夹取炖肉里的菜。

但是筷子的作用还在扩大，因为东汉还发生了一场影响深远的、关乎主食的"烹饪革命"。这一"革命"的动力和特征，是将小麦磨成粉做成面食。① 如前所述，迄今为止发现最早的面条是在中国青海省喇家遗址齐家文化层出土的距今4000年的小米面条。在新石器时代遗址如裴李岗、磁山等遗址中，考古学家发现了马鞍状的石磨盘和石磨棒，说明当地人可能会用它进行碾磨谷物或者脱壳等活动。然而在相当长的一段时间内，人们仍然比较习惯吃粒食，即将整颗谷物进行蒸煮，而非将它们磨成粉。②

在汉语中，煮熟或蒸熟的小麦叫麦饭。就是说，小麦像大米和小米一样整粒蒸煮。但麦饭粗糙，味道又差。③ 每天吃麦饭，竟然成了一种简单朴素生活的象征。这些事例在历史文献中，多有记载。《后汉书》提到一位东汉时期的博学之士——井丹，便是秉性清高之人：

> 建武末，沛王辅等五王居北宫，皆好宾客，更遣请丹，不能致。信阳侯阴就，光烈皇后弟也，以外戚贵盛，乃诡说五王，求钱千万，约能致丹，而别使人要劫之。丹不得已，既至，就故为设麦饭葱叶之食。丹推去之，曰："以君侯能供甘旨，故来相过，何其薄乎？"更置盛馔，乃食。及就起，左右进辇。丹笑曰：

---

① Ying-shih Yu，"Han，"*Food in Chinese Culture*，81；张光直《中国饮食史上的几次突破》，《第四届中国饮食文化学术研讨会论文集》，台北：中国饮食文化基金会，1996年，3页。
② 石毛直道《面条的起源与传播》，《第三届中国饮食文化学术研讨会论文集》，台北：中国饮食文化基金会，1994年，113—129页。
③ 徐海荣主编《中国饮食史》第二卷，475—476页。

"吾闻桀驾人车,岂此邪?"坐中皆失色。就不得已而令去辇。自是隐闭不关人事,以寿终。(《后汉书·井丹》)

皇亲贵族慕井丹之名,邀请他赴宴,井丹勉强应约前往,但看到吃的是"麦饭葱叶",便马上起身要走,直到换了盛馔,他才坐下用餐。

如果麦饭是某官员的日常食品,这有助于把他塑造成一位秉性正直、道德高尚的人。[①] 如《太平御览》收录谢承的《后汉书》,记载了一位名叫宋度(字叔平)的东汉官员,"豫章宋叔平为定陵令,素杯食麦饮酒",其生活十分简朴。(《太平御览》卷七五九,器物部四)《太平御览》还有孟宗只吃麦饭的记载。"《孟宗别传》曰:宗为光禄勋,大会,醉吐麦饭。察者以闻,诏问食麦饭意,宗答:臣家足有米,麦饭直愚臣所安,是以食之。"(《太平御览》卷八五〇,饮食部八)该书对此事还有另外一个版本:"《孟宗别传》曰:宗为光禄勋,大会,宗先少酒,偶有强者,饮一杯便吐。传诏司察宗吐麦饭,察者以闻,上乃叹息曰:'至德清纯如此'。"(《太平御览》卷二二九,职官部二十七)前一个故事中的宋度,以常吃麦饭而被人视为廉洁;而后一个故事中的孟宗,还受到了皇帝的赞誉,认为他品德至上,因为孟宗虽然家境殷实,还担任掌管宫廷厨房的光禄卿一职,但他宁愿吃粗粝的麦饭,醉酒之后吐出来的也只是麦饭,让人为之唏嘘。

当然,也有方法能够提升麦饭的味道。一是在烹饪的过程中将它与其他食物混合,如红豆、大豆和蔬菜;二是添加特定的植

---

① 参见徐苹芳《中国饮食文化的地域性及其融合》,《第四届中国饮食文化学术研讨会论文集》,台北:中国饮食文化基金会,1996年,96—97页。

物种子和花朵，改善其味道。比如，在烹饪小麦时，盛开的槐花经常被添加进来。这使麦饭增加了花香，闻起来更诱人，因此更容易下咽。槐花麦饭在西北、华北等地区，为一些人所喜爱。陕西的一种名小吃也叫"麦饭"，做法是将干面粉和菜蔬一起蒸熟，但其中已经没有麦粒了，所以与古代的麦饭有明显的区别。因为麦子的麸皮不好吃，所以古代人做麦饭，会略加舂捣，去掉一些麸皮。但总体来说，麦饭的口感还是不如大米或小米（特别是黄粱）松软。所以唐代儒学家颜师古对西汉《急就篇》提到的"麦饭、甘豆羹"，有这样的解释和评论："麦饭，磨麦合皮而炊之也；甘豆羹，以洮米泔和小豆而煮之也；一曰以小豆为羹，不以醯酢，其味纯甘，故曰甘豆羹也。麦饭豆羹皆野人农夫之食耳"。颜师古的解释表明，到了唐代，虽然人们仍然食用麦饭，但已不完全是粒食，而是事先有所舂捣，只是没有完全去掉麸皮，仍然"合皮而炊之"。

  小麦一旦磨成了面粉，做成了面食，味道就大不一样了。这也是当今大多数人食用它的方式。中国人从汉代起就这么做了。考古发现和历史记载皆表明，公元前1世纪，中国人不仅继续使用马鞍状磨盘，而且开始用磨子把麦子碾成面粉，细到可以做饺皮和面条。例如，1958年，在河南洛阳烧沟汉墓中，考古学家发现了三个磨盘。十年后，1968年，在河北满城汉墓（墓主为西汉中山靖王刘胜和王后窦绾）中，又出土了一个圆形石磨。[①] 此外，东汉学者桓谭的《新论》提供了当时人们改造传统的磨臼，制成石制碾磨的文字证据：

---

① 参见《洛阳烧沟汉墓》，北京：科学出版社，1959年；郑绍宗《满城汉墓》，北京：文物出版社，2003年。

> 宓牺之制杵臼，万民以济，及后世加巧，因延力借身重以践碓，而利十倍杵舂。又复设机关，用驴骡牛马及役水而舂，其利乃且百倍。①

上述这些考古和文献资料表明，在那个时代，碾磨已成为处理小麦和其他谷物的常见方法。

由于碾磨技术的广泛使用，面食在汉代十分流行。"饼"字既指面团，也指用面团做成的各种食物。该字曾出现在墨子的著作中。②"饼"字是"食"字旁和动词"并"组合而成，意为在面粉里加水制成面团；"并"字有"混合、合并"之意，"饼"可以指一种用谷物粉和水混合成的食物。"饼"字在汉代文献中出现得极为频繁，专家已经指出，那时主要加工的是小麦了。③ 显然，石磨的普及，对饼食的流行起了关键的作用。刘熙的《释名》成书于东汉末年，其中对"饼"的解释是："饼，并也，溲面使合并也。"也就是将水加入面粉然后揉合而成。然后他又特别提到："胡饼，作之大漫沍也，亦言以胡麻着上也。蒸饼、汤饼、蝎饼、髓饼、金饼、索饼之属，皆随形而名之也。"④ 这也就是说，除了常见的胡饼，当时人还有其他六种面食，其命名与其形状、做法有关。而胡饼上面有芝麻，看来与今天的烧饼类似。

---

① 桓谭《新论》，上海：上海人民出版社，1976 年，46 页。
② 《墨子·耕柱》中有："子墨子谓鲁阳文君曰：'今有一人于此，羊牛犉豢，维人但割而和之，食之不可胜食也。见人之作饼，则还然窃之，曰："舍余食。"'不知日月安不足乎？其有窃疾乎？鲁阳文君曰：'有窃疾也。'"
③ 彭卫《汉代食饮杂考》，《史学月刊》2008 年第 1 期，19—33 页，特别参考 26—27 页；另参见赵荣光《中国饮食文化史》，上海：上海人民出版社，2005 年，229 页。
④ 刘熙《释名》卷四，北京：中华书局，1985 年，62 页。

饼在汉代的普及在史书上也多有记载。据史家班固的描述，西汉宣帝被选定为王位继承人之前，经常在街上的食品摊买饼。而且，"每买饼，所从买家辄大雠，亦以自是怪"（《汉书·宣帝纪》）。卖给他饼的店铺，马上生意火爆。"雠"这里是售的意思。而到了东汉，类似的记载更多。比较有名的是东汉王朝的建立者刘秀在发迹之前，曾度过了一段窘困的时期。《后汉书》中这样记载："初，光武微时，尝以事拘于新野，晔为市吏，馈饵一笥，帝德之不忘，仍赐晔御食，及乘舆服物。因戏之曰：'一笥饵得都尉，何如？'晔顿首辞谢。"（《后汉书·樊晔》）刘秀在潦倒之际，得到地方官员樊晔赠的一笥"饵"果腹。这里的"饵"，《说文解字》将之解释为"粉饼"，也就是一种饼。而且"笥"的意思是一种竹器，用来放置饼，可见刘秀吃的或许如同今天的烧饼。东汉的史书《东观汉记》中，也有当时人用笥来装饼的故事，涉及当时的名臣第五伦。"光武问第五伦曰：'闻卿为市掾，人有遗卿母一笥饼，卿从外来见之，夺母饲，探口中饼出，有之乎'？伦对曰：'实无此。众人以臣愚蔽，故为出此言耳。'"（《东观汉记·第五伦》）第五伦在与刘秀的对话中否认曾与母亲抢饼吃，不过这段记载本身已经表明，饼在那时十分流行。

不过另一位喜欢饼食的东汉皇帝，却因此爱好而灾祸临头。年幼的汉质帝（145—146年在位）喜爱饼，但外戚梁冀专权，"冀忌帝聪慧，恐为后患，遂令左右进鸩。帝苦烦甚，使促召固。固入，前问：'陛下得患所由'？帝尚能言，曰：'食煮饼，今腹中闷，得水尚可活。'时冀亦在侧，曰：'恐吐，不可饮水。'语未绝而崩"（《后汉书·李固》）。梁冀知道汉质帝喜欢煮饼（煮面），就在里面放了毒药，质帝吃了之后，腹中剧痛，但梁冀又不让他喝水，于是他就一命呜呼，成了东汉王朝在位最短的皇帝。

汉代统治者不仅喜爱面粉做的食物，也制定了一系列政策，鼓励小麦种植，尤其是在京城（今西安）的周边地区。氾胜之是汉成帝（公元前32—前7年在位）时期负责这项工作的小官，因成功推广小麦种植而得到了擢拔。他还根据自己的农耕经历和经验，写成了《氾胜之书》，这是现存中国最早的农业著作。其中有专门针对大、小麦种植的详细介绍：

>　　凡田有六道，麦为首种。种麦得时，无不善。夏至后七十日，可种宿麦。早种则虫而有节；晚种则穗小而少实。当种麦，若天旱无雨泽，则薄渍麦种以酢浆并蚕矢。夜半渍，向晨速投之，令与白露俱下。酢浆，令麦耐旱，蚕矢，令麦妨寒。麦生黄色，伤于太稠。稠者，锄而稀之。秋锄以棘柴，耧以壅麦根。故谚曰：子欲富，黄金覆。覆者，谓秋锄麦，曳柴壅麦根也。至春冻解，棘柴曳之，突绝其干叶，须麦生复锄之。至榆荚时，注雨止，候土白背复锄，如此则收必倍。冬雨雪止，以物辄蔺麦上，掩其雪，勿令从风飞去。后雪复如此，则麦耐旱多实。春冻解，耕如土种旋麦。麦生根茂盛，莽锄如宿麦。
>
>　　区麦种：区大小如中农夫区，禾收，区种。凡种一亩用子二升，覆土厚二寸，以足践之，令种土相亲。麦生，根成，锄区间秋草，缘以棘柴律土，壅麦根。秋旱，则以桑落晓浇之。秋雨泽适，勿浇之。麦冻解，棘柴律之，突绝其枯叶。区间草生，锄之。大男大女治十亩，至五月收，区一亩得百石以上，十亩得千石以上。小麦忌戌，大麦忌子，除日不中种。

氾胜之已经说明，小麦根据种植季节的不同，分冬小麦和春小麦两种，种植方法也有所区别。种下之后，还需细心培植："凡麦田常以五月耕，六月再耕，七勿耕，谨摩平以待时种。五月耕，一当三；六月耕，一当再；若七月耕，五不当一。"①另一部汉代农书是崔寔撰写的《四民月令》，其中进一步说明，农历一月"可种春麦、䅟豆，尽二月止"。农历八月则开始种冬小麦，具体建议是"凡种大、小麦：得白露节，可种薄田；秋分，种中田；后十日，种美田"。也就是需要根据田地的肥沃程度选择最好的播种时机，以求来年有个好收成。②接下来的几百年间，人们继续多种小麦，播种技术不断提高。到了唐代，北方地区的小麦种植已经超过小米，成为当地主要的粮食作物。

由于石磨的广泛使用，可以想见那时小麦在中国北方的普及与人们习惯将其碾成面粉有关。而中国人对面食的着迷，反映了来自中亚和南亚的影响。更确切地说，虽然生活在大汉帝国北部边界的游牧或半游牧民族常年对汉王朝的边境形成压力，但汉人与胡人之间的饮食文化交流，似乎从未间断。张光直做过这样地道的观察："中国人不会因为民族主义情绪而抵制外来食物。事实上，自古以来，中国人一直乐于接受外来食品"。③当然在用词方面，偏见依然存在。譬如"胡人"是当时汉人造的贬义词，指的是西域所有的游牧民族，而"西域"是一个笼统的概念，在汉语文献中，这一广大地区从中国西北部一直延伸到中亚和南亚。华盛顿大学亚洲语言文学系教授康达维（David Knechtges），写过一篇有关汉代和南北朝饮食文化的文章。他指出："西部地区的食品通常可以从食品名称的前缀'胡'来确定，在中世纪早期，'胡'指的是中亚人、印度

---

① 石声汉著《氾胜之书今释》，北京：科学出版社，1956年，8—20页。
② 崔寔撰，石声汉校注《四民月令校注》，北京：中华书局，1965年，13，60—64页。
③ K. C. Chang ed, *Food in Chinese Culture*, 7.

人，特别是波斯人。"① 以汉代统治者的角度来看，西域是一个令汉王朝头痛的地区，来自这里的一些少数民族经常骚扰帝国边境。但西域也是帝国寻求与其游牧邻邦进行贸易往来的重要通道。丝绸之路就是一个典型的例子。汉朝使臣张骞受命于汉武帝，率领使团出使西域，耗时十年，是开拓丝绸之路的杰出人物。根据汉代历史记录，除了马匹，张骞带回了很多水果、蔬菜和粮食作物。(《史记·大宛列传》《汉书·西域传上》）最有名的是紫苜蓿、豌豆、洋葱、蚕豆、黄瓜、胡萝卜、核桃、葡萄、石榴、芝麻，后来都融入了中国的食品系统。

饼成为汉代喜好的食品，很有可能是受到了中亚的影响。如上所述，刘熙在《释名》中，列举了当时最常见的多种小麦食品，而"胡饼"名列榜首。在"饼"前冠以"胡"，显然表示它受到西域的影响，而刘熙将其描述为"作之，大漫沍也，亦言以胡麻着上也"②。这让我们有理由认为，胡饼类似于馕，即中亚、南亚人过去和现在每天食用的谷物食品。新疆（那时也是西域的一部分）的维吾尔族人也以馕为最普通的淀粉食品，食用至今。③ 所以中国其他地区广受欢迎的芝麻烧饼，可能是由馕变化来的。而且，西域对汉朝的影响，还远远不止饮食。《后汉书》称，汉灵帝"好胡服、胡帐、胡床、胡坐、胡饭、胡空侯、胡笛、胡舞，京都贵戚皆竞为之。此服妖也。其后董卓多拥胡兵，填塞街衢，虏掠宫掖，发掘园陵"（《后汉书·五行一》）。结果，由于皇帝喜好胡人的风俗与习

---

① David Knechtges，"Gradually Entering the Realm of Delight: Food and Drink in Early Medieval China," *Journal of the American Oriental Society*, 117:2 (April–June 1997) 231.
② 刘熙《释名》卷四，62 页。
③ 参见朱国炤《中国的饮食文化与丝绸之路》，收入中山时子主编，徐建新译《中国饮食文化》，北京：中国社会科学出版社，1990 年，228—231 页。"馕"在古代中国被称为"胡饼"，更为深入的讨论可参考贺菊莲《天山家宴》，75—84 页。

惯，"胡热"席卷了整个帝国，甚至军队也招募胡人。董卓是汉末实力雄厚的军阀，他拥有一支兼杂胡人的骑兵，因此得以胡作非为，挟天子以令诸侯，称霸于世。

群雄并起，战乱不断。汉王朝在220年终结，随后中国进入了长达将近四百年的分裂时期。在此期间，汉人与西域地区的文化交流愈益频繁。美国汉学家尤金·安德森在其《中国食物》一书中，用"食从西来：中古中国"这样的标题来概况三国至宋代这段时期中国食物的变化特征。①魏晋南北朝时期的中国食物，是否都来自西域，自然可以讨论。但至少以谷物食品——饼而言，西域，也就是中亚、南亚的影响巨大。举例来说，西晋的束皙著有《饼赋》，大力称赞那时流行的各种饼食。有关饼的起源，束皙有值得重视的评论："《礼》仲春之月，天子食麦，而朝事之笾，煮麦为面。《内则》诸馔不说饼。然则虽云食麦，而未有饼。饼之作也，其来近矣。……或名生于里巷，或法出乎殊俗。"束皙认为饼的制作，时间并不很久，也就是说古代墨子、韩非子所说的饼，与汉代开始食用的饼是不同的东西。而且束皙还指出，他所描述的饼食，有可能来源于外域（"殊俗"），也就是西域。

《饼赋》是一篇文学作品，用喻丰富，笔调华美，让我们看到那时制作、食用饼食的风气：

> 三春之初，阴阳交际，寒气既消，温不至热。于时享宴，则曼头宜设。吴回司方，纯阳布畅，服绤饮水，随阴而凉，此时为饼，莫若薄壮。商风既厉，大火西移，鸟兽氄毛，树木疏枝，肴馔尚温，则起溲可施。玄冬猛寒，清晨之会，涕冻鼻中，霜成口

---

① E. N. Anderson, *The Food of China*, 47-56.

外,充虚解战,汤饼为最。然皆用之有时,所适者便。苟错其次,则不能斯善。其可以通冬达夏,终岁常施。四时从用,无所不宜惟牢丸乎?尔乃重罗之面,尘飞雪白。胶黏筋韧,膏溁柔泽。肉则羊膀豕胁,脂肤相半。商若绳首,珠连砾散。姜株葱本,蓬缕切判。菌桂剉末,椒兰是畔。和盐漉豉,搅合胶乱。于是火盛汤涌,猛气蒸作,攘衣振掌,握搦拊搏,面弥离于指端,手萦回而交错。纷纷驳驳,星分雹落。笼无迸肉,饼无流面。妹婾咧敕,薄而不绽,䔈䔈和和,膿色外见。柔如春绵,白若秋练。气勃郁以扬布,香飞散而远遍。行人失涎于下风,童仆空嚼而斜盼,擎器者䑛唇,立侍者干咽。尔乃濯以玄醯,钞以象箸。伸要虎丈,叩膝偏据。盘案财投而辄尽,庖人参潭而促遽。手未及换,增礼复至唇齿既调,口习咽利三笼之后,转更有次。[①]

束皙不愧是文学家,《饼赋》生动地描述了当时各种饼的制作方法:如何和面、揉面,是否加馅,馅怎么做,做好之后是蒸还是煮等,食用时如何添加不同的调味料获取独特的味道,等等。

《齐民要术》中收录了十几种做饼的方法。这些食谱表明,有些饼的制作与今天人们食用的烧饼、馅儿饼、薄饼、拉面、馄饨十分相似。比如书中有"做烧饼法:面一斗。羊肉二斤,葱白一合,豉汁及盐,熬令熟,炙之。面当令起"。还有"髓饼法:以髓脂、蜜,合和面。厚四五分,广六七寸。便着胡饼炉中,令熟。勿令反复。饼肥美,可经久"。前者看来类似今天的羊肉馅儿饼,后者则如同新疆维吾尔族人做的馕,面团掺入了动物脂肪,烤熟之后亦可存放多日。

---

① 束皙《饼赋》,严可均辑,何宛屏等校《全晋文》中册,北京:商务印书馆,1999年,930页;又据邱庞同《中国面点史》,59—60页,略有改动。

更重要的是，《齐民要术》还提到几种做"煮饼"的方法，类似今天的面条：

> 水引馎饦法：细绢筛面，以成调肉臛汁，待冷溲之。
>
> 水引，挼如箸大，一尺一断，盘中盛水浸，宜以手临铛上，挼令薄如韭叶，逐沸煮。
>
> 馎饦：挼如大指许，二寸一断，着水盆中浸，宜以手向盆旁，挼使极薄。皆急火逐沸熟煮。非直光白可爱，亦自滑美殊常。①

《释名》《齐民要术》等古书提到的饼食名称，到了几百年后的宋代，其意思就不甚明白了，因此大学者欧阳修有这样的感叹："晋束晳《饼赋》有馒头、薄持、起溲、牢九（即'牢丸'）之号，惟馒头至今名存，而起溲、牢九皆莫晓为何物。薄持，荀氏又谓之薄夜，亦莫知何物也。"②比欧阳修再晚几代的宋人黄朝英，著有《靖康湘素杂记》一书，其中有"汤饼"一节，对自古以来的饼食做了部分解读：

> 余谓凡以面为食具者，皆谓之饼。故火烧而食者，呼为烧饼；水瀹而食者，呼为汤饼；笼蒸而食者，呼为蒸饼，而馒头谓之笼饼，宜矣。③

---

① 贾思勰《齐民要术》卷十二，50—53 页。
② 欧阳修《归田录》卷二，北京：中华书局，1981 年，16 页。"牢九"取代"牢丸"始自宋代，邱庞同解释，出于两个原因，一是为了避讳宋钦宗的名字赵桓，二是苏轼有《游博罗香积寺》一诗，其中有"岂唯牢九荐古味，要使真一流天浆"两句，"牢九"为了对仗"真一"而改。参见其著《中国面点史》，42 页。但这两个原因都无法成立，因为欧阳修比苏轼年长，更早于宋钦宗约一个世纪，他已经称"牢丸"为"牢九"，可见"牢九"的名称，应该出现得更早，或许只是传抄时出现的笔误。
③ 黄朝英《靖康湘素杂记》卷二，上海：上海古籍出版社，1986 年，16—17 页。

明代周祈著有《名义考》一书，将《释名》《齐民要术》等提到的饼食，做了名称上的进一步对照：

> 凡以面为食具者，皆谓之饼。以火炕曰炉饼。有巨胜曰胡饼。汉灵帝所嗜者，即今烧饼。以水瀹曰汤饼，亦曰煮饼。束晳云：玄冬为最者，即今切面。蒸而食者曰蒸饼，又曰笼饼。侯思正令缩葱加肉者，即今馒头。绳而食者曰环饼，又曰寒具。桓玄恐污书画，乃不复设，即今馓子。他如不托、起溲、牢丸、冷淘等，皆饼类。①

通过黄朝英、周祈等人的研究，我们知道古人的煮饼、汤饼就是面条的原型，而蒸饼就是包子或馒头。周祈没有解释的"不托"，也就是"馎饦"，日本汉学家青木正儿指出就是今天的切面，而"牢丸"大致与今天的烧卖接近，里面有肉。前面已经提到，古人祭祀用肉之典礼，称为太牢和少牢。也有人认为牢丸是汤团，看来要确定它是烧卖还是汤团（甚至饺子），还需要知道古人是将其蒸熟还是煮熟的。其他如"冷淘"等，估计是一种冷面；"起溲"应该是发酵的面食，"溲"是用水和面，"起"则形容它发酵后隆起的形状。② 最后，周祈说胡饼有"巨胜"，也就是黑芝麻，与刘熙《释名》对胡饼的解释一致。

吃胡饼（主要是烧饼和煎饼）通常不需要使用餐具。这也许进一步证明了，在汉代大部分时间里，吃饭不一定非得同时使用勺子和筷子，尤其在主食是饼的时候。到了汉末，兴盛一时的西域食品

---

① 周祈《名义考》，台北：学生书局，1971年，402—403页。
② 参见青木正儿著，范建明译《爱饼余话》，《中华名物考（外一种）》，242—252页。

的影响渐渐减弱。举例而言，胡饼虽然很受欢迎，但烘焙却从未成为汉人主要的烹饪方法。刘熙《释名》和贾思勰的《齐民要术》描述的其他常见小麦食品中，有面条和馄饨的原型，是通过煮、蒸这两种更传统的方法来烹制的。西晋束晳盛赞小麦食品时，其中大多数已经用到中国传统的烹饪方式来制作、烹煮了。例如，汉人不用烘烤，而是把面团或是蒸熟做成馒头，或是煎成"面饼"（煎饼）。还有面条，束晳称之为汤饼。对于如何随着季节的变化吃这些面食，他还给出了具体的建议：馒头最适合温暖的春天；而汤饼夏天吃最好，因为要在水中煮，天热身体出汗正需要补水；冬季建议吃热面饼，正好抵御寒冷的天气。这么多面食中，束晳似乎偏爱馒头（他称之为"曼头"）和牢丸。馒头可以被称为"中国面包"，随着时间的推移，逐渐成了全中国人的日常食品。牢丸在束晳的时代，泛指面团中裹入馅料（如肉、蔬菜、豆沙等）的食品，如同今天的饺子、包子、烧卖或馅儿饼。包子和饺子的制作方法其实很接近，都是将馅儿包在薄薄的面皮里，做好之后或煮或蒸或煎。虽然煮饺子较为常见，但也可以像蒸包子一样来蒸饺子。二者的区别在于不同的吃法：吃饺子用筷子，而吃包子用手。筷子用来吃面条也极为方便，这一点束晳已经注意到，所以他有"钞以象箸"的说法。[1]

西晋之后，这两种面食变得比其他品种似乎更受欢迎。南北朝著名文学家颜之推说过一句话，称饺子（他称之为馄饨）已经变得极受欢迎，"今之馄饨，形如偃月，天下通食也"。如果这话确实，那么饺子在接下来数百年里依然会是"天下通食"。（段公路《北户录》）[2] 日本僧人圆仁所著的《入唐求法巡礼行记》记载了

---

[1] 束晳《饼赋》，《全晋文》中册，930页。
[2] 很多食谱，尤其是唐代写成的，都将馄饨列入其中。在一个食谱中，馄饨馅多达24种。参见中山时子《中国饮食文化》，165页。

他在838—847年游历大唐的经过。在这十年中，圆仁首先抵达了扬州，然后往北走，到五台山朝拜。几个月之后抵达唐朝的首都长安，在那里住了四年之后又往南行，再次经过扬州而回国。他的整个行程经过了今天的江苏、山东、河北、山西、陕西、河南和安徽七省。圆仁到中国的时候，唐朝已经走向衰落。作为僧人，他主要靠施舍度日，吃的基本是粥或粥饭，也看到各地时有饥馑，百姓穷到只能吃橡或榆等树皮度日。有时遇到好心人，他吃到了馎饦（面片汤）："廿一日。早发。正北行卅里，到镇州节度府。入城西南金沙禅院。……主人归心，自作馎饦与客僧。"而过中秋节的时候，他所待的寺庙供应了"馎饦饼食"。冬至，圆仁记"廿六日。冬至节。……吃粥时。行馄饨菓子"，即除了馄饨，还有甜食（菓子）。冬至吃馄饨（或饺子）的习俗，至今仍在一些地方保留着。像今天一样，唐朝人在过新年的时候，食品准备得最为充分。圆仁刚到中国的时候，就注意到了中国人过年的热闹场景："廿九日。暮际。道俗共烧纸钱。俗家后夜烧竹与爆。声道万岁。街店之内。百种饭食异常弥满。"之后他在长安过新年，又有这样的记述："廿五日。更则入新年。众僧上堂。吃粥。馄饨。杂菓子。"然后到了正月"立春节。赐胡饼。寺粥。时行胡饼。俗家皆然"。①

从圆仁的记述来看，唐朝人的主食，仍然以粟和米做的粥饭为主。圆仁在书中时常比较粟米和粳米的价格，前者比后者便宜。同时他也披露小麦食品即广义上的饼食，已经为人所爱。作为僧人，食粥是日常饮食，而普通老百姓食用面食则相当普遍。当时长安城里，有不少饼肆，营业时间也很长，可见饼食受欢迎的程

---

① 圆仁《入唐求法巡礼行记》，桂林：广西师范大学出版社，2007年，24、56、86、117—118页。该书原将"馎饦"写成"馎饨"，据日本学者小野胜年校正，应该是馎饦，也是一种饼食，参见《入唐求法巡礼行记校注》，石家庄：花山文艺出版社，2007年。

度。《太平广记》记载了一个故事，主人公清早出门，"既行，及里门，门扃未发。门旁有胡人鬻饼之舍，方张灯炽炉"（《太平广记·任氏》）。在许多人尚未起身的时候，胡人开的饼店已经准备营业了。在同书另一个故事中，也有相似的记载："唐郎中白行简，太和初，因大醉，梦二人引出春明门。至一新冢间，天将晓而回。至城门，店有鬻饼、馎饦者。"（《太平广记·巫·白行简》）这家饼店不但卖饼，还卖面条，主人同样也在天刚破晓就开门营业了。唐代长安到底有多少饼肆，无从知晓，但宋元之际史学家胡三省在为《资治通鉴》提到的"饼肆、酒垆"做注时指出，唐顺宗年间，"长安城中分为左右街，画为百有余坊。饼肆、卖饼之家，酒垆、卖酒之处"（《资治通鉴·唐纪五十二》），足见当时饮食业之发达。

　　面条和饺子的普及，将会对筷子的使用产生重大的影响。筷子（或许是首次）被用来夹取谷物食品，特别是饭（谷物）和菜（非谷物）混合而成的食物。就像导言中指出的那样，各种面食的出现使传统意义上饭、菜的区别变得无关紧要了，因为包饺子时，谷物和非谷物类食物融合在一起，而在吃面条时，也会加入一些酱、肉汤或菜蔬。若吃饺子和面条，用筷子就足够了。当然若想喝面汤的话，可能需要用上勺子。但勺子并不是必不可少的，因为食客也可以将碗端到嘴边直接喝。实际上，日本人甚至推荐食面者将喝面汤视作吃面的最后一个步骤。在日本，用筷子夹完食物之后，也应该将剩下的味噌汤喝掉。

　　饺子和面条对筷子的普及有很大的影响，也许对其历史做简要的回顾十分必要。传说饺子是汉代著名医学家张仲景发明的。但最早的饺子发现于山东薛城春秋时期的一座墓穴中，要比传说早得多。在长江流域三国时期的墓葬中，发现一个陶俑，其食案上放着一个捏成花边的饺子。① 不过，汉语中"饺子"一词直到宋代之后才开始流行起来，而"馄饨"出现得更早一些。关于馄饨的起源，有各种民间传说，此处不赘。三国时期张揖编纂的百科词典《广雅》中有这么一句定义："馄饨，饼也。"那时的馄饨是否就是饺子？我们有必要回到束皙在《饼赋》中所用的"牢丸"，即宋代人说的"牢九"。束皙称赞"牢丸"为："其可以通冬达夏，终岁常施。四时从用，无所不宜惟牢丸乎？"② 唐代段成式有"笼上牢丸，汤中牢丸"③ 的说法，或许证明揉面成皮、内包肉馅的牢丸，在段成式的年代已经有两种将其煮熟的方法，前者与今天的蒸饺类似，而后者则如汤饺。那么，段成式所提的"牢丸"，是否有可能是馄饨或汤团呢？至少《康熙字典》认为是饺子："饺：《集韵》居效切，音教。饴也。《正字通》今俗饺饵，屑米面和饴为之，干湿小大不一。水饺饵，即段成式食品，'汤中牢丸'。或谓之粉角，北人读角如矫，因呼饺饵，讹为饺儿。饺非饴属，教非饺音。"（《康熙字典·食部·六》）饮食史专家赵荣光对馄饨与饺子的历史做了详细的考证，指出牢丸即它们的原型，古代人做的更像今天的烧卖，而后来做了改进，用面皮将肉馅整个包住，于是就成了饺子，而馄饨则保留了烧卖的特点，肉馅包得不太严实，个头也略小。④1959年，新疆吐鲁番地区出土了唐代初期的馄饨与饺子，前者略小于后者，与今天二者在形状上的区别颇为类似。⑤

---

① 王仁湘《从考古发现看中国古代的饮食文化传统》，111页。王仁湘也提到，考古发现表明，7世纪新疆就有形状类似于现代饺子的食物。参见贺菊莲《天山家宴》，85—86页。
② 束皙《饼赋》，《全晋文》中册，930页。
③ 段成式撰，方南生点校《酉阳杂俎》卷七"酒食"，北京：中华书局，1981年，70页。
④ 赵荣光《中国饮食文化史》，247—256页。
⑤ 新疆维吾尔自治区博物馆《新疆吐鲁番阿斯塔纳墓葬发掘简报》，《文物》1960年第6期，20—21页。

除了用筷子吃饺子之外，面条的食用也需要用到筷子，因为勺子无法夹取面条。最早的面条是在中国西北地区发现的，所以中国人可能就是世界上面条的发明者。像现今的意大利面一样，中国自古以来的面条品种多样。而在中国之外的地区，则以拉面最为著名。作为一种饼食，面条在古汉语中也有多种称呼。比如刘熙所说的"汤饼"和贾思勰形容的"水引饼"，从字面上看，都是古代的一种如同面片汤的面食。刘熙还提到"索饼"这个名字，引起古往今来不少学者的猜测。古人为食物命名，有的时候根据形状，有的时候又根据做法。如《释名》中形容胡饼"作之大漫沍也"，清代学者毕沅解释说，刘熙指出胡饼的形状像龟鳖。青木正儿以此推论说，蝎饼指的是饼做成蝎子那样的形状。青木正儿与赵荣光都认为，刘熙所说的"索饼"，应该更为细长，细得像绳索。赵荣光进一步指出，"索饼"的"索"字，古人取其动词之意，"正应当是'合绳'之前的搓捻动作或其过程；正是这一操作过程，使面条逐渐变得细长，直到加工者认为可以投放到沸汤中去煮的标准为止"。[①] 由此推论，如果"水引饼"是面片汤，形容其在沸水中翻滚的样子，那么"索饼"有可能是今天拉面的原型，以其加工手法命名。

日本东亚饮食史家石毛直道，著述宏富。他于1994年参加了在台北举行的"第三届中国饮食文化研讨会"，发表了有关面条历史的论文。他认为今天亚洲的面条由五大系列组成，即"拉面、线面、切面、米粉/河漏面和河粉"。石毛指出，"索饼"后来转写成"索面"，宋末元初的文献《居家必用事类全集》中记载其制作方

---

① 青木正儿著，范建明译《爱饼余话》，《中华名物考（外一种）》，242—252页；赵荣光《中国饮食文化史》，243—247页。

法，与今天闽南一带流行的"面线"类似（福州人仍然称之为"索面"），并在之后传到了朝鲜半岛和日本。日文写作"素麺"或"索麺"，韩文则称"소면"。①"面线"或"线面"的制作，也需要拉和拽，使其变细变长，所以也是广义上的拉面。

  石毛直道的论文，还讨论了产自中国的面条或许与意大利人做面条有着一定的关系。但他只是做了一些比较，没有提供直接的证据。不过他指出，面条的流行由东亚向西延伸，沿着丝绸之路向中亚和其他地区扩展。也就是说，汉族一方面从中亚进口一些植物和水果，另一方面还经西域（包括今天的新疆）将面条出口到邻国。石毛直道提到，维吾尔语词汇"拉格面"（lagman），意为面条，从新疆到中亚，人们经常食用；该词是从汉语"拉面"衍生出来的。而中亚地区的许多人对面条的称呼，发音近似于"拉格面"，显然受其影响。②面条的流传，还从中亚到达了小亚细亚和中东地区。宋代赵汝适的《诸蕃志》便已经记载，大食国人"好食细面蒸羊"③。彼得·戈尔登（Peter B. Golden）在对中古土耳其考释中也论述了"面食情结"（pasta complex），这种情结通过游牧民族（1—14世纪的匈奴人和蒙古人）的迁徙从东亚传到地中海。他举出许多例子，说明在中亚和东欧的语言中，有近似"拉格面"的术语，用来称呼各种面食。戈尔登还注意到面条和筷子之间的内在关系。他发

---

① 石毛直道《面条的起源与传播》，119—120页。《居家必用事类全集》上有"水滑面"和"索面"等食谱，前者与今天做面类似，而"索面"描述如下："与'水滑面'同。只加油。陪用油搓，如粗筯细，要一样长短粗细。用油纸盖，勿令皱。停两时许。上筯杆缠展细。晒干为度。或不用油搓。加米粉烊搓。展细再入粉，纽展三五次，至于圆长停细。拣不匀者。撮在一处，再搓展，候干，下锅煮。"无名氏编，邱庞同注释：《居家必用事类全集》饮食类，北京：商业出版社，1986年，114页。
② 石毛直道《面条的起源与传播》，122页。
③ 冯承钧撰《诸蕃志校注》，北京：中华书局，1956年，45页。

现，在 14 世纪的土耳其，筷子被解释为"用来吃通心粉的两根小棍"，由此可以证明当地人也许用筷子来吃面条。他的解释是，很久以前维吾尔族人就将筷子作为一种餐具，常常别在腰带上备用。土耳其人若用筷子吃面，或许与蒙古人对欧亚大陆的征服相关。①

随着筷子越来越受欢迎，用来制作筷子的材料也变得昂贵、耐用。可以肯定的是，木筷、竹筷是最常见的，其使用者更有可能是普通百姓。中国的考古材料显示，自 1 世纪起，金属筷显著增加，特别是 6—10 世纪，出现了大量的银筷。《中国箸文化史》对出土筷子进行了一番考察之后指出，从新石器时代起，筷子一直都是由不同材料制成的，包括骨、黄铜、青铜，以及竹、木。汉代早期墓葬（如马王堆汉墓）中，竹箸比较常见；到了汉末，出现更多的是铜箸。该书称"此状况至隋、唐而大变"，许多筷子渐渐由贵重金属、玉石以及珍稀动物骨头制成，"因为社会的需求特别是上层统治者的奢靡享受之需而被开发成为餐具用品，涌现了一批前代所未有或使用不多的新型质料箸"。②

1949 年到现在，在中国境内出土的筷子，发现频率最高的是银筷，共 87 双，大都是隋唐时期的物件。其中最早的银筷是在西安出土的隋代物品，③其余出现在全国各地。实际上，更多的银筷出现在南方长江流域，36 双出现在江苏丹徒，30 双出现在浙江长兴。④在地理上分布得如此不均匀，并不是巧合。根据美国汉学家薛爱华（Edward Shafer）的研究，隋唐时期从波斯传入了先进的冶炼技术，能将金、银、铜等金属打薄，制成炊具或食器，而扬州、皖南及华

---

① Peter B. Golden , "Chopsticks and Pasta in Medieval Turkic Cuisine," 71-80.
② 刘云主编《中国箸文化史》，215 页。
③ 中国社会科学院考古研究所《唐长安城郊隋唐墓》，北京：文物出版社，1980 年。
④ 刘云主编《中国箸文化史》，215—219 页。

南许多地区是当时的冶炼中心。他还指出，正是由于这一技术的进步，金属制的炊具和餐具才开始在中国流行起来，而在此之前，金属制日用品相对较少，大多都是陶制品和木制品。① 的确，现今出土的隋唐时期金属筷，其中某些在顶部有精致的雕刻，甚至还镀上了纯金；而在隋唐之前，考古发掘未见这些制作精良、雕刻精致的筷子。张景明和王雁卿在其《中国饮食器具发展史》中更加明确地指出，唐代甚至更早，中国与中亚、西亚地区的广泛交流，唐代工匠学会锤击成形法的金属铸造工艺，造成金银器皿在那时大量流行，而这一技术就源自西亚地区。书中说："唐代金银器无论在形制及装饰方面，均不同程度地接受了波斯萨珊、印度、粟特等方面的影响。"② 也正是通过东西文化的交流，筷子制作技术明显提高。中国唐代出现了工艺筷（汉语称"工艺箸"，日语称"工芸箸"）。③ 这些工艺筷一方面展示了先进的冶金技术，另一方面也证明了唐朝人生活水平的提高以及筷子地位的上升。自那时开始，筷子不但是餐具，而且成为馈赠的礼物。

除了科技水平提高之外，隋唐时期金属餐具特别是银筷的流行，应还有饮食文化原因。其一，正如上文所述，由于面食的流行，筷子的用途扩大，不仅用来取食非谷物类食物，也用来取食谷物，所以人们会对筷子的耐用性有所要求。与其他材料的筷子相比，金属筷显然更经久耐用（金属筷在朝鲜半岛一直十分流行，耐用性是原因之一）。其二，为了增强筷子的耐用性，那么任何金属筷都能具有这种效果，但为什么隋唐期间发现这么多银筷呢？这与文化信仰有关。在筷子文化圈生活的许多人都相信，银可以检测食

---

① Edward Schafer, "T'ang," *Food in Chinese Culture*, 124—125.
② 张景明、王雁卿《中国饮食器具发展史》，上海：上海古籍出版社，2011年，213页。
③ 刘云主编《中国箸文化史》，222—225页。

品中是否有砷这种毒物,这使得有钱有势的人特别渴求银筷。其三,银筷即金属筷的流行,可能与隋唐期间肉食增加有关,而羊肉又特别受人钟爱。其实这也与第一点相关,由于食用肉类食品增多,所以人们对筷子的强度和牢度,也有了相应的要求。

唐代是中国帝制时期的黄金时代,在亚洲乃至世界历史上的重要性,可与汉代媲美。大唐帝国疆土辽阔,其治下的大部分时期,西部边界一直延伸到亚洲腹地。所以,大唐保持着开放的通道,容许中亚和南亚的影响向中原渗透。创立了唐朝的李氏家族,其祖先原本就来自草原。建立政权之后,唐朝统治者制定了一系列政策,鼓励汉人与北部和西北部的游牧民族进行商贸往来;允许民众有不同的宗教信仰,促进帝国内的文化交流。因此,唐朝统治时期通常被称为东亚历史上的世界主义时代。正是在这种国际化的时代,筷子文化圈深深地扎根,并在亚洲逐渐扩展(如延伸至日本)。唐代统治者的开明政策,促进了其治下的各民族保留多样化的烹饪方式。在某种程度上,这也是唐王朝不得已的选择,因为汉朝衰亡后,中国北方曾遭受过几个游牧部落的蹂躏,造成了人们大规模的迁移。从事农耕的汉人向南迁移,大部分移居到长江流域。中国经历了三百余年分裂的魏晋南北朝时期。随着游牧民族在北方和西北地区建立了自己的政权,从北方撤退的汉族流亡者在南方和西南地区重建王权。这些王国,无论南方还是北方的,存在的时间都不长,谁也不能征服他国而一统疆土,直到6世纪后期隋朝建立。这些都意味着极具差异的南北烹饪方式也得持续数百年。北方人受游牧民族的影响,食用更多的肉类和奶制品;而南方人则以大米、鱼和蔬菜作为日常食物。文学作品中有很多有关食物种类和口味差异的描写。杨衒之的《洛阳伽蓝记》是一部写于6世纪中期、颇具文采的历史著作,书中写道,南方人王肃为北魏王朝效力时,保留了吃米饭、炖鱼和饮茶的习惯,而并未像周围大多数人那样吃羊肉、喝牛奶。

> 肃初入国,不食羊肉及酪浆等物,常饭鲫鱼羹,渴饮茗汁。京师士子道肃一饮一斗,号为漏卮。经数年已后,肃与高祖殿会,食羊肉酪粥甚多。高祖怪之,谓肃曰:"卿中国之味也,羊肉何如鱼羹?茗饮何如酪浆?"肃对曰:"羊者是陆产之最,鱼者乃水族之长。所好不同,并各称珍。以味言之,甚是优劣。羊比齐鲁大邦,鱼比邾莒小国。唯茗不中与酪作奴。"高祖大笑。①

王肃保持南方饮食的习惯,在北方为人所怪,所以他只能对北魏高祖拓跋宏做了一番解释。为了不得罪皇帝,他对北方的饮食,称赞颇多。

从汉代衰亡到唐代兴起,正是佛教影响在东亚开始形成的时期。有趣的是,在中国,佛教对饮食的影响也呈现出不同的效果。虽然大乘佛教(东亚盛行的教派)一般认为是通过北方线路进入中国的,并且佛教不赞成杀生,但北方人消耗的肉食还是比南方人多。饮食史专家姚伟钧在讨论东亚的佛教烹饪影响时认为,因为对蒙古族人、藏族人等而言,肉类和奶制品极其重要,所以从古至今,他们的佛教徒从没有吃肉的禁令。这一传统也影响了中国的早期佛教:"东汉佛教传入时,其戒律中并没有不许吃肉这一条。僧徒托钵化缘,沿门求食,遇肉吃肉,遇素吃素,只需吃的是'三净肉',即不自己杀生、不叫他人杀生和未亲眼看见杀生的肉都可

---

① 杨衒之撰,周祖谟校译《洛阳伽蓝记校释》,北京:中华书局,1963年,125—126页;参见王利华《中古华北饮食文化的变迁》,北京:中国社会科学出版社,2001年,278页。

以吃。"① 这一观察很精到。然而佛教传到南方，皈依佛门渐渐就得放弃肉食，也许是因为动物的肉不像在北方传统菜式中那么重要。521年，南朝梁武帝萧衍发布了第一则禁止肉食的法令。他对佛教的虔诚也为他赢得了历史上"皇帝菩萨"的绰号。梁武帝生活十分简朴，在饮食上更是克己禁欲，不食肉类，他"日止一食，膳无鲜腴，惟豆羹粝食而已"，而且"不饮酒，不听音声，非宗庙祭祀、大会飨宴及诸法事，未尝作乐"。(《梁书·武帝下》)

　　唐朝建立之后，佛教在中国的势力更有扩张。唐朝有好几位皇帝信佛，可总体来说，帝国之内（包括南方）并不禁止食肉，这可能是由于大唐皇帝李家的祖先属于西北地区的游牧民族。在一篇有关中亚对中国西北饮食影响的文章中，尤金·安德森发现"西北菜式喜欢用到肉，尤其是羊肉，而在中国其他地区，羊肉很少入菜"②。其实这不足为奇，因为相对南方的饮食偏好，北方的烹饪传统中，肉食用量向来比较多，其原因是由于与西域的交流，特别是在魏晋南北朝时期。北魏贾思勰一生大部分时间生活在北方，其《齐民要术》便详细描述了怎样饲养以供屠宰的动物，特别是山羊和绵羊。中原与西域的交流，在魏晋和唐代，以敦煌地区为主要通道。高启安在其《唐五代敦煌饮食文化研究》中指出，"肉食也是敦煌人食物结构中的重要组成部分。饲养的牛、羊当是敦煌人食用肉的主要来源"③。南开大学史学家王利华则指出，从5世纪起，羊肉逐渐成为中国人首选的肉食，这种状况一直维持了好几个世纪，之后羊才被猪取代。从许多史料的研读中，王利华得出这样的结

---

① 姚伟钧《汉唐佛道饮食习俗初探》，《浙江学刊》1998年第3期，100—101页。
② 尤金·N.安德森《中国西北饮食与中亚关系》，《第六届中国饮食文化学术研讨会论文集》，173页。
③ 高启安《唐五代敦煌饮食文化研究》，北京：民族出版社，2004年，44页。

论:"中古华北畜牧生产的另一显著变化是畜产结构发生了重大调整,具体来说是羊在当时的肉畜中占据了绝对支配地位,而自古长期作为中国农耕区域主要肉畜的猪,则远不及羊的地位重要。"① 另一位研究唐代饮食的学者王赛时也写道:"唐朝人把羊肉当作首选肉食。"② 王利华还对这一畜产结构变化,提出了解释,其原因是唐朝统治者的提倡:唐朝皇帝常用羔羊肉赏赐优秀官员,却很少用其他动物肉。羊肉于是成为唐代历史文献中提到的最多的肉食,可见唐朝人对之青睐程度。其结果是不但猪肉的食用比两汉时期有所减少,狗肉的食用也骤减。这些现象表明,唐代中国的饮食,深受北方游牧民族的影响。

唐代肉类消费明显增长的现象,也许有助于解释为什么那时的人倾向使用金属筷和银筷。这是一个值得深究的问题。人们对事物的品味,受实际生活需要以及传统、习俗和信仰多重影响。一个显而易见的原因是,金属比竹、木更耐磨,而煮熟的肉比鱼、蔬菜更坚韧,因为后二者加热、煮熟后往往更为酥软,使用竹筷、木筷便可以轻易取用,而夹取肉类或许要求筷子有一定的力度,特别是如果人们还讲究耐用性的话。在筷子文化圈内,竹筷和木筷在"饭稻羹鱼"的地区使用比较普遍,比如今天的日本、越南和中国南方。而朝鲜半岛的居民偏爱金属筷,或许有文化上的原因(比如唐朝文化的经久影响)。但至少有一点比较肯定,那就是在东亚的烹饪传统中,肉类食品的分量在今天韩国的饮食文化中比例相对较重(比如韩国烤肉,在世界许多地方都比较有名)。韩国的筷子,传统上是用黄铜和青铜做的,现在不锈钢的更多。韩国人也同中国人、越

---

① 王利华《中古华北饮食文化的变迁》,112—116页。
② 王赛时《唐代饮食》,济南:齐鲁出版社,2003年,58页。

南人一样相信银可以检测毒物,所以朝鲜半岛以前的贵族和今天的有钱人,都十分钟爱银筷(在今天的韩国,筷子和勺子都成套出售,但银筷则可以单独购买,因为它是工艺品或收藏品)。相比之下,肉类食品长期以来在日本的烹饪传统中,所占比例极小。直到19世纪中叶开埠之后,肉类食物才开始在日本的食谱中逐渐增加。日本虽然与朝鲜半岛很近,但日本人尤其喜爱木筷,对金属筷似乎毫无兴趣(原因将在下一章中讨论)。

从世界范围来看,食用以肉类食物为主料的菜肴,通常需要用到刀叉。但在中国隋唐时期,虽然肉类食品增加,但人们使用的餐具,还是像汉代和魏晋时期一样,仍是匕箸,即勺子和筷子。承继两汉及之前的烹饪传统,唐朝人在烹调前将肉切成一口大小。其结果就是,筷子依然是取食的理想工具。此外,除了炖煮,一种新的烹饪方法——炒,在魏晋南北朝时期开始流传。炒的普及,巩固了筷子作为理想取食工具的地位。炒需要首先将锅里的油加热,再放入已经切成小块的食材。炒制的优点之一是节能——快速地在火上烹制食物,而非如烘烤时需要长时间地加热。[①]炒作为一种烹饪方法的发明,延展了将肉类和其他食材切成小块的烹饪传统,不仅缩短了烹饪时间,也带出了菜里所有配料的混合味道。历史文献表明,由于碾磨技术在汉代得以广泛采用,人们不但使用石磨来加工谷物食品,也碾磨其他植物如芝麻、油菜籽,将其制成烹调油。比如,贾思勰在《齐民要术》中讨论了种植芝麻的方法,还提供了用芝麻油烹饪菜肴的食谱。书中有一道炒鸡蛋,他称之为"炒鸡子法",具体做法为:"打破,着铜铛中,搅令黄白相杂。细擘葱白,

---

① J.A.G. Roberts, *China to Chinatown*, 21-22.

下盐米、浑豉，麻油炒之，甚香美。"① 除了推荐用香油而不是其他植物油，一千五百年前贾思勰的方法和今天人们炒鸡蛋的方法几乎完全一样。从唐代起，由于优质木炭的使用，炒成了更为普遍成熟的烹调方法。学者们认为，这种烹饪方法的发明和普及是中国烹饪传统上的重大突破之一。张光直这样说："在既有的烹调方式中，如煮、炖、蒸、羹、烹之外，再增加速度更快、能源更省、做法更有弹性的烹饪方法。炒是现代烹饪最重要的一种方法，因此炒菜的发明和普及使用，我想也可以归纳为突破的一项。"② 由于炒菜中的食物基本都是一口大小，筷子便成了夹起这些食物的有效工具。有些人甚至还用筷子来炒菜——翻、挑、拣、拌，以达到较好的烹饪效果。

尽管有充分的证据显示，到了唐代，已经有越来越多的人选用筷子作餐具，但勺子依然保留其原有的功能——舀"饭"，即富含淀粉的谷物类食品，它也是一餐中最重要的组成部分。当然，在唐代，地区不同，饭的内容也不同。如上一章所述，中国饮食文化一直有南北之分，千百年来，生活在长江流域的人们一直以大米为日常主食。略有些不幸和不公的是，这段时间的文学作品大多数来自北方，即唐朝中央政府所在地。小米一直是北部和西北部的主要粮食作物。除了耐旱抗涝，小米还有另外一个优势：耐虫害。于是，小米成了救济饥荒最好的储备粮。《隋书》中就有大臣长孙平奏禀皇上，要求建立"义仓"（也即"常平仓"）的记载：

---

① 贾思勰《齐民要术》卷六"养鸡"，92—93页。
② 刘云主编《中国箸文化史》，205页。赵荣光提到，炒法始于南北朝，唐代有了很大的发展，五代十国时期逐渐成熟，成了广为接受的烹饪方法，参见其著《中国饮食文化概论》，173—174页。张光直认为，炒法是中国烹饪史上重要的变革之一，参见《中国饮食史上的几次突破》，《第四届中国饮食文化学术研讨会论文集》，1—4页。

> 开皇三年，征拜度支尚书。平（长孙平）见天下州县多罹水旱，百姓不给，奏令民间每秋家出粟麦一石已下，贫富差等，储之闾巷，以备凶年，名曰义仓。因上书曰："臣闻国以民为本，民以食为命，劝农重谷，先王令轨。古者三年耕而余一年之积，九年作而有三年之储，虽水旱为灾，而民无菜色，皆由劝导有方，蓄积先备者也。去年亢阳，关右饥馁，陛下运山东之粟，置常平之官，开发仓廪，普加赈赐，大德鸿恩，可谓至矣。然经国之道，义资远算，请勒诸州刺史、县令，以劝农积谷为务。"上深嘉纳。自是州里丰衍，民多赖焉。(《隋书·长孙平》)

从这段文献还可以看出，虽然常平仓要求小米（"山东之粟"），但小麦当时也是储备粮食之一。

换句话说，由于小麦面粉做的食物自两汉以来逐渐受人喜爱，北方人每日食用的粮食就更多样化了，其结果就是，小米作为主粮的传统地位自那时开始削弱和被取代，尽管过程十分缓慢。① 薛爱华写道，唐代文献中"饼"的出现十分频繁，可见它是唐朝人晚餐时的最爱。而"饼"的意涵多种多样，恰似现代意大利语中的"pasta"，泛指所有用面粉和水制成的面食。② 王赛时同样直截了当地表示："在唐代文献中，凡涉及饮食，我们总能见到'饼'的踪影。"王还指出，与汉代相比，唐代"饼"的花样增加了许多，《北户录》等文献记载，有"蒸饼、煎饼、胡饼、曼头饼、薄夜饼、喘饼、糜丸饼、浑沌饼、夹饼、水溲饼、截饼、烧饼、汤饼、煮饼、索饼、鸣牙饼、糖脆饼、二仪饼、石敖饼等，多达几十种"。胡饼，

---

① 王利华《中古华北饮食文化的变迁》，69 页。
② Edward Schafer, "T'ang," *Food in Chinese Culture*, 117.

即汉代民众迷恋的馎，到了唐代依然很受欢迎。但其受欢迎的程度，或许受到了蒸饼、煎饼（用热油煎）等的挑战。还有，唐代的汤饼（面条）品种更多。例如，唐朝人吃的面，分热面和冷面，后者称作"冷淘"，有点类似今天日本的"蕎麦"（荞麦面）。①唐代诗人杜甫作诗《槐叶冷淘》，不但形容了唐代的冷面，而且还提到了箸——筷子：

> 青青高槐叶，采掇付中厨。
> 新面来近市，汁滓宛相俱。
> 入鼎资过熟，加餐愁欲无。
> 碧鲜俱照箸，香饭兼苞芦。
> 经齿冷于雪，劝人投此珠。
> 愿随金騕褭，走置锦屠苏。
> 路远思恐泥，兴深终不渝。
> 献芹则小小，荐藻明区区。
> 万里露寒殿，开冰清玉壶。
> 君王纳凉晚，此味亦时须。（《全唐诗》卷二二一）

如前所述，唐代有各种各样的饼肆，适应了食客的不同需求。唐朝人也在家里制作饼食，特别是有客人到访时候。圆仁在《入唐求法巡礼行记》中记载，他从长安回日本，途经山东农村，发现那里的人们生活贫困："山村县人。餐物粗硬。爱吃盐米粟饭。涩吞不入。吃即腰痛。山村风俗。不曾煮羹吃。长年唯吃冷菜。上客殷重极者。

---

① 王赛时《唐代饮食》，1—17页。

便与空饼冷菜。以为上馔。"① 唐朝老百姓平时吃粟饭，而饼食则用来招待客人。这里的空饼，或许是空心的烧饼，里面可以夹菜。

所以，对于唐代的北方人而言，除了面食，饭仍然主要指的是煮熟或蒸熟的谷物，通常为小米（包括各种黍、粟）和小麦，整颗煮成粥。② 唐代的许多文献也证实，那时的饭通常指煮熟的糊状谷物食品。于是唐代作家在诗文中多次形容他们如何用勺子舀饭。薛令之是一位被唐玄宗罢免的高官，他作一首《自悼》，暗示了不满，抱怨自己如何未被皇帝赏识，就像就餐时没有合适的餐具：

> 朝日上团团，照见先生盘。
> 盘中何所有，苜蓿长阑干。
> 饭涩匙难绾，羹稀箸易宽。
> 只可谋朝夕，何由保岁寒。（《全唐诗》卷二一五）

对于我们来说，薛令之的诗提供了这样的信息，那就是唐朝人用勺子吃饭，用筷子吃菜。因为薛令之说，饭不应该做得太黏，否则很难用勺子舀。

不过每个人的口味不同。比薛令之晚了近一百年的唐代学者韩愈，因为牙齿不好，只能吃煮得很烂的饭。他有诗《赠刘师服》：

> 羡君齿牙牢且洁，大肉硬饼如刀截。
> 我今呀豁落者多，所存十余皆兀臲。
> 匙抄烂饭稳送之，合口软嚼如牛呞。

---

① 圆仁《入唐求法巡礼行记》，152 页。
② 王赛时《唐代饮食》，18—24 页。在中国基本古籍库检索，"麦饭"一共出现 50 次，"黍饭"出现 80 次，"粟饭"出现 55 次。

> 妻儿恐我生怅望，盘中不饤栗与梨。
> 只今年才四十五，后日悬知渐莶卤。
> 朱颜皓颈讶莫亲，此外诸余谁更数。
> 忆昔太公仕进初，口含两齿无赢余。
> 虞翻十三比岂少，遂自惋恨形于书。
> 丈夫命存百无害，谁能点检形骸外。
> 巨缗东钓倘可期，与子共饱鲸鱼脍。（《全唐诗》卷三四〇）

韩愈用勺子将煮烂的饭送入口中，他那时虽然只是中年人，但牙齿已经掉了许多，只能像牛反刍似的将烂饭在嘴里慢慢地、反复地咀嚼。

可以想象，由于十分软烂，韩愈喜欢的饭，口感上可能更像是粥。然而，粥与饭之间的区别，似乎从来都不怎么明确，常常是含混不清的。有些粥可能煮得很厚、很稠；而有些饭可能含有许多水，因此很烂。从汉代之后直至19世纪末，除了"粥"和"饭"外，中国人还创造、使用另外两个词语——"水饭"和"汤饭"，用来表示、区分饭中水分的多少，不过到底哪个水分更多，仍不很清楚。圆仁在《入唐求法巡礼行记》中，使用"粥饭"一词："有菩萨寺。夏有粥饭。只供巡台僧侣。"[1] 明代又出现了一个新词——"稀饭"，并从此流行了起来。在现代汉语中，"稀饭"仍然在使用，并在一些地区可以与"粥"互换。这些词都指用某种谷物煮成的半流质食品，虽然烹煮的方式可能略有不同。[2]

不管是粥还是稀饭，最好都用勺子来吃。唐代文人常称勺子为

---

[1] 圆仁《入唐求法巡礼行记》，96页。
[2] 在中国基本古籍库检索，"水饭"首次出现于葛洪的《肘后备急方》，"稀饭"最先出现在《今古奇观》第三二卷。"稀饭"直到明代才开始使用，而"粥"自古就有。有些地区，"粥"是用谷物熬制而成，而"稀饭"则是将水加入已经煮熟的谷物或饭里，使其稀薄一些。

舀饭的"流匙"。该词结合"流"和"匙",含义或许是这种勺子可以迅速地插进饭里,并毫不费力地将饭舀起来。也就是说,"流匙"不会让多余的饭粘在上面。为了强调效果,唐代诗人还常常用动词"滑"来描述如何用"流匙"吃饭。杜甫的《佐还山后寄三首》就是一个例子:

> 山晚浮云合,归时恐路迷。
> 涧寒人欲到,村黑鸟应栖。
> 野客茅茨小,田家树木低。
> 旧谙疏懒叔,须汝故相携。
>
> 白露黄粱熟,分张素有期。
> 已应春得细,颇觉寄来迟。
> 味岂同金菊,香宜配绿葵。
> 老人他日爱,正想滑流匙。
>
> 几道泉浇圃,交横落慢坡。
> 葳蕤秋叶少,隐映野云多。
> 隔沼连香芰,通林带女萝。
> 甚闻霜薤白,重惠意如何。(《全唐诗》卷二二五)

与韩愈同时代的诗人白居易,在题为《残酌晚餐》的一首小诗中,对"流匙"舀饭的描述,同样生动:

> 闲倾残酒后,暖拥小炉时。
> 舞看新翻曲,歌听自作词。

鱼香肥泼火，饭细滑流匙。

除却慵馋外，其余尽不知。（《白居易诗集校注》卷三三）

让勺子滑进饭里，自如地用它将饭舀起——要达到这样的效果，似乎必须满足两个条件：一是勺子表面必须光滑；二是煮熟的谷物食品必须含有一定量的水，好使它不那么黏稠。第一个条件似乎已经达到，因为唐代大多数餐具都由金属（银或黄铜）制成，表面往往比木制的光滑。第二个条件难以找到物证，但唐代文学中"流匙"与动词"滑"频繁结合使用似乎表明，人们所食用的"饭"，可能介于现代的"饭"与"粥"之间，多呈流质状态，其中包含着足够的液体能让人们将其迅速舀起来，不会有多余的饭粒粘在勺子上。此后，"流匙滑"（或"滑流匙"）似乎成了一个习惯用词，在宋代及以后的诗文中亦频繁出现。[1] 学者们指出，粥在唐代十分流行，因为许多人相信它有药用效果，特别适合病人食用。[2] 考古发掘也提供了相应的证据，唐代墓葬中出现了两种勺，一种底部较浅（几乎是平的）、柄较短，另一种底部更深更大、柄更长。前者被认为用来吃饭，而后者则用来喝汤。[3] 反观匕首般具有锋利边缘的匕，在新石器时代十分常见，可到了唐代基本都消失了。但"匕"仍在使用，在这几百年里用来指勺子。[4]

---

[1] 值得注意的是，古代文人骚客常在作品中描述他们毫不费力地用"流匙"吃"饭"，即用"滑"字来修饰"流匙"，甚至在勺子不再用来进食米饭之后，这种表达也很多。搜索中国基本古籍库中唐代至清代的文稿，可发现该表达出现了143次（"滑流匙"95次，"流匙滑"48次）。
[2] 刘朴兵《唐宋饮食文化比较研究》，北京：中国社会科学出版社，2010年，119—121页。
[3] 刘云主编《中国箸文化史》，219—221页。
[4] 在研究汉代饮食文化时，黄兴宗注意到匕形勺到木漆勺的转变，发现木漆勺最先出现在周代末年，"到了汉代已经相当普遍了"。参见 H. T. Huang, "Han Gastronomy-Chinese Cuisine in *statu nascendi*," 148。

此外，唐代文献显示，小米作为最重要的谷物，其地位逐步下降，既缘于小麦越来越受到人们的青睐，也缘于水稻在全国范围特别是华东地区的推广。小麦和小麦做的食物常常出现在唐诗里，但也有一些唐诗描绘了华北地区的水稻种植，虽然如今这些地区很少大面积种植水稻。圆仁提到，他在大唐游历时发现，当时佛教寺庙主要食粥，既有小米粥，也有大米粥。而唐朝的老百姓也食粟米或粳米。① 因此，在唐代，虽然小麦消费量大幅增加，政府还是鼓励在华北尤其是关中地区（唐代长安所在地）种植水稻。② 唐代的一些诗作，让我们了解到当时关中地区水稻的种植。韦庄有《鄠杜旧居二首》，写道：

> 却到山阳事事非，谷云谿鸟尚相依。
> 阮咸贫去田园尽，向秀归来父老稀。
> 秋雨几家红稻熟，野塘何处锦鳞肥。
> 年年为献东堂策，长是芦花别钓矶。
>
> 一径寻村渡碧溪，稻花香泽水千畦。
> 云中寺远磬难识，竹里巢深鸟易迷。
> 紫菊乱开连井合，红榴初绽拂檐低。
> 归来满把如渑酒，何用伤时叹凤兮。（《全唐诗》卷六九八）

唐代关中遍地稻田的景象，也在另一位诗人郑谷的《访题表兄王藻渭上别业》中有所体现：

---

① 圆仁《入唐求法巡礼行记》，39、63、69、77、79、81、83、85、86、87、96、117、118 页。
② 王利华《中古华北饮食文化的变迁》，74—80 页；刘朴兵《唐宋饮食文化比较研究》，57—58 页。

> 桑林摇落渭川西，蓼水弥弥接稻泥。
> 幽槛静来渔唱远，暝天寒极雁行低。
> 浊醪最称看山醉，冷句偏宜选竹题。
> 中表人稀离乱后，花时莫惜重相携。（《全唐诗》卷六七六）

当时水稻在关中种植，似乎不仅因为该地区相对湿润，适合种植水稻，也因为官府供职者对稻米的需求量很大。如前所述，自孔子时代起，对北方人而言，吃米饭不啻是过上了富裕甚至奢华的生活。圆仁日记记载，在唐代，粳米比粟米在价格上高出许多，有时接近一倍。[1] 可以想象，许多在唐朝都城效力的官员都通过科举考试获得官职，他们可能有兴趣用吃米饭来表现自己已经成功踏入社会上层。[2] 杜甫也许不是最好的例子，因为他的仕途短暂而又坎坷，但他写了一首《与鄠县源大少府宴渼陂》，描绘他在京城长安晚宴上吃的米饭：

> 应为西陂好，金钱罄一餐。
> 饭抄云子白，瓜嚼水精寒。
> 无计回船下，空愁避酒难。
> 主人情烂熳，持答翠琅玕。（《杜诗详注》卷三三）

身为北方人，他把米粒比作围棋中的云子，大米饭的质地之好，给

---

[1] 圆仁《入唐求法巡礼行记》，43，72，77，79，84页。
[2] 通过科举考试来遴选政府官员，始于6世纪。到了唐代，这一举措得以全面制度化。史料表明，自初唐到晚唐，从南方运往北方的稻米数量有极大增长，从20万石增长到超过300万石。参见黎虎编《汉唐饮食文化史》，北京：北京师范大学出版社，1998年，13页。

他留下了非常深刻的印象。杜甫晚年,在长江上游的稻米种植区四川成都生活了几年。从诗句来看,杜甫还是坚持传统方法,用勺子舀米饭——"饭抄云子白"。

王利华对唐代水稻的广泛种植,阐述了自己的看法。他认为,由于唐代的政治中心在华北,"水稻在当时粮食生产中所占比重应比现今要大得多"。他解释说,在唐代,农田灌溉的水平已经达到了前所未有的高度,可那个时代的案件卷宗仍然包括一些灌溉方面的法律纠纷,因为有些人会用水资源来驱动水车,为磨面坊提供动力。但王利华认为,那些人对水资源的争夺,也反映了人们对水稻种植日益增长的兴趣,而不单单是为了用水力磨面而已。不过他也承认,虽然唐朝的华北甚至西北地区的水稻种植应该比今天更多,但"中古华北的水稻种植终究不能与粟、麦生产相提并论。稻米总的来说还是比较珍贵难得的",所以当时的人主要用稻米"熬粥滋补",很少"炊煮干饭"。① 这与圆仁《入唐求法巡礼行记》中吃粥的记载,颇为一致。薛爱华也发现,唐朝华北的稻米产量比以前高,但他认为:"在唐代,虽然北方有水稻生长,其重要性却不太可能超过小麦和小米。"② 所以,在华北,唐代的"饭"仍然主要是小米和小麦,而不是大米。由于传统的影响,即使人们吃大米饭,也会继续使用勺子。薛令之的诗作很能说明问题。福建的主要粮食应该是稻米而不是小米。他在那里长大,应该知道如果是大米饭的话,筷子完全可以将之成团夹起,送入口中。不过从他的形容"饭涩匙难绾,羹稀箸易宽"来看,他还是遵守传统礼仪,用勺子取用饭食。

---

① 王利华《中古华北饮食文化的变迁》,75—80页。
② Edward H. Schafer, "T'ang," *Food in Chinese Culture*, 89.

总之，从汉代到唐代，农业和饮食文化发生了几个显著的变化，影响了饮食工具的使用。自这段时间的初期开始，不是用手指而是用勺子和筷子来吃饭，渐渐在中国社会成了非常稳固的饮食习惯。整个汉唐期间，勺子是主要的餐具，因为小米作为一种谷物或多或少地保留了它的重要性，而像以前一样，小米还是多以流质的形式（如粥、水饭、汤饭、粥饭等）出现，所以用勺子取食比较方便、比较流行（古代儒家礼仪也推荐这么做）。但由于各种面食受到大众的喜爱，尤其是面条和饺子，大多数中国人都已经意识到筷子的有用和有效，于是倾向于更多地使用筷子来取用食物，尤其是饭、菜合为一体的面食。结果，筷子便会逐渐取代勺子登上餐具的首要地位。难怪汉唐时期的石刻、壁画上，筷子经常被刻画为饮宴场景中主要的、有时甚至是唯一的进食工具。由于唐文化在亚洲的广泛影响，日益普及的筷子也超越了唐朝领土边界，延伸至北方的蒙古草原、东部和东北部的朝鲜半岛、日本列岛和南部的东南亚半岛。尽管时间和地点上仍然有着明显的差异，但筷子文化圈的形成已经粗具规模。

第4章
筷子文化圈的形成：
越南、日本、朝鲜半岛及其他

> 东方食物与筷子之间的合作关系不仅仅是功能性或工具性的：将食物切小是为了能用筷子将其夹住，而使用筷子也是因为食物已经被切成了小块，两者相辅相成。这样的关系便克服了食物与餐具之间的隔阂，使两者融洽无间。
>
> ——罗兰·巴特（Roland Barthes），《符号帝国》
> (*Empire of Signs*)

1996年，哈佛大学政治学教授塞缪尔·亨廷顿（Samuel Huntington）出版了《文明的冲突与世界秩序的重建》(*The Clash of Civilizations and the Remaking of World Order*)，成为当年《纽约时报》畅销书。亨廷顿认为世界历史上形成了三大文明：西方基督教文明、东亚儒家文明和中东伊斯兰文明。[1] 有趣的是，如果这三分法确实能将世界勾勒出来，那么这些文明的独特性不仅在于其独有

---

[1] Samuel Huntington, *The Clash of Civilizations and the Remaking of World Order*, New York: Simon & Schuster, 1996. 此书讨论了不止这三个文明，但围绕作者的主旨"文明之间的冲突"而言，他比较注重西方文明、中东文明和东亚文明这三大块。

的宗教传统、文化理想、政治体制（亨廷顿认为这些是最重要的因素），而且在于特有的烹饪方法和饮食习惯，不过亨廷顿的书中几乎没有提及。导言中已经提到，20世纪80年代以来，日本的饮食史家如一色八郎，以及美国的历史学家林恩·怀特均已经注意到，世界上存在着三大饮食习惯或饮食文化圈：用手指吃饭，用刀子、叉子、勺子吃饭，用筷子吃饭。一色八郎是这样描述的：第一个饮食文化圈是由世界上40%的人口构成的，包括南亚、东南亚、中东、近东、非洲；第二个饮食文化圈约有30%的人口，包括欧洲、南北美洲；第三个饮食文化圈或称筷子文化圈有30%的人口，包括中国、日本、朝鲜半岛和越南。他分析，这些差异显著的饮食习惯，反映了诸多不同——食物的摄入（比如是否吃肉，淀粉主食来自谷物类还是块茎类如土豆、番薯等）、食物烹饪、饮食礼仪和餐桌礼仪，等等。① 从地理和人口来说，一色八郎、林恩·怀特和塞缪尔·亨廷顿对世界文明的划分，有着有趣和重要的一致性。

然而，这些总体概括往往忽略了饮食圈子内部的细微差别。虽然用筷子取食是一种独特的饮食习惯，但其使用者有时也会用其他餐具来辅助进食。一个刚到筷子文化圈里生活的人，如果稍做观察，便可能会发现筷子使用者之间，存在着明显的差异：他们用什么样的筷子？怎样用？是否也用勺子？如果用勺子的话，又在何时用和怎样用？例如，虽然筷子可以由各种各样的材料制成，但木制筷子似乎最流行，尤其受到日本人的青睐。在日本高档饭店就餐，客人还是会发现一双白木筷子（很可能是用柳木制成的）放在桌上；而在中国类似的场合，摆在桌上的更可能是一只五彩瓷调羹和一双筷子，筷子顶部要么镀金，要么饰以精美的雕刻。在朝鲜半

---

① 一色八郎《箸の文化史》，36—39页。

岛，勺子和筷子成套使用随处可见，而且这些餐具通常都是由金属（如不锈钢）制成的。从古代起，中国人除了用木料也用竹子制作筷子，直到现在，木筷、竹筷依然很流行。越南人大都用竹筷，因为竹子在那儿也十分常见。不过越南又向亚洲其他地区出口高品质红木筷子。虽然越南人用竹筷，日本人用木筷，但他们有一点是相同的：与其他使用筷子的民族相比，他们都倾向于将筷子作为就餐的唯一用具，一般无须使用勺子。上述这些差异是如何发生的？它们是否会随着时间的变化而产生变异？本章将尝试着回答这些问题，同时讨论筷子文化圈的历史和特点。

要描述筷子文化圈的形成，从越南开始似乎顺理成章。因为在所有邻国中，越南最早从中国接受使用餐具的饮食习惯，特别是使用筷子。越南历史学家阮文喧在研究该国的历史和文化时，这样描述他们的饮食习惯：

> 吃饭时，菜都放在一个置于床中间的木制或铜制托盘上。就餐者则盘腿围坐着进餐。每个人都有自己的碗筷。所有烧好的菜，都切成了小块，供大家食用，每个人均用自己的筷子取食。①

这一描述用来形容中国的烹饪和用餐特征，无疑也很恰当。并不难理解，自古以来，越南的饮食方式，或者说总体而言，东南亚的饮食方式与中国南方十分相似。同时，越南在历史上与其东南亚邻国有很大的不同。大约从公元前3世纪直到10世纪，越南受中国各朝代政权的直接管辖，特别是其北方。这使得越南更容易接受

---

① Nguyen Van Huyen, *The Ancient Civilization of Vietnam*, Hanoi: The Gioi Publishers, 1995, 212.

中国的影响。

与中国长江和珠江流域一样，水稻也是越南的主要粮食作物。人们相信，越南的水稻种植大约与中国南方一样早，始于新石器时代。越南确实是亚洲稻的起源地之一。白馥兰写道："红河三角洲的水稻栽培始于公元前3000年，甚至可能更早。"① 红河三角洲，特别是湄公河三角洲，有纵横交错的河流和湖泊，主要粮食作物就是水稻，鱼也是主要产品。司马迁在描述中国南方饮食文化时所用的"饭稻羹鱼"，完全适用于勾画越南饮食文化的特征，正如阮文喧对越南饮食习惯的描述也适用于中国。

更有意思的是，如同中国语言对许多事物和现象往往用饮食来借喻（如大量含有"吃"的双关语如"吃力""吃苦""吃亏""吃醋""吃不消""吃豆腐"等），揭示了中国人"民以食为天"的理念，越南语中也有"食好才保得道"的说法，与"衣食足而知礼仪"类似。有趣的是，越南话中以"吃"开头的词语也相当多，除了像"吃喝""吃住""吃穿""吃用"等明显受到汉文化影响的词组之外，还有"吃说""吃玩""吃学""吃睡"等汉语中不常见的习语。更有甚者，越南人计算时间，也往往以饮食或耕种来比喻，比如要别人等一下的时候，就会说"熟了饭"；而表示很快，就常说"嚼杂了槟榔渣"；若要几年之后，则会说"几次庄稼收获"。②

越南人称过年为"ăn Têit"，意思是"吃节日"，可见过年在越南的饮食文化中，有着举足轻重的地位。和生活在长江流域的中国人一样，越南人以大米为主食，以鱼为主要菜肴。越南语中

---

① Francesca Bray, *The Rice Economies: Technology and Development in Asian Societies*, Berkeley: University of California Press, 1994, 9-10.
② 参见李太生《论越南独特的饮食文化》，6—7页。

有大量谚语描述米饭和鱼的重要性,如:"饭配鱼,母伴子;什么都不换。"还有一则:"有米就有一切,没米一无所有。"越南人会用米饭和鱼来款待客人。他们告诉来访者:"出去时,可以吃鱼;进来时,可以吃糯米饭。"越南种植的水稻品种多样,有些种植在干燥的高地,有些种植在低处的田里。一则越南谚语称:"有旱稻睡得香,有水稻睡得饱。"更有趣的是流行在产粮区孟登的一句老话,表明鱼羹也是很受欢迎的菜肴:"想吃饭,去孟登;想吃羹,去孟河。"① 也就是说,和中国南方一样,鱼羹很可能是当地最常见的菜。

越南人和中国南方人,也有许多极为相似的吃米饭的习俗。例如,他们都种植糯稻,把糯米做的食物当作节日和祭祀的食品。在越南,糯米被称作"Gạo nếp",而普通大米则被称为"Gạo tẻ"。中国和越南的新年都是农历一月初一,庆祝新年必定要蒸糯米糕。中国的年糕各式各样;而越南有一种年糕叫作"Bánh tét",是专门用来庆祝新年的。匹兹堡大学人类学家尼尔·阿瓦里(Nir Avieli)将越南民族认同的必不可少的"节日经典菜肴"称作"Bánh tét"。越南人制作"Bánh tét",通常先将糯米泡上一夜,然后与肉丁、青豆拌匀,再用竹叶包裹、捆扎起来,在水中煮上几个小时才上桌。② 所以越南人做的年糕,类似中国南方人做的粽子。越南人过春节也

---

① 参见潘文阁《从饮食看汉文化对越南文化的影响》,《第六届中国饮食文化学术研讨会论文集》,451—460 页;Nir Avieli, "Eating Lunch and Recreating the Universe: Food and Cosmology in Hoi An, Vietnam," *Everyday Life in Southeast Asia*, eds. Kathleen M. Adams & Kathleen A. Gillogly, Bloomington: Indiana University Press, 2011, 222; Nguyen Xuan Hien, "Rice in the Life of the Vietnamese Thay and Their Folk Literature," trans. Tran Thi Giang Lien & Hoang Luong, *Anthropos*, Bd. 99 H. 1 (2004), 111-141.
② 潘文阁《从饮食看汉文化对越南文化的影响》,《第六届中国饮食文化学术研讨会论文集》,459 页;Nir Avieli, "Vietnamese New Year Rice Cakes: Iconic Festive Dishes and Contested National Identity," *Ethnology*, 44:2 (Spring 2005), 167-188.

像中国人一样,要挂春联,其中一副"肥肉、腌葱、红对联,幡竿、鞭炮、绿粽子",形象地勾勒了越南春节的主要习俗和饮食。粽子是端午节中国南方及台湾地区的传统食品,相传是用来纪念战国时期楚国诗人屈原的。但古代在与浙江南部毗邻的南越国(越南语为"Nam Viet",全盛时期包括现在越南的中北部),新年期间吃粽子的习俗也由来已久。

年糕也可以用米粉制成。北方人将小麦磨成粉,做成面食,而南方人和越南人将其主食稻米磨成粉。米粉,尤其是糯米粉,常用来做成咸味或甜味的糕饼,是节日和宗教庆典上供应的主要食品。这些食物不用叶子包裹,而往往用某种叶子的提取物染色。因为大多是蒸制的,将它们从蒸笼里趁热取出,筷子应为理想的工具。但作为供庆典活动使用的食品,这些糕饼往往在仪式结束后方能食用;换句话说,不会趁热吃,所以可以用手拿。年糕不仅是中国南部和越南常见的食品,也是东南亚的日常食物,这里有水稻种植,人们更习惯用手拿年糕吃。

稻米磨粉还可以做成面条状食品,不同地方有不同的称谓:米粉、河粉、米线。在中国、越南以及东南亚其他地方,吃米粉要用筷子。最近几十年来,河粉——"Phở"(一种汤粉,通常配有切成薄片的牛肉、九层塔、薄荷叶、柠檬和豆芽)可以说已成为世界上最常见、有名的越南菜式了。实际上,配以不同食材的汤粉是中国南部、西南部以及东南亚许多地方的一种主食。米粉可以配以肉汤,就像河粉那样;还可以高温爆炒,如炒粿条,这是一道中国台湾地区以及新加坡、马来西亚、印度尼西亚常见的米粉食品。炒粿条通常用豆芽、虾、韭菜、酱油、辣椒酱来做。无论河粉还是炒粿条都受到了中国烹饪的影响。"河粉"这个词源于粤语中"米粉"的发音,而"炒粿条"则来自闽南语。有可能是华裔移民最初将这些食物带到了东南亚。①

无论是自愿还是被迫，移民是跨文化交流的重要手段。② 中国封建社会早期，秦汉王朝征战得胜之后，通常会让军队就地设防常驻。这些军队后来成了移民区，在新的边疆地区防守、定居。《史记》记载，从中国东南沿海，即现在的浙江、福建，延伸到越南北部的红河流域，有一个总的称谓——"越"。战国时期，越国以浙江为中心，曾经是一个强大的王国。③ "越"在越南语中写作"Việt"，而"Việt Nam"在汉语被称为"越南"，字面意思是"越之南"。秦始皇统一中原之后，立即派出五支军队征服越国。赵佗（越南语为"Triệu Đà"）指挥其中一支，成功地在越南北部建立了军事统治。后来秦王朝极速瓦解，赵佗拥军自立，完全掌控了留在越南的秦国士兵。他切断了与中国的联系，即与新建立的汉朝决裂，并率领部队向越南南部推进，随后成立了一个独立的王国——南越（越南语为"Nam Việt"），这一称谓也意味着"越之南"。

赵佗为了保卫国家、巩固权力，据说"封了通往北方的山口，并且除掉了不忠于他的所有官员"。但他在晚年，恢复了与中国的关系，承认为汉朝附属国。公元前111年，赵佗去世几十年后，南越国（越南历史上称赵朝）终结。平定南越后，汉朝将南越国原来的属地分为七个州，其中两个位于今天越南境内。通向北方的关口由北部诸省管辖，得到了重新开放，中国对越南的影响更

---

① 参见维基百科（Wikipedia）中词条"*pho*"和"*char kway teow*"。对于"*pho*"的来源，该词条解释道，这个术语有可能源自法语词"*pot-au-feu*"（焖牛肉）。

② 杰克·古迪（Jack Goody）注意到移民导致现在世界各地食物的传播，并以中国移民在世界各地开中餐馆为例，我看来古代也同样如此。参见 *Food and Love: A Cultural History of East and West*, London: Verso, 1998, 161-171.

③ Keith Weller Taylor, *The Birth of Vietnam*, Berkeley: University of California Press, 1983, 42.

加自如。① 这种状况在接下来的千百年间大体没有什么变化。这一时期也出现了一些自治独立的政权，但都很短暂，直到938年吴权建立了独立的王朝。因此，在筷子文化圈所有地区，越南受到中国的影响最多。

佩妮·范·艾斯特利克（Penny Van Esterik）研究东南亚本土饮食文化时观察到：

> 中国在东南亚的影响，以越南表现最为明显。在公元前214年，中国军队在那里建立了据点，在公元前111年扩张至越南北部，将南越纳入汉帝国的版图。汉人对越南人施行"华化"（文明化），输出了儒家的官僚机制。越南的书写文字以汉字为基础，越南也建立了类似中国的礼仪制度和行政机构，包括实行科举考试。作为东南亚华化程度最高的越南，因为借鉴了中国的饮食习惯，所以成为今天在东南亚唯一主要依靠筷子进餐的国家。939年，越南脱离了中国的统治，获得了独立，但中国仍然对其有持续的影响。

范·艾斯特利克还指出，在越南之外，中国与菲律宾也有长久的贸易关系，所以菲律宾的饮食也受到了来自福建的多种影响。在东南亚其他地区和国家，人们有时也使用筷子，但仅仅是为了吃中餐和面条。②

向井由纪子和桥本庆子在对筷子文化圈的研究中也认为，越南人接受筷子作为吃饭的必要饮食工具，中国文化的影响是一个关键因素。从上面讨论的内容来看，越南在首次受到中国人正式统治

---

① Keith Weller Taylor, *The Birth of Vietnam*, 27-30.
② Penny Van Esterik, *Food Culture in Southeast Asia*, 5.

之前，这种饮食习惯可能已经在那里扎下根了。在这两个国家，竹筷不仅是最常见的品种，而且其设计等特点也极为相似。更具体地说，中国和越南的筷子，底端通常是圆形的，顶端是方形的。这种设计，反映和延伸了向井和桥本认为的中国古代"天圆地方"的宇宙信仰。越南和中国筷子平均长度均为25厘米（或更长），比日本人和韩国人喜欢的更长。和中国一样，富有的越南人也希望拥有象牙筷子。相比之下，这种偏好从未在日本扎根。① 当然，地理因素在这里起了作用——东南亚、南亚地区以及中国，过去和现在都有大象存在，而在日本似乎从未发现过大象的踪迹。

尽管有上述差异，日本列岛的饮食方式仍与中国南方和越南颇为相似。得益于丰富的水资源以及主要岛屿大体温和的气候（北海道是个例外），鱼和米饭成了日本人的主要食物。如上所述，越南人和日本人可以说是专用筷子的民族，因为在日常饮食中（通常有米饭和鱼），筷子作为取食工具使用得既充分又有效。一色八郎认为，由于日本人喜好米饭和鱼，一开始他们就把筷子当作饮食工具，而对刀叉置之不理。他解释说，筷子不仅可以从碗中夹取米饭、送进嘴里，也可以方便有效地将鱼骨和鱼肉分离开来，而鱼在日本饮食中是最常见的食材。② 一色八郎的解释显然需要有所修正，因为米饭和鱼也是东南亚人的主要食物，而这一地区只有越南人用筷子。此外，众所周知日本人喜欢米饭，但正如学术研究显示，例如美国威斯康星大学人类学教授大贯惠美子（Emiko Ohnuki-Tierney）和中国学者徐静波的论著已经指出，19世纪中叶以前，普通的日本人不会每天吃米饭，或者说，每天吃，吃不起。徐静波在

---

① 向井由纪子、桥本庆子《箸》，136—139页。
② 一色八郎《箸の文化史》，40页。

《日本饮食文化》中直截了当地写道:"历来以稻米民族自称的日本人,特别是乡村的民众,其实在近代以前,日常真正能够食用米饭的并不多。"而很常见的是,日本老百姓将红豆和其他食材掺在米饭里,即使是新年等节日庆祝的时候也不例外。换句话说,认为日本人一直吃米饭,只是个传说。一些人甚至认为,日本人喜爱米饭反映了他们对奢侈生活的一种追求和向往。①

如果说越南人和日本人是今天只用筷子的民族,那么后者实际上直到大约7世纪才开始使用这种工具。关于日本早期历史的信息,可以在中国历史文献中找到,西晋陈寿的《三国志》就是其中之一,此书描述了这个时期日本生活的许多方面,堪称详尽:

> 男子无大小皆黥面文身。自古以来,其使诣中国,皆自称大夫。夏后少康之子封于会稽,断发文身以避蛟龙之害。今倭水人好沉没捕鱼蛤,文身亦以厌大鱼水禽,后稍以为饰。诸国文身各异,或左或右,或大或小,尊卑有差。计其道里,当在会稽、东冶之东。其风俗不淫,男子皆露纷,以木绵招头。其衣横幅,但结束相连,略无缝。妇人被发屈纷,作衣如单被,穿其中央,贯头衣之。种禾稻、苎麻、蚕桑、缉绩,出细苎、缣绵。其地无牛、马、虎、豹、羊、鹊。兵用矛、楯、木弓。木弓短下长上,竹箭或铁镞或骨镞,所有无与儋耳、朱崖同。倭地温暖,冬夏食生菜,皆徒跣。有屋室,父母兄弟卧息异处,以朱丹涂其身体,如中国用粉也。食饮用笾豆,手食。(《三国志·魏书·倭》)

---

① Emiko Ohnuki-Tierney, *Rice as Self: Japanese Identities through Time*, Princeton: Princeton University Press, 1993;徐静波《日本饮食文化:历史与现实》,上海:上海人民出版社,2009年,147页; Penelope Francks, "Consuming Rice: Food, 'Traditional' Products and the History of Consumption in Japan," *Japan Forum*, 19:2 (2007), 151-155.

这段描述的最后一句最为重要，告诉我们在魏晋南北朝时期，日本人大致都靠手指进食——"手食"。此种情形在之后的好几个世纪都未曾改变。《隋书》对日本的饮食习俗描述如下：

> 男女多黥臂点面文身，没水捕鱼。无文字，唯刻木结绳。敬佛法，于百济求得佛经，始有文字。知卜筮，尤信巫觋。每至正月一日，必射戏饮酒，其余节略与华同。好棋博、握槊、樗蒲之戏。气候温暖，草木冬青，土地膏腴，水多陆少。以小环挂鸬鹚项，令入水捕鱼，日得百余头。俗无盘俎，借以槲叶，食用手餔之。性质直，有雅风。（《隋书·东夷·倭国》）

在这两段叙述中，日本人被描绘为经验丰富的渔民，比起动物肉更喜欢鱼蚌。尤其是《三国志》清楚地记载着，古代日本甚至没有牛、马、虎、豹、羊等大型陆地动物。

向井由纪子和桥本庆子虽然没有怀疑《隋书》的记载，但她们推测，从7世纪起，日本上层阶级可能已经开始用筷子和勺子进餐了。因为唐代编纂的其他史书记载，607年、608年的时候，日本推古朝大臣小野妹子两次作为天皇特使（遣隋使）拜见隋炀帝。小野妹子的出使，标志着日本政府一系列学习中国文化计划的开始，小野妹子本人在隋朝还起了一个汉名——苏因高。而在中国，（由中国人传授）小野妹子及其随行人员还第一次学到了如何使用筷子和勺子这套饮食工具进餐。小野妹子首次回程之时，隋炀帝派了特使裴世清（日语读作はいせいせい）及12个侍从陪同他回国。裴世清和小野妹子一同将用餐具进餐的习惯介绍到日本宫廷，当时极受推崇。[①]

---

① 向井由纪子、桥本庆子《箸》，44—45页；一色八郎《箸の文化史》，54页。

史书对裴世清到达日本，备受欢迎的状况这样描述：

> 倭王遣小德阿輩台，从数百人，设仪仗，鸣鼓角来迎。后十日，又遣大礼哥多毗，从二百余骑郊劳。既至彼都，其王与清相见，大悦，曰："我闻海西有大隋，礼义之国，故遣朝贡。我夷人，僻在海隅，不闻礼义，是以稽留境内，不即相见。今故清道饰馆，以待大使，冀闻大国惟新之化。"清答曰："皇帝德并二仪，泽流四海，以王慕化，故遣行人来此宣谕。"既而引清就馆。其后清遣人谓其王曰："朝命既达，请即戒途。"于是设宴享以遣清，复令使者随清来贡方物。此后遂绝。（《隋书·东夷·倭国》）

618年，隋为唐所取代，《隋书》写道："此后遂绝。"不过日本积极引进中国文化的热情有增无减。中国的影响（日语称"大陸風"或"唐風"）席卷日本列岛，并持续到9世纪后期。譬如日本圣德太子对唐朝的政治制度和法律规范有着浓厚的兴趣，他努力激励人们效仿，并将中国文化的其他方面引进日本。日本宫廷派往中国的使团，当时已经改名为"遣唐使"，反映了中国隋唐两朝的更替。日本总共派出13个使团出使大唐，最后一批遣唐使于893年到了中国。之前经朝鲜到达日本的大乘佛教，通过这些使节以及设法跨海抵达日本的中国僧人，有了长足的发展。此外，日本佛教徒如圆仁等人，曾前往中国访问求法。虽然日本王室和贵族对中国文化特别是饮食文化很着迷，但普通日本人在此时仍然用手来取食。编成于8世纪中叶的日本诗集《万叶集》，收录有间王子的一首歌，其中这样描述，日本人在家将食物放在用竹篾编织的篮子里，出门在外则用树叶托住食物：

> 家中多竹器，盛饭敬神明。
> 行旅唯椎树，勉将椎叶盛。①

这一描述印证了《隋书》中"俗无盘俎，借以檞叶，食用手铺之"的记载。不过向井由纪子和桥本庆子猜测，有间王子用树叶托住食物，也有可能折了树枝做了筷子来食用。②

她们的猜测有些道理，因为考古发现显示，7世纪筷子开始出现在日本，在这之前只有勺子。例如，在静冈登吕遗址和奈良唐古遗址的弥生文化遗存（约公元前3世纪）中，仅发现可能用来上菜盛饭的木制勺或长柄勺。（在登吕发现了几根木棍，长为35厘米，直径为0.2—0.6厘米，据信并非用来吃饭的工具。）646年，即小野妹子出使隋朝的几十年后，出现了一些筷子，被学者们认定为日本最早的筷子。这表明筷子在日本的使用，受到了中国文化的影响。这些筷子是在奈良飞鸟（592—693年日本的首都）板盖宫遗迹中发现的。它们由日本常见的常青树桧木制成，中间粗，一端尖或两端逐渐变细；长30—33厘米，顶部尖端直径0.3—1厘米。另一组筷子出现在藤原（694—710年日本的首都）藤原宫遗址中。这些筷子与建造宫殿的材料相同，也用桧木制成，两端尖，与板盖宫的筷子相似，但比较短（长15—23厘米），筷子头直径0.4—0.7厘米。根据这些差异，向井由纪子和桥本庆子推测这两组筷子用途不同：在板盖宫发现的长筷子，用于宗教仪式；而在藤原宫发现

---

① 原诗写作："家にあれば，笥に盛る飯を。草枕 旅にしあれば，椎の葉に盛る。"用"笥"来形容盛饭的器具，与中国汉代的用法相似。译文见杨烈译《万叶集》上册，长沙：湖南人民出版社，1984年，38页。
② 向井由纪子、桥本庆子《箸》，45页。

的，更有可能是修建宫殿的人用来进餐的，之后将其丢弃。①

710年，日本朝廷再次迁都，从藤原搬到平城（位于今天的奈良县，710—784年日本的首都）。在平城宫御膳房周围的沟渠和水井中，共发现54根桧木筷子。它们形状相似，中间较粗，一端或两端尖细。长13—21厘米，直径约0.5厘米。1988年，平城又有了更重要的发现，在奈良时代最大、最古老的佛教寺庙东大寺附近，发现了200多根桧木筷子，形状和早先出土相似。这些筷子大约25厘米长，尖细的下端直径0.5厘米，较粗较圆的顶端直径1.5厘米。向井由纪子和桥本庆子还是认为，平城宫和东大寺两处发现的筷子很可能是工人用后丢弃的餐具。考古学家还在静冈伊场遗址（8世纪晚期文化遗迹）发现了木筷。这些筷子也用桧木制成，长22—26厘米，直径0.6厘米。筷子进行了精心打磨，中间粗，呈多面体，两端稍尖。这一发现表明，到了8世纪，筷子的使用也许不再仅限于皇室和佛教徒，不再是一种具有异国风情、奢华的行为。②

日本早期发现的所有筷子，特征都类似于中国隋唐时期的筷子：中间粗，下端尖，或者两端逐渐变细。唐代筷子的长度也各不相同，为18—33厘米，平均长度为24厘米，比中国早期的筷子长。③ 因此，在日本发现木筷对研究东亚筷子史很重要。第一，中国很少有隋唐时期的木筷出土，它们大多出现在唐代文学作品中，此外还有用金、玉、犀牛角和香木制成的筷子。④ 第二，无论是木材还是金属，同期在日本和中国发现的许多筷子，有着相同的设计：筷身粗，两端尖。虽然这种设计在日本被仿效、保留下来，但

---

① 向井由纪子、桥本庆子《箸》，21—22页。
② 同上书，22—24页。
③ 刘云主编《中国箸文化史》，222—223页。
④ 同上书，221—222页。

在中国似乎只流行于隋唐时期，之后的筷子基本都只有一端尖。在中国，筷子最常见的形状是底端尖细，顶端呈四方形，可以防止从桌子上滚落。如前所述，这种筷子在越南也很受欢迎。第三，如果某些日本木筷确实是现场劳动的建筑工人丢弃的，那么它们很可能是世界上最早的一次性筷子。

8世纪开始，日本文献中也出现了筷子，即汉字"箸"。《古事记》和《日本书纪》成书于8世纪初，是日本历史上最早的两部史籍，其中就有关于筷子的神话故事。譬如日本有名的男神速须佐之男命，又名须佐之男、降马头主、素盏鸣尊、素盏雄大神、素戈鸣尊、须佐乃袁尊、牛头天王等，以斩杀八岐大蛇闻名，其中提到了筷子。《古事记》中这样记述：

> 速须佐之男命既被逐，乃到出云国肥河之上叫作鸟发的地方。其时有筷子从河里流了来，因想到上流有人住着，遂去寻访，乃见老翁老婆二人，围着一个少女正在哭泣。于是速须佐之男命问道："你们是谁呀？"老翁说道："我乃是本地的神，大山津见神的儿子，叫作足名椎。我的妻名叫手名椎，女儿的名字是栉名田比卖。"速须佐之男命又问道："那么，你哭的理由是为什么呢？"老翁答道："我的女儿本来有八个。这里有高志地方的八岐的大蛇，每年都来，把她们都吃了。现在又是来的时候了，所以哭泣。"①

速须佐之男命听了之后对老翁说，如果我把八岐大蛇杀了，你是否愿意将栉名田比卖嫁给我。老翁答应了。之后速须佐之男命设

---

① 安万侣著，周作人译《古事记》，北京：中国对外翻译出版社，2000年，16—18页。

计将八岐大蛇灌醉，成功将之斩杀。事成之后他便与栉名田比卖结成夫妻。而他们两人最初的相见，则是因为筷子从肥河的上游漂流下来的缘故。

有关筷子的神话在《日本书纪》也中出现，却以悲剧结束。崇神天皇（公元前97—前30）十年，《日本书纪》记载了这样一件事情：

> 是后。倭迹迹日百袭姬命。为大物主神之妻。然其神常昼不见。而夜来矣。倭迹迹姬命语夫曰："君常昼不见者。分明不得视其尊颜。愿暂留之。明旦仰欲觐美丽之威仪。"大神对曰："言理灼然。吾明旦入汝栉笥而居。愿无惊吾形。"爰倭迹迹姬命。心里密异之。待明以见栉笥。遂有美丽小蛇。其长大如衣细。则惊之叫啼。时大神有耻。忽化人形。谓其妻曰："汝不忍令羞吾。吾还令羞汝。"仍践大虚。登于御诸山。爰倭迹迹姬命仰见。而悔之急居。则箸撞阴而薨。乃葬于大市。故时人号其墓。谓箸墓也。是墓者日也人作。夜也神作。故运大坂山石而造。则自山至于墓。人民相踵。以手递传而运焉。①

故事这么说，日本那时有位公主名叫倭迹迹日百袭姬，生得十分端庄美丽，嫁给三轮山之神大物主为妻。婚后她发现，丈夫每天总是到了晚上才回来，次日天还没亮就会走。有一天，她便恳求丈夫不要走，因为倭迹迹日百袭姬想看一看夫君究竟长得怎么样。大物主答应了，便告诉她，第二天早上打开梳妆盒的时候，就会看到他。大物主还告诫她说，不管看到什么，都不能害怕，倭迹迹日百袭姬

---

① 《日本书纪》，《国史大系》第一卷，东京：经济杂志社，1897年，112—113页。

应允了。第二天早晨，倭迹迹日百袭姬满怀期待地打开了梳妆盒，她看到盒中有个东西在蠕动，拿起一看，原来是条美丽的小蛇。这时，她才知道她的丈夫的真身是一条蛇，便失声惊叫，早把曾经承诺过的忘记了，扔下梳妆盒就跑了。大物主看到倭迹迹日百袭姬如此表现，感觉受到了羞辱，于是就变回了人形对她说："我不想羞辱你，但你却羞辱了我。"然后就到山上去了，再也没有回来。倭迹迹日百袭姬悔恨交加，便用箸（筷子）插入自己的阴部自杀了。倭迹迹日百袭姬公主死后，为她所建的坟墓被称为"箸墓"（はしはか）。

此墓今天位于日本的奈良县樱井市，吸引游人前来参观。也许是因为《日本书纪》说该墓的建造，白天为人而晚上由神作之，所以规模相当大，全长276米。关于墓主身份，学界尚有争议。虽然《日本书纪》说是倭迹迹日百袭姬公主的墓，也有人说她就是日本古代邪马台国的女王卑弥呼（约159—247），但是该墓的建造则标志了日本古坟时代的开始，并且是那时所有古坟中最大的一座。

这些当然都是神话，也许反映的只是日本人对筷子的崇敬心理。但与《古事记》和《日本书纪》相近以及略晚的历史文献，也开始提到筷子在日本的收藏和使用。例如，奈良东大寺的僧人在其日志中记录，收到过捐赠的玳瑁筷子。此外，日志还提到，寺庙藏有一双特殊的木筷，由黑柿木制成。具有讽刺意味的是，这两双特别的筷子并没有保存下来，而极为普通的桧木筷子（也许是工人或僧侣使用后丢弃的）则在东大寺周围出土。[1] 这座佛教寺庙的记录也显示，这一时期，日本人继续从海外带回筷子或"舶来の箸"。这些进口筷子由各种材料制成，包括银和各种铜合金。《延喜式》是9世纪由天皇下令编纂的一套有关官制和礼仪的律令条文。

---

[1] 向井由纪子、桥本庆子《箸》，24页。

这一文献表明，日本上层阶级同中国、朝鲜的王公贵族一样，也喜欢金属筷，比如银筷和铜筷。由于金属筷可能是进口的，《延喜式》规定金属筷仅供日本皇室和顶级贵族阶级使用，而低于六品官职的人都只能使用竹筷。然而，竹筷也有可能是进口的，因为到目前为止，日本早期考古遗址中并未出土竹筷。[1] 日本确实有竹子生长，但竹筷不像中国和越南那样普遍。

小野妹子最先将筷子从中国带到日本时，演示了筷子和勺子成套使用的方法，这是他在中国学到的礼俗。[2] 在接下来的两三个世纪，即从奈良时代（710—794）到平安时代（794—1185），日本皇室和贵族一直遵循着这个悠久的中国习俗。《宇津保物语》成书于970年，是一部描述日本贵族生活的文学作品。书中记录了这样一个故事：一位贵族的妻子生下孩子后，家里收到了各种礼物，如熟食、碗盘、餐具，餐具中就有银筷和银勺。另一部成书于10—11世纪的文学作品《枕草子》，作者清少纳言是一位宫廷女官。她描述的一件"优雅有致"或"令人向往"的事情就是在一个房间静坐的时候，听到隔壁房间有人谈话、吃饭，"有箸、匙等碰撞的声音，甚至连提壶的把手放下的声音也能听见"。向井由纪子和桥本庆子认为，这说明当时日本的贵族与唐朝的中国人一样，用的是金属的餐具。[3] 随着时间的推移，中国的影响渐渐减弱，金属餐具变得不太常见，同时用勺子和筷子进餐的习惯也慢慢式微了。《厨事类记》（1295年以降）"调备部"，有关于箸、匙如何使用的描述："银制的箸、匙和木制的箸、

---

[1] 向井由纪子、桥本庆子《箸》，31，49页。
[2] 一色八郎《箸の文化史》，54—55页。
[3] 清少纳言著，林文月译《枕草子》，台北：洪范书店，2000年，216—217页。此处译文又根据周作人的译本有所改动，参见周作人译，北京：中国对外翻译公司，2001年，299页。另见向井由纪子、桥本庆子《箸》，47页，其中说此段出于《枕草子》第201段"耳朵顶灵的人"（林文月译为"再没有人比大藏卿更锐耳的了"），有误。

匙,各置于箸台上,或置于马头盘中。银箸(食前供饭)只取用三次。木箸用于饭食和珍馐。银匙用于盛汤,但木匙用于饮用汤汁。木制的箸、匙尺寸比银制的箸、匙小。"换句话说,银筷只用来吃前餐,而木筷用来吃主食——米饭。这两种筷子长度也有所不同:银筷长,木筷短。向井由纪子和桥本庆子根据中古日本的文学史料和画册指出,日本那时的贵族受到中国和朝鲜半岛文化的影响,倾向于使用金属器皿,但平民则多用木筷和竹筷。①

相对而言,日本的竹筷不多,大多是木筷,与中国和越南有些不同。也许在平安时代之后,中国影响的衰退导致了日本人对制作竹筷兴趣索然。但日本人曾用竹子制作家居用品。《隋书》和《万叶集》都记录了日本人制作竹篮(筥或筒)盛装食物,这种传统今天仍然可以在一些地方看到。在日本文学作品和民间传说中,竹子的形象是积极正面的。《竹取物语》是现存最早的"物语"作品,讲述了伐竹翁(日文称"竹取翁")的故事。有一天,伐竹翁在竹林中一根竹子里发现了一个漂亮的女孩,便把她带回家,交给妻子当女儿抚养。从此,每当他去砍竹子时,总会在竹茎里发现金子。女孩成年之后,美貌吸引了许多追求者,甚至包括皇帝。但她拒绝了所有人,并解释说,自己是从月亮上下来的女神,不得不离开尘世回到月亮上。故事随着她的离开而结束了。

伐竹翁的故事也出现在《万叶集》中,这个故事可能就起源于日本,不过内容颇为不同:

昔有老翁,号曰竹取翁也。此翁季春之月,登丘远望,忽值煮羹之九女子也。百娇无俦,花容无止。于时,娘子等呼老翁嗤

---

① 向井由纪子、桥本庆子《箸》,49—52页。

曰：叔父来乎，吹此烛火也。于是翁曰：唯唯。渐移徐行，著接座上。良久，娘子等皆共含笑，相退让之曰：阿谁呼此翁哉。尔乃竹取翁谢之曰：非虑之外，偶遇神仙，迷惑之心，无敢所禁，近狎之罪，希赎以歌。①

日本研究者最近指出，故事中竹林女孩是一位最终要离开人间的月亮女神，这个情节的发展可能受到了中国民间故事的影响。嫦娥的传说自古以来在中国家喻户晓，故事描述了一位年轻的凡间女子渴望去月亮上生活，最终她成了月宫神仙。在这个传说中，有一位名叫吴刚的伐木人也住在月亮上。四川竹子特别常见，那里也有"斑竹姑娘"的传说，讲述生活在竹茎中女孩的故事，其情节与《竹取物语》有类似之处。②

《古事记》有这样的记载：神功皇后的时代，皇后为神所依附，说是奉神的指令，决定入侵"西方一国"，即朝鲜。大臣进一步向神功皇后请示，如何准备这次战争，皇后答道："今如诚欲寻求其国，可对于天神地祇，以及山神，河海诸神，悉奉币帛，将我的御魂供在船上，把真木的灰装入瓢内，并多做筷子和叶盘，悉皆散浮大海之上，那样的渡过去好了。"《日本书纪》对神功皇后征服朝鲜也有记载，但没有提到筷子。一色八郎认为《古事记》提到的筷子，是竹制的。这些竹筷，漂浮在海面上，伴随着她的舰队到了朝鲜半岛，海水都分开为之让路。朝鲜的新罗国王无奈投降，神功皇后入侵成功，在3世纪初征服了朝鲜。③ 除了这个传说，还有证据

---

① 杨烈译《万叶集》下册，660页。
② 参见伊藤清司《竹取公主的诞生——古代说话的起源》，东京：讲谈社，1973年。
③ 安万侣著，周作人译《古事记》，98页；《日本书纪》第九卷，162—163页；一色八郎《箸の文化史》，8—9页。

表明，日本的筷子有些是用竹子制成的。众所周知的例子是"真鱼箸"，这是一种用来制备鱼类菜肴的烹调筷子。现在的"真鱼箸"，更有可能是木制或金属制的，通常比日本人用来吃饭的木筷长。我在访问京都筷子专卖店时，也看到了不少竹筷，长短、形状不一，所以日本的竹筷虽然没有木筷普遍，但并不少见。

不过，如果神功皇后使用的是竹筷，那也许是历史文献记载中少见的一次。《古事记》和《日本书纪》提到的其他筷子，似乎都是用木头制成的。例如，上面讲述的男神速须佐之男斩杀八岐大蛇的故事，一开始就是因为他看到河里漂着木筷，才往上游走，遇到了一对老夫妻和他们的女儿。这个故事表明，在两部历史文献编定的时代（8世纪），日本人已经认定，人类用筷子吃饭理所当然。那么，这些漂浮在河中的筷子是成对使用的吗？《万叶集》提供了答案，其中一首诗歌描述了诗人的丧弟之痛。"父母抚养我俩，像彼此面对的筷子一双，"男子痛惜地问道，"为何弟弟的生命像朝露那么短暂？"[①]

日本是一个土地绿化率较高的国家，木材在整个日本列岛很容易获得。因此，木筷在日本最常见，与自然条件有关。制作木筷用得最多的是柏树木和松树木。在各类柏树中，日本人又偏爱桧木和杉柏。他们认为，这些常青树象征着日本文化的生命活力。日本人有一种崇拜老树的传统，这些树往往会吸引成群的朝圣者，被称为"神木"。也许正因如此，与其他材料包括竹子相比，柏木制成的筷子地位很高。一色八郎在他的书中论述了"箸杉信仰"，即对杉柏木筷子的崇拜。好几个世纪以来，很多日本人都保留了这一信仰。[②]

---

① 向井由纪子、桥本庆子《箸》，45—46 页。
② 一色八郎《箸の文化史》，11—15 页。

除了杉柏，其他品种的木材如桧木和柳树，也常用来制作用于庆典的筷子。

树木崇拜是神道教的信仰，因此日本人对木制品特别是木筷的喜爱，还延伸了神道教的影响。神道教信徒称日本为"神的国度"，根据日本神道教，树木（还有岩石、河流、山脉等）是"神的国度"中传承自然精神的"自然力量"。树木有自己的灵魂或"木霊"。为了亲近"木霊"，并向"木霊"致敬，日本人只使用未处理的木材来建造神社。神社内的家具和器物也大多用裸木制成，不上油漆或清漆，尽管日本首先因其漆料和漆器而闻名于西方世界。人们偶尔可以在神社找到竹制品，比如游客进入神社前洗手用的水瓢，但木制品更为常见。

神道教在许多方面影响了日本的筷子文化，包括如何制作及使用筷子。例如，为延长木筷的寿命，可以上漆，这种做法在中国和日本都有。漆筷被日本人称为"塗り箸"，品种多样，其区别取决于在何地制作、使用何种涂料（漆只是其中一种）为之上光等。但是像神社里使用的未经处理的木材，没上漆、只稍微抛光的白木筷或"白木箸"，却最被日本人看重。也许是因为这些没上过漆的白木筷，可以让使用者毫无阻碍地直接与自然或树神交流。正因如此，用柳木或柏木制成的白木筷，通常被用在神社和寺庙的宗教仪式上。其中的观念是，"神樣"和人在这个世界上形成了一个相互联系的生命体，所以他们也一起享用食物，而使用白木筷使这种联系达到了极致。因此，这些白木筷通常被称为"お箸"（尊筷），据其用途也可以称为"神箸"（神筷）或"霊箸"（灵筷）。由于人们相信日本天皇是神道教的神，日本皇室也使用白木筷。

佛教对塑造日本的筷子文化（包括日本人对白木筷子的偏爱），

同样十分重要。佛教教义回避世俗的贪恋，包括肉和其他奢侈的食物。因此，在亚洲各地佛教寺庙里，僧侣和尼姑吃的饭菜很简单，主要是粥和蔬菜。《入唐求法巡礼行记》提到，圆仁在行旅中，在唐朝佛教寺院投宿时，受到了中国僧人素朴的招待。这种对简单膳食的强调，逐渐扩展到简单餐具上。事实上，筷子成为进食的专用工具，很有可能是僧人最先这么做的。而僧人使用的最常见的筷子，是用木头或其他便宜的材料制成的。

8世纪中叶，即圆仁来到中国大约一个世纪之前，在筷子刚刚被介绍到日本皇室和贵族不久的年代，唐朝高僧鉴真历经几次失败之后，成功在日本登陆了。筷子私人收藏家蓝翔推测，中国僧人用筷子吃饭，故而这种典型的用餐方式影响了日本人，使普通大众改变了饮食方式。蓝翔提出，虽然小野妹子教会了日本王室用餐具进餐，但有可能是中国僧侣将这种餐饮习惯传播给日本普通民众的。由于在东大寺出土了一批木筷，而鉴真到达日本后正是在此设坛授戒，所以这种猜测是有可能的。佛教也影响了日本的烹饪传统。比如著名的"懐石料理"（怀石料理）起源于佛教寺庙。虽然怀石料理现在变得既精致又昂贵，但所需餐具仍然是一双普通的白木筷子。顺便说一句，日本人使用筷子的礼仪，即把筷子平放在桌子上，吃饭前用双手将之礼貌地举起，也在其他地方的佛教寺庙中发现。①

用来吃怀石料理的筷子也叫"利休箸"，得名于茶道宗师千利休（1522—1591）。据说千利休邀请客人饮茶吃膳之前，先取赤杉木制成的四角形筷子，用小刀将筷子的两头微微削尖，这样客人使用的时候，既能闻到木料的香味，又能体会千利休的暖心。由

---

① 蓝翔《筷子，不只是筷子》，台北：麦田出版社，2011年，271—274页。

此"利休箸"的形状是中间粗，两端尖。①不过日本早期出土的木筷，也采用这个形状，并与中国出土的隋唐时期的筷子相似。所以称这一形状的筷子为"利休箸"，或许是出于对千利休的尊重。这种两端逐渐变细的筷子也被称为"両口箸"，与只有一端尖的"片口箸"不同。有人相信，用"利休箸"或"両口箸"吃"懐石料理"的原因之一，是因为餐宴由好几道菜组成，筷子的两端可以用来夹取不同的菜式，享受每道菜独有的味道。至于在其他正式场合如宗教或庆祝活动用的筷子（通常为普通的木筷），将在接下来的章节中讨论。

用不同的筷子来取食不同的食物，并不始于"懐石料理"。前文引用的《厨事类记》建议，用银箸吃开胃菜，用木箸吃米饭。后来，人们用"真魚箸"吃海鲜，用"菜箸"吃蔬菜。这两种筷子有一端逐渐变细，这样便成了"片口箸"；只是"真魚箸"比"菜箸"长一些。室町时代（1337—1573），日本的烹饪以"本膳料理"为标志，达到了很高的水平（"本膳料理"是含有多道菜式的饭餐，尽管这个词的字面意思是"主餐"）。吃"本膳料理"，要用到"真魚箸"和"菜箸"。食客用前者从鱼骨上剔下鱼肉或者从蚌壳内挑出蛤肉，用后者夹取蔬菜。但《日本饮食文化》的作者徐静波认为，16世纪末，大多数日本人开始只用筷子吃饭。这种筷子一端往往尖细方便吃海鲜，像"真魚箸"；但长度短，像"菜箸"。这样的设计在今天的日本依然流行，使日本筷子与亚洲其他地区的筷子的形状和使用有所区别。②

---

① 一色八郎《箸の文化史》，130—131页。
② 徐静波《日本饮食文化：历史与现实》，87, 127页；同时参见一色八郎《箸の文化史》，130—131页。

值得一提的是，日本森林资源的充足和神道教的影响，还导致了日本人发明和使用了"割り箸"或"割箸"。如其名称所示，这些筷子由木头制成，两根连在一起，中间有一凹痕，可以让使用者掰开。割箸因为所用的木料一般比较随意，因此用完之后往往就扔掉了。前面已经提到，向井由纪子和桥本庆子认为，那些在平城宫和东大寺出土的木筷，也许就是施工者使用之后丢弃的。所以在今天，割箸与一次性筷子有同样的意思，可以在祭祀、节日或日常生活中使用。据向井由纪子和桥本庆子的考证，割箸渊源于奈良的吉野郡，那里雨量充足，盛产杉木，至今仍然是日本割箸的主要产地。14世纪那里的人像千利休一样，手削了一些割箸，呈给后醍醐天皇，于是就有了最早的割箸。日文中"割"的意思，是用从木材上割取下来的余料制作筷子。后来需求量增加，也许为了制作简便，就不再一根根地削，而是两根一起，让食客自己掰开使用。这些木筷，也可以称为"利休箸"或"利久箸"，后者据说是一对恩爱的夫妇讨厌"休"这个字，因此改称"利久"（"休"和"久"日文训读一样），希望他们的婚姻能长久、白头偕老。由于这些割箸可以在节日和平时两用，因此有的也制成一头尖，与现在日常所用的一次性筷子相似。割箸的流行还有一个原因，与神道教认为木头可以通灵的信念有关；使用者常常在用完之后，或者将其烧成灰，或者将其折断，再埋进土里，与神相合，因此日本人在祭祀或过节、供奉神馔的时候，都会使用割箸（常用柳木做，不上漆，称为"素木箸"），用完即丢弃。①

关于日本人制作简单的木筷，用完即丢弃的传统，朝鲜史学家编写的《朝鲜王朝实录》提供了直观的材料：

---

① 一色八郎《箸の文化史》，113—117页；向井由纪子、桥本庆子《箸》，90—95页。

> 代官宗贞秀、宗盛弘、宗职家、宗中务少辅职续送下程。十一日，早田彦八来言："吾世受贵国之恩，凡遇贵国使臣，必邀至吾家奉待，今亦欲设朝餐，愿暂临弊庐。"臣往见之，酒数行而罢，又设饭无匙只有木筯，一用即弃。俗皆类此。(《朝鲜王朝实录·成宗实录七年》)

上面是1476年的记载，说到朝鲜官员受到日本人设宴接待，从中看出那时的日本人已经只用筷子吃饭，而且用的是木筷，用完即扔。在1809年，《朝鲜王朝实录》又提到日本的家用器具，基本都用木料，筷子也同样是木筷：

> 岛俗尚俭，伊豫州之山，出铜铁，取之无竭。而切禁锗器，日用尽是木器、木筯，馔用海鱼、海菜、鹿肉、山药、牛蒡之属，其味甚淡。虽贱人，茶不离身。大抵财用则甚惜，而生齿日繁，岛势渐残云。一，公廨、私室，务极精致，不施丹青。材木皆纤细，壁不用土，妆以薄板，四面皆障子，推移开阖，未见户枢门环。……(《朝鲜王朝实录·纯祖实录九年》)

筷子在朝鲜半岛使用的历史，应该比在日本的时间更长。不过，筷子并不是朝鲜人用的第一件取食工具。考古发现表明，与中国古代一样，勺子才是朝鲜人使用的最早的饮食工具（所以上面提到的朝鲜人看到日本人只用筷子——"设饭无匙只有木筯"——略显讶异）。在朝鲜发现的最早的勺子是用骨头做的，出土于今朝鲜咸镜北道罗津遗址，属于公元前700—前600年的物品。另一个考古遗址位于平壤附近，在这里发现了漆木勺，年代为公元前313—

前108年。① 最早的青铜箸回溯到6世纪早期，是在百济武宁王（501—523年在位）的陵墓里发现的。这些青铜筷子与青铜勺一起出土，说明朝鲜王室进餐时可能会同时用勺子和筷子。有证据表明，朝鲜人使用匕箸是受中国的影响，所以这些筷子的形状与当时中国筷子一样。这些青铜箸中部更粗更圆，两端稍尖细，顶部直径0.5厘米，底部直径0.3厘米，长大约21厘米，与同时代的中国和日本的筷子差不多。

大约公元前2世纪，汉武帝征服了卫满朝鲜，在朝鲜半岛北部设立了"汉四郡"——乐浪、临屯、玄菟和真番，大约存在了四个世纪。然而，几乎没有什么证据可以表明，这些军事建制影响了当地人的用餐习惯。推测汉四郡在这几百年里，可能与朝鲜当地人的关系，并不一定十分融洽。在魏晋南北朝时期，百济王国通过海路与中国南方各王朝保持了多种联系。新罗的情况也颇为相似，只是交往不如百济频繁。唐王朝崛起之后，灭掉了百济和高句丽政权。正因如此，唐代史学家笔下有对高句丽、新罗、百济的描述，不仅记录了他们与唐朝的交往，而且还记载了他们的地理、历史和文化。然而，没有提到朝鲜半岛的人那时是否使用饮食工具，只是说他们"好蹲踞，食用俎机"（《北史·高丽》）。

百济王国与中国南朝政权保持了较为密切的联系，定期纳贡，那么，国王墓葬中发现的筷子和勺子会不会是中国统治者回赠的礼物呢？这种可能性当然是存在的，还没有确凿的文献证据证明当时朝鲜人进餐时会使用餐具。金富轼的《三国史记》和一然的《三国遗事》分别出现在12世纪早期和13世纪早期。但这两部史籍都没

---

① 向井由纪子、桥本庆子《箸》，14—20页。

有提到当时的人使用筷子。"三国时代"后期,朝鲜半岛受中国的影响更大。儒家、道家和佛教都对朝鲜社会结构的形成产生了巨大的作用,当然就影响程度来说,还存在地区差异。此外,唐王朝军队征伐高句丽政权后,可以想象,朝鲜半岛的普通居民也会接触到中国的饮食习俗。总之,大约在6世纪,多数朝鲜人可能已经开始使用餐具吃饭了。

唐朝衰亡后不久,朝鲜半岛出现了一个新王朝——王氏高丽(918—1392)。936年,高丽王朝统一了朝鲜半岛。高丽是朝鲜历史上一段重要时期,甚至"Korea"这个英文名称也源于此。朝鲜半岛上发现了很多这一时期的筷子。这些出土的筷子都是由银、铜或铜合金制成的,其形状与早期的筷子相似,筷身呈圆柱或多面体,两端稍细。不论在哪里,筷子发现时总有勺子相配;后者通常是由相同的材料制成。这一切都表明,朝鲜人大都有使用餐具的习惯。像唐朝的中国人那样,当时的朝鲜人进餐时会同时使用勺子和筷子。这种进餐习惯在今天的朝鲜半岛,仍然被奉为正式规范。

朝鲜半岛基本上和中国华北地区处于同一纬度,也许正因如此,这两个地区过去和现在的饮食方式都很相似。唐代历史文献虽然没有描述早期朝鲜人如何进餐,但都一致表示半岛的农业与中国极为相似。例如,李延寿著于7世纪中叶的《北史》说新罗"田甚良沃,水陆兼种。其五谷、果菜、鸟兽、物产,略与华同"(《北史·新罗》),而其他唐代文献也逐字引述了李延寿的描述(《隋史·东夷·新罗》)。和其他古代作家一样,李延寿等人未能指出五谷都是什么作物。他提到朝鲜人水陆兼种,有可能其中就有水稻。不过像在中国北方,水稻在那里似乎不是主要作物。考古学家指出,源自中国北方的粟、黍农业自新石器时代开始就通过胶东半岛往朝鲜半岛延伸,而水稻也沿着相同的路线往那里扩展,不过要迟上一千年左右。① 金富轼的《三国史记》中，水稻只出现了 2 次，而小米和小麦分别出现了 19 次和 11 次。有趣的是，金富轼虽然多次提到小麦，却常常因为小麦的种植由于气候而受损，不是"陨霜伤麦"，就是"大旱无麦"，可见小麦没有小米那样耐涝抗旱。② 15世纪下半叶，朝鲜士人崔溥（1454—1504）遇到海难，漂流到了中国南方，然后沿着京杭大运河北上，最后跨过鸭绿江回国。他在中国的时候，对各类事物观察颇为细致。有次他向中国官员请教，能否教他"水车之制"，对方问他有何用处，崔溥解释说："我国多水田，屡值旱干，若学此制以教东民，以益农务，则足以唇舌之劳可为我东人千万世无穷之利也。"③ 他们的对话显示，直到崔溥的时代，也就是中国明代，朝鲜半岛的水稻栽培在技术上仍然无法与中国相比。由此看来，朝鲜半岛的小麦与水稻，在那时均没有小米重要。

与金富轼写作《三国史记》同时，北宋皇帝宋徽宗派往高丽的特使徐兢于 1123 年到了朝鲜，写下了内容丰富的《宣和奉使高丽图经》。此书对朝鲜半岛进行了全面描述。徐兢写道："其地宜黄粱、黑黍、寒粟、胡麻、二麦。其米有秔而无糯，粒特大而味甘。牛工农具大同小异，略而不载。"并特别指出："国中少麦，皆国人自京东道来，故麦价颇贵，非盛礼不用，在食品中亦有禁绝者，此尤可哂也。"换句话说，那时朝鲜半岛虽然适宜种麦，但高丽国的人那时主要种的是小米，小麦多由中国进口。所以他在另一处又记道，高丽人当时招

---

① 宫本一夫著，吴菲译《从神话到历史：神话时代 夏王朝》，桂林：广西师范大学出版社，2014 年，196—209 页。
② 金富轼著，孙文范等校勘《三国史记》，长春：吉林文史出版社，2003 年，41，133，212，282，289，312 页。
③ 崔溥著，葛振家点注《漂海录》，北京：社会科学文献出版社，1992 年，141 页。

待来宾,"食味十余种,而面食为先,海错尤为珍异"。至于水稻,那时高丽人种粳(秔)稻,而没有糯米。① 换句话说,当时水稻像小麦一样较为少见,可能主要为了制酒,不太会被当作日常主食。徐兢注意到高丽人只种植粳稻,很可能与当时中国的情况做了比较;那时,籼稻尤其是占城稻已经开始从越南引入中国南方。占城稻的引进,使中国人更多以稻米为主食,这一变化有助提升筷子作为餐具的地位。总之,徐兢的记录显示,12世纪前,朝鲜半岛的饮食方式与唐代中国北方相当,只是麦类谷物的食用要比宋朝的中国人少。

如同早期的文献,徐兢的《宣和奉使高丽图经》没有提到朝鲜人进餐时是否会用勺子和(或)筷子,但他在多处记录了高丽人如何进餐:

> 丽(高丽)俗重酒醴,惟王府与国官有床桌盘馔,余官吏士民惟坐榻而已。……丽人于榻上复加小俎,器皿用铜。骈腊鱼菜,虽杂然前进,而不丰腆。酒行无节,以多为勤。每榻只可容二人,若会宾多,则随数增榻。各相向而坐。

至于高丽人就餐时所用的器皿,徐兢指出:"观其制作,古朴颇可爱。尚至于他饮食器,亦往往有尊、彝、簠、簋之状。而燕饮陈设,又多类于莞簟几席。盖染箕子美化,而仿佛三代遗风也。"日常生活中使用的各种器具,如碗、盘、盆、瓶、罐等厨房用品,其质地有黄铜、陶瓷和木料,后者通常上漆,但工艺水平一般。不过徐兢总体上对朝鲜的金属工艺,印象特别深刻,尤其是朝鲜人在

---

① 徐兢《宣和奉使高丽图经》,殷梦霞、于浩选编《使朝鲜录》上册,北京:北京图书馆出版社,2003年,180、186、270页。

金属器皿上镀金银的方式。他写道："器皿多以涂金或以银，而以青铜器为最贵。"他也特别赞赏当时朝鲜制作的青瓷："陶器色之青者，丽人谓之翡色。近年已来制作工巧，色泽尤佳。酒尊之状如瓜，上有小盖，而为荷花、伏鸭之形。复能作碗、碟、杯、瓯、花瓶、汤盏，皆窃仿定器制度。"①

虽然徐兢没有提到高丽人是否用餐具进餐，可是我们不能轻易下结论说，当时朝鲜半岛的居民，仍然用手指进食。如果换个角度来看徐兢的记载，我们可能会得出结论：他们应该是已经开始使用餐具了。因为徐兢访问的时候，观察得相当细致、用心，如果高丽人没用勺子和筷子，他极有可能会在书中指出。就此问题，我们或许可以用赵汝适的《诸蕃志》来帮助说明。《诸蕃志》比《宣和奉使高丽图经》大约晚一百年，对宋朝周围的国家，远到非洲，近到越南（时称交趾）、日本、朝鲜半岛，都有描述。值得一提的是，《诸蕃志》与《宣和奉使高丽图经》一样，没有提越南人和朝鲜人使用餐具，但指出他们的饮食习惯，或"略与中国同"，或"略仿中国"。但赵汝适在讲到交趾的邻国真腊，即今柬埔寨的时候，立即指出他们"以右手为净，左手为秽。取杂肉羹与饭相和，用右手掬而食之"。然后又在描述真腊西面的邻国登流眉国（今泰国南部）的时候，说那里的人"饮食以葵叶为碗，不施匕箸，掬而食之"。显然，赵汝适指出真腊及其邻国不用餐具，是因为它们与越南邻近，但没有接受用餐具进食的习惯，让他略感讶异，所以特意指出。而《诸蕃志》在描述中亚、南亚、非洲等国的时候，只是说他们如何吃饭，并未特别指出那里的人不用匕箸。譬如他在形容波

---

① 徐兢《宣和奉使高丽图经》，180—181，191，217，249，263，275页。

斯国的时候,说:"食饼肉饭,盛以瓷器,掬而啖之。"① 对赵汝适而言,那些国家距离中国很远,不用餐具并不让他奇怪,所以不值一提,而作为与中国毗邻而居的越南和朝鲜,这里的人使用餐具进食,也不让他觉得有记载的必要。

高丽王朝后期,人们似乎渐渐喜欢上了稻米。在15世纪中叶成书的《高丽史》中,稻米出现的频率比以前的文献要多。稻米还是存放在政府粮仓中,以备赈济饥民的储备粮食。此外,朝廷还用稻米奖励忠臣良将。这些情况表明,水稻虽珍贵,但已比从前更容易获得。然而,书中还是小米出现的次数最多,超过当时流行的其他谷物。这表明,小米仍然是大多数朝鲜人的淀粉类主食。鉴于此,可以理解为什么朝鲜人保持了唐代的用餐习惯,吃饭时既用勺子也用筷子。而勺子和筷子,同时出现在高丽王朝和之后的朝鲜王朝(1392—1897)墓葬中。在第2章中我们讨论过,小米最好煮成粥,而吃粥用勺子比用筷子方便、优雅。

徐兢在高丽国访问的时候,对那里的金属加工手艺质量之高,印象颇深。他看到的先进冶金技术是否有助于解释这个问题:与日本相比,迄今为止朝鲜早期出土的绝大多数用具,为什么都是用金属而不是木材制成的?这当然有可能,毫无疑问,无论是银还是铜,金属器皿更耐用,故而广受喜爱。《朝鲜王朝实录》中,有关日本人用木器的记载,提到日本人"切禁鍮器",而"鍮"就是铜的意思。从上下文来看,朝鲜史学家对为什么日本人不用铜器,感到不解。当然,对于普通朝鲜人,很难想象他们都能买得起金属制品,更别说那些银制的。但即便是不那么富裕的家庭,可能因其耐用,还是希望获得金属器具,如用黄铜或白铜制成的。也许一个原

---

① 冯承钧撰《诸蕃志校注》,1,7,10,85,74页。

因是，朝鲜半岛特别是北部，有丰富的金、铜、铁矿资源，这使得朝鲜人比较容易用金属制造日常用具。《诸蕃志》提供了重要的旁证，其中说新罗国"民家器皿，悉铜为之"①。古代朝鲜人对金属特别是金子的喜爱之情，甚至体现在他们的姓氏中。今天，大约25%的朝鲜、韩国人姓"김"，意思是"金"。在东亚文化中，"金"字往往指称所有金属。最后，唐代中国对其持久影响也十分重要。虽然10世纪初，唐王朝衰亡了，但是唐代文化和风俗在中国及其邻近地区仍然有着典范的作用和持久的影响。朝鲜人对金属器具的偏好可能正是由于受到唐朝文化的深刻影响，前面已经提到，在中国出土的唐朝文物中，金属餐具也占据了绝大多数。

相比之下，木筷和竹筷在朝鲜半岛相对中国南方和越南，数量要少得多。朝鲜半岛的木筷常常上漆，以求其耐用，而就耐用性而言，漆筷自然还是比不上金属筷。中国南方和越南多使用竹筷，其原因主要是竹子生长极快，制作价廉。中国士人到越南，对当地竹子生长之快速、繁盛，印象十分深刻。如在元代越南人黎崱所著的《安南志略》一书中，便收有中国官员李仲宾出使越南留下的一首咏竹诗：

笋芽先自称龙种，文彩斑斓出土新。
一日朝天便成竹，此君百倍越精神。②

---

① 冯承钧撰《诸蕃志校注》，85页。笔者访问首尔国家民俗博物馆的时候，看到古代朝鲜老百姓的日常用具中，就有铜制的筷子和勺子。
② 黎崱著，武尚清点校《安南志略》，北京：中华书局，2000年，394页。李仲宾的生卒年代不详，推测他与五代时的画家李波或李拨为同一人。爱竹，也画竹。元代学者方回曾有"题罗观光所藏李仲宾墨竹"一首："以笔写竹如写字，何独钟王擅能事。同是蒙恬一管笔，老手变化自然异。胸中渭川有千亩，咄嗟办此籊龙易。竹叶竹枝竹本根，方寸中藏竹天地。幼年癖好此亦颇，万卷书右竹图左。妄希眉山苏谪仙，拟学湖州文与可。眉山一枝或两枝，湖州千朵复万朵。李侯有之似之，袖手独观谁识我。"参见《桐江续集》卷二八。

在越南自己的语言和文化中，对竹子的称颂，更是比比皆是。有首著名的歌谣就唱道："越南大地，万树同青。竹子青翠，自古如此。"成语"竹老笋生"，意思就是一脉相承、代代相传。① 今天越南人使用竹筷较多，其道理正因竹子在当地十分普遍。

但竹子在朝鲜半岛远不如在中国和越南那样常见。虽然竹子可以在北方生长，但显然更适应南方的气候。朝鲜士人崔溥在中国的时候，一次与人闲谈，对方问他是否吃笋，崔溥回答道："我国南方有笋，五月乃生。"对方听了之后说道："此地冬春交生，正月方盛，大者十余斤。贵国与此地风土有异。"② 这番对话显示，竹子虽然在朝鲜半岛生长，但远不及中国南方普遍，而如果气温不高，竹子的生长就会变慢，影响了人们用它来制作器物的积极性。由此而言，日本竹筷远少于木筷，也与气候条件有关。

在高丽时期晚期，蒙古人的崛起及其随后的入侵，使得朝鲜半岛的饮食文化发生了重大变化。对于蒙古人来说，征服朝鲜并不容易。他们同朝鲜人打了几十年的仗，最终在1270年取得了胜利，将朝鲜半岛变成蒙古帝国的一个省。由于佛教传入，新罗王国就在528年颁发了禁止杀生令。但蒙古人的到来，意味着肉食重返朝鲜人的饮食中，并且随着时间的推移，变成烹饪中的必备之物，至少对那些吃得起的人而言是这样。蒙古的烹饪方法，如烧烤和用火锅煮（烫）切成薄片的肉，也被成功引入了朝鲜半岛。③

---

① 参见梁远《越南竹文化研究》，《东南亚纵横》2010年第7期，43—47页。
② 崔溥著，葛振家点注《漂海录》，96页。
③ 李盛雨《朝鲜半岛の食の文化》，石毛直道等编《東アジアの食の文化》，东京：平凡社，1981年，129—153页；金天浩著，赵荣光、姜成华译《韩蒙之间的肉食文化比较》，《商业经济与管理》2000年第4期，39—44页。

有关自 13 世纪起朝鲜半岛的居民如何开始恢复食肉,中国人的游记再次提供了趣味横生、有价值的信息。徐兢在《宣和奉使高丽图经》中记道:"高丽俸禄至薄,唯给生菜、蔬茹而已。常时亦罕食肉。"而儒家特别是佛教的影响,更加让高丽人不食肉类:"夷政甚仁,好佛戒杀,故非国王相臣,不食羊豕,亦不善屠宰。"① 但 1488 年,董越作为明朝使臣出使朝鲜,在其《朝鲜杂录》中描述享受的盛馔:"饩有牛、羊、豕、鹅四品,皆熟之。最后一案,乃置大馒头一盘,上以银为盖盖之。一大臣操刀入,割牲毕,剖其大馒头之皮,中皆贮小馒头,如胡桃大,殊可口。"然后他又观察道,羊肉为人所最爱,"官府乃有羊豕,乡饮时或用之"。在另一处,他又说:"羊背肉之上,贯羊肠三,中实以炙及诸果。"董越的描述比徐兢简略,但信息却十分重要。因为他笔下的朝鲜半岛与两个世纪前徐兢的观察相比,饮食习惯已经很不相同了。在蒙古人的影响下,15 世纪朝鲜半岛的饮食文化,已经不但吃烤肉,而且吃羊肠,显示出游牧民族的饮食文化特征。那是因为,1392 年建立的朝鲜王朝以崇肉政策作为其政治理念。由此或许可以进一步推测,金属餐具对朝鲜半岛的居民具有持久的吸引力,还表现为一种饮食上的需要。就像在中国唐朝,金属器具似乎也很普遍,吃肉类食品的需求使得人们寻求更耐用、结实的餐具。13 世纪后的朝鲜半岛和中国唐朝的饮食,情形十分类似,都存在着明显的游牧烹饪和文化影响,以羊肉、羔羊肉等动物肉食用量的增加为标志。顺便说一句,董越的《朝鲜杂录》正式提到朝鲜半岛的人,用铜来制作勺子和筷子:"地产铜,最坚

---

① 徐兢《宣和奉使高丽图经》,174,188—189 页。有关朝鲜王朝推广肉食,参见金天浩著,赵荣光、姜成华译《韩蒙之间的肉食文化比较》。

而赤，食器匙箸皆以此为之，即华所谓之高丽铜也。"①

金属制作的食具和餐具，传统上最受游牧民族的青睐。蒙古族、藏族、满族及其祖先的餐具，大多用金属打造而成。与之相邻的农耕文明（如生活在中国中原地区、南方地区的人，以及日本人、越南人、朝鲜人）使用刀叉主要是为了做饭而不是为了进餐。这些游牧民族千百年来用刀叉尤其是刀来进食。使用刀更重要的原因是，肉切成小块后就可以用手吃了。而在东南亚和南亚等地，肉类并非主要食物，只是因为气候湿热，人们习惯吃常温的食物，所以养成了用手指取食的传统。这种用手进餐（或称手食）的习惯，成为中国人用来描述邻人就餐习惯的标准表达。自3世纪以来，尤其到了唐代及之后的一段时期，当汉人与其他民族有了更多的接触之后，"以手取食"或"不用匕箸"的表述多次出现在各种中文文献中。我们可以从这些文字记录中，大致了解筷子文化圈在唐宋时期普及的地理范围。

首先看一下唐代的文献。玄奘的《大唐西域记》对西域各地区的风俗习惯和文化传统多有记述。譬如讲到印度的时候，对其餐饮习俗有这样的描述：

> 夫其洁清自守，非矫其志。凡有馔食，必先盥洗，残宿不再，食器不传。瓦木之器，经用必弃。金、银、铜、铁，每加摩莹。馔食既讫，嚼杨枝而为净。澡漱未终，无相执触。
>
> 食以一器，众味相调，手指斟酌，略无匙箸，至于老病，乃用铜匙。（《大唐西域记》卷二）

---

① 董越《朝鲜杂录》，殷梦霞、于浩选编《使朝鲜录》上册，北京：北京图书馆出版社，2003年，807—808、814、820页。

印度人吃饭用手指取食，但和古代中国人一样注意手的清洁，因此有餐前盥洗的传统。而且由于气候炎热，食物难以保质，所以不吃剩菜。老人和病人也许因为牙齿不好，食物大致以流质为主，所以用了铜勺子。玄奘的观察，可谓细致。

《旧唐书》也同样注意到邻国的饮食风俗。如讲到所谓的南蛮和西南蛮，即东南亚国家的时候，提到一个国家叫诃陵，在今天的印度尼西亚境内，该国人饮食不用餐具：

> 诃陵国，在南方海中洲上居，东与婆利、西与堕婆登、北与真腊接，南临大海。竖木为城，作大屋重阁，以棕榈皮覆之。王坐其中，悉用象牙为床。食不用匙箸，以手而撮。亦有文字，颇识星历。俗以椰树花为酒，其树生花，长三尺余，大如人膊，割之取汁以成酒，味甘，饮之亦醉。（《旧唐书·南蛮西南蛮·诃陵》）

《旧唐书》描述西戎各国，提到了今天的尼泊尔，那时称泥婆罗，指出当地人的饮食用手：

> 泥婆罗国，在吐蕃西。其俗翦发与眉齐，穿耳，揎以竹筒牛角，缀至肩者以为姣丽。食用手，无匕箸。其器皆铜。多商贾，少田作。以铜为钱，面文为人，背文为马牛，不穿孔。衣服以一幅蔽布身，日数盥浴。（《旧唐书·西戎·泥婆罗》）

到了宋代，史学家仍然注意邻国饮食风俗的差异。欧阳修和宋祁在编撰《新唐书》时，对泥婆罗国做了相似的表述，言辞略有不同：

> 泥婆罗，直吐蕃之西乐陵川。土多赤铜、牦牛。俗翦发逮眉，穿耳，楦以筒若角，缓至肩者为姣好。无匕箸，搏而食。其器皆用铜，其居版屋画壁。俗不知牛耕，故少田作，习商贾。一幅布蔽身，日数盥浴。（《新唐书·西域上·泥婆罗》）

《新唐书》对诃陵国的描述，与《旧唐书》稍有差异，但同样指出其饮食不用餐具：

> 诃陵，亦曰社婆，曰阇婆，在南海中。东距婆利，西堕婆登，南濒海，北真腊。木为城，虽大屋亦覆以栟榈。象牙为床若席。出玳瑁、黄白金、犀、象，国最富。有穴自涌盐。以柳花、椰子为酒，饮之辄醉，宿昔坏。有文字，知星历。食无匕筯。（《新唐书·南蛮下·诃陵》）

上述这些记述，再参考前引赵汝适《诸蕃志》等文献，让我们可以基本了解筷子文化圈在唐宋时期的规模。由于受到中国文化的影响，越南、朝鲜半岛和日本的居民，已经养成了用餐具取食的习惯。但在东南亚其他地方和在西域游牧民族生活的区域，仍然以用手进食为主。① 如元代人周达观编写的《真腊风土记》，对柬埔寨人的饮食习惯有如下的描述：

> 盛饭用中国瓦盘或铜盘；羹则用树叶造一小碗，虽盛汁亦不漏。又以茭叶制一小杓，用兜汁入口，用毕则弃之。虽祭祀神佛亦然。又以一锡器或瓦器盛水于旁，用以蘸手。盖饭只用手拿，

---

① 爪哇（印度尼西亚）也保留有手食的风俗，参见方回《桐江续集》卷二六。

其粘于手者，非水不能去也。①

除了越南，东南亚其他地方"手食"的传统基本保留至今。② 但有必要一提的是，一些北方游牧民族与中原文化接触之后，也学会了制作、使用筷子和勺子来做饭、取食。这一变化的原因可能与气候、环境有关，北方民族虽然以肉食为主，刀叉比较方便，但由于气候寒冷，也有吃热食的习惯，所以会需要用到其他餐具如筷子和勺子。相较而言，东南亚和南亚地区临近赤道，气温较高，人们习惯享用温食甚至冷食，手指和嘴巴便足以应付了。

不过也有例外。餐具的使用除了饮食需求之外，还有文化影响的因素。《宋史》对于"琉球国"（写作"流求国"），有这样一段颇为有趣的记录：

> 流求国在泉州之东，有海岛曰彭湖，烟火相望。其国堑栅三重，环以流水，植棘为藩，以刀槊弓矢剑铍为兵器，视月盈亏以纪时。无他奇货，商贾不通，厥土沃壤，无赋敛，有事则均税。
>
> 旁有毗舍邪国，语言不通，袒裸盱睢，殆非人类。淳熙间，国之酋豪尝率数百辈猝至泉之水澳、围头等村，肆行杀掠。喜铁器及匙筯，人闭户则免，但刓其门圈而去。掷以匙筯则俯拾之，见铁骑则争刓其甲，骈首就戮而不知悔。临敌用标枪，系绳十余丈为操纵，盖惜其铁不忍弃也。不驾舟楫，惟缚竹为筏，急则群异之泅水而遁。（《宋史·流求国》）

---

① 周达观原著，夏鼐校注《真腊风土记校注》，北京：中华书局，2000 年，165 页。
② 参见张宁、何战《东南亚各国饮食习俗》，《东南亚纵横》2006 年第 12 期，52—59 页。

此段描述中的"毗舍邪国",不知何处,估计是在琉球周围的岛上,而该国人到琉球抢掠,特别喜好铁器和匙箸,至少表示琉球一带的人那时已经在中国和日本的影响下,使用勺子和筷子用餐了。

有关琉球人用餐具进食,《朝鲜王朝实录》也提供了相应的证据:

> 二月初二日漂到琉球国北面仇弥岛。岛周回可二息,岛内有小石城,岛主独居之,村落皆在城外。岛距其国,顺风二日程,……其国地势中央狭小,或一二息,南北广阔不见其际,大概如长鼓之形。国无大川,国都东北距五日程,有大山,山无杂兽,只有猪耳。……其国常暖无霜雪,冬寒如四月,草木不凋落,衣不锦絮,喂马常用青草,夏日在正北。一,节日、元日以藁左索悬于门上,又剖木为束,置于积沙之上,加饼器于其中,又以松木插于束木之间,至五日乃止。其俗谓之祈禳,且置酒相娱。……衣服、饮食,男服则如本朝直领之制,但袖广阔,色尚黑白,女服则衣裳一如我国,君臣上下男女,皆不冠巾。徒跣而行,无靴鞋等物。凡牛马之皮,皆纳官造甲,其食无匙箸,折蒚草如筋而食。(《朝鲜王朝实录·世祖实录八年》)

朝鲜史官写道,琉球国居民吃饭仍然没用匙箸,不过已经不完全用手抓食,而是用了"蒚草"(芦荻)做成筷子夹食。或许因为在朝鲜半岛,勺子和筷子基本都用金属制成,所以见到其他材料的筷子,他们便说"无匙箸"。当然,他们也有可能见到的是琉球贫穷老百姓使用的简易筷子。无论如何,琉球人在那时应该像朝鲜半岛的居民一样,不再用手直接拿食物了。琉球与印度尼西亚等地不远,气候也相当温暖。琉球人采用筷子进食,像越南人一样,表现的是一种文化上追求、文明的向往。

的确，如同本书导言所说，历史上从很早开始，东亚人特别是中国人，便常以使用餐具与否来区分文明程度的高下。前引唐宋及之后的文献，比较注重邻国人士是否用餐具进食，其实都反映了一种文化的态度。到了宋代，宋朝士人对于自身的文化传统，更加带有强烈的自豪感和优越感，并往往用是否使用餐桌和餐具吃饭，来衡量其他民族的文明程度。宋代理学家程颢、程颐兄弟，就在其著作中，对饮食习俗有如下的评语："不席地而倚卓（桌），不手饭而匕筯，此圣人必随时，若未有当，且作之矣。"他们在另一处，做了更加详细的说明："子曰：笾豆簠簋不可用于今之世，风气然也，不席地而椅桌，不手饭而匕筯，使其宜于世而未有，圣人亦必作之矣。"① 这两位理学家把怎样吃饭，上升到礼仪的高度，提出在他们的年代，坐餐桌和用餐具进食，才符合圣人的要求。

　　本章一开始就提到，公元前3世纪，秦朝征服了越南，从而使得中国的影响远及这一地区。大约在秦始皇派赵佗南下的同一时间里，他还吩咐另一位将军蒙恬带领一支三十万人的军队抗击控制北方草原地区的强大游牧民族——匈奴。战争结束后，蒙恬的士兵被部署在三面为黄河大弯所围绕的鄂尔多斯沙漠，成为边境的驻防部队。此外，秦始皇征用劳工，把他们派往该地区以建造防御性的城墙，成为现代长城较早的一部分。秦灭亡后，汉朝统治者继续努力，期望迫使匈奴退回到草原，时有功成。军事冲突之下，也发生了文化交流。最近的考古发掘发现，匈奴人像汉代人一样用甑蒸制主食，也制作、使用骨箸来取食。② 这也许是一个孤例，然而表明文化交流几乎不可能是单向的。通过与游牧民族接触，汉代的中国

---

① 程颢、程颐著，王孝鱼点校《二程集》，北京：中华书局，1981年，155，1223页。
② 贺菊莲《天山家宴》，145—146页。

接受了来自中亚的影响。与此同时，中原的烹饪方式和饮食习惯也向外流传。近年来在新疆且末县，考古发现一批扎滚鲁克古墓群，其年代上限为距今3000年，下限则到了魏晋南北朝时期。一期、二期古墓的陪葬品，体现了当时的西域人主要从事畜牧生产；三期即东汉到魏晋时期墓葬的陪葬品，则显现出了中原文明的因素，包括餐具中的勺子和筷子。以具体的发现而言，古墓中有"陶罐、陶壶、木盘、木碗、木箸、木耙、漆案、铜勺"，而放在漆案上的食物则有"油炸的菊花饼、麻花、桃皮形小油饼、薄饼、葡萄干及连骨肉"，明显反映出中原和西域文化之间的交互影响。①

众所周知，敦煌在唐代是中原与西域来往的交通要道。根据高启安等人的研究，唐代敦煌的饮食和餐具的使用，典型地展现出中原文化和西域文化的密切交流。仅以餐具使用而言，敦煌发现了唐代人使用过的各种各样的盘子，大小、用途不一。"一种用来盛饼类、果蔬等干鲜食品；另一种即木头盘子，以方形为主，主要用来运送食品或放在桌布、食毯上，然后在里边放置食品；第三种是小盘子，主要用来盛菜或盛饭食用"。而在敦煌一处遗址的发掘中，还出土了餐刀和餐叉，高启安认为是受到了游牧民族即吐蕃民族饮食习惯的影响，反映出食用肉类的需求。同样重要的是，唐代的敦煌人不仅使用碗、碟、盘等容器，也用匙和箸来取用食物，后者包括木制的漆筷，以及铜筷和银筷，与那时中原地区的文化相近。②

唐朝灭亡后，数十年间出现了多个朝代的并存、更迭。随后，赵匡胤发动兵变取得了政权，在中原建立了宋王朝，史称北宋。由

---

① 新疆维吾尔自治区博物馆、巴音郭楞蒙古自治州文物管理所、且末县文物管理所《新疆且末扎滚鲁克一号墓地发掘报告》，《考古学报》2003年第1期。
② 高启安《唐五代敦煌饮食文化研究》，81、84、86页；另参见蔡秀敏《唐代敦煌饮食文化研究》，台湾中正大学硕士论文，2003年，349—360页。

于没有控制北部和西北部地区的草原、山脉、沙漠，宋朝的疆土比唐朝小很多。这就是说，当时并非宋朝一统天下，而是和其他民族，如契丹、女真、蒙古等一同分治。宋代学者常常对这些游牧民族的社会行为和文化习俗进行评论。《三朝北盟会编》是徐梦莘撰写的历史著作，书中指出，"满洲"的居民那时用手指进餐，不用餐具取食：

> 其饭食则以糜酿酒，以豆为酱，以半生米为饭，渍以生狗血及葱韭之属，和而食之。芼以芜荑，食器无瓢陶、无碗筯，皆以木为盘。春夏之间，止用木盘贮鲜粥，随人多寡，盛之以长柄小木杓子，数柄回环共食。下粥肉味无多品，止以鱼生獐生，间用烧肉。冬亦冷饮，却以木碟盛饭，木碗盛羹，下饭肉味与下粥一等，饮酒无算，只用一木杓子，自上而下循环酌之，炙股烹脯，以余肉和菜捣白中，糜烂而进，率以为常。其礼则拱手退身为喏，跪右膝，蹲左膝，着地拱手摇肘，动止于三为拜。①

考古发现证实了这一观察。20世纪70年代，考古学家在昭乌达（今内蒙古自治区赤峰市）地区发现了一座契丹墓。发掘出的用具有壶、罐、锅、盆、碗、刀，就是没有筷子。墓中有幅壁画，描绘了一位男子（可能是厨师？）用刀切动物的一条腿，显示肉切好之后就会放在盘子里。这一时期的契丹、蒙古墓葬中发现的盘子比碗多。②上述这些情况，体现了游牧民族的饮食文化特征。因为肉食较多，而且在切好之后多用手抓，因此盘子比碗更为实用，容积

---

① 徐梦莘著，王德毅点校《三朝北盟汇编》甲卷，台北：大化书局，1977年，甲23页。
② 项春松《辽宁昭乌达地区发现的辽墓绘画资料》，《文物》1979年第6期，22—32页。

也较大，不但可以多放食物，也方便人们取食。

但考古证据也显示，随着时间的推移，亚洲的游牧民族开始使用筷子取食谷物、肉类和蔬菜。与蒙古人和女真人相比，契丹人接受汉族的影响相对较早。考古人员在今天内蒙古的一座契丹墓中发掘出一些用黄铜、银、陶瓷制成的家用器物，包括壶、罐、瓶、碗、盘子、杯子和镜子，还发现了一双铜箸。筷子通长23厘米，顶端刻有用来装饰的15道细凸棱。考古人员描述道："形似近代使用的筷子。"① 而这并非孤例，契丹不只使用金属筷。在华北和东北，12世纪或之后的契丹墓葬中还发现了许多漆木筷。在内蒙古敖汉旗羊山1号辽墓壁画中，有一幅烹饪图。考古人员这样描绘图中的情景：

> [烹饪图] 绘于天井四壁。所画人物分上下两组。上组共3人，两人抬一矮桌，桌后立一人，面向桌面，身着圆领长袍，秃发。桌上放2个子母口黑色食盒，左侧盒内盛3个馍，右侧盒内盛3个馒头。桌里侧放着箸一双，一个刀形物，一个深腹大碗和3个小碗。下组左侧为一高足深腹大鼎，鼎口外露兽腿和肉块。鼎后立一人，半侧躬身面向外，首低垂，双目视鼎，挽袖，双手握一根插入鼎内搅动。右侧一人半侧身向外端坐于小方凳上，左手端一黑色圆盘，右手执箸做从盘中夹食状。蹲坐者前置一小方案，右臂袖挽起，手握一刀作切肉状，左手为扶肉状。其后躬立一人，双手托一圆盘半侧身捧向坐凳者，盘内盛3个黑色小碗，身着圆领紧袖长袍，面含恭敬之态。②

---

① 项春松《内蒙古解放营子辽墓发掘简报》，《考古》1979年第4期，330—334页。
② 引自张景明、杨晨霞《契丹饮食文化在墓葬壁画中的反映》，《大连大学学报》2007年第2期，76页。

在其他辽代墓葬发现的壁画和发掘的文物中，也有筷子出现。年代稍后的女真墓葬中也发现了由骨、铜、木制作的筷子，表明女真人也逐渐接受了筷子。①《三朝北盟会编》中有一段有趣的记载，提到女真人与宋朝合作，推翻了契丹人建立的辽之后，创建了金，其饮食风俗已经渐渐向着使用餐具的方向发展了：

> 是晚，酒五行，进饭，用粟，钞以匕，别置粥一盂，钞以小杓，与饭同下。好研芥子和醋拌肉食，心血脏渝羹，芼以韭菜，秽污不可向口，虏人嗜之。器无陶埴，惟以木刓为盂，碟槃以漆，以贮食物。自此以东，每遇馆顿或止宿，其供应人，并于所至处，旋于居民汉儿内选衣服鲜明者为之。每遇迎送我使，则自彼国给银牌人，名曰"银牌天使"。②

此段描述宋徽宗宣和年间，宋朝官员到金访问、谈判，在食宿方面受到的待遇。其中没有提到用筷子，但提到了用勺子吃小米粥，与之前那里"无瓢陶、无碗筯"的情形不同了，可见手食的传统已经在女真人中渐渐消失。

稍晚一些，蒙古人也开始使用筷子了。内蒙古赤峰的考古工作，提供了较有说服力的证据。20世纪70年代至80年代后期，在两座契丹或蒙古贵族的墓葬中，发现了多幅壁画（该地区先由契丹人后由蒙古人控制）。其中一幅描绘了饮宴场景：一张短足矩形的桌子上，放着金属碗、盘、勺子和筷子。③一座赤峰墓葬中发现的壁画更有力

---

① 刘云主编《中国箸文化史》，280—285页。
② 徐梦莘著，王德毅点校《三朝北盟会编》甲卷，甲188页。
③ 项春松、王建国《内蒙昭盟赤峰三眼井元代壁画墓》，《文物》1982年第1期，54—58页。

地证明了人们当时用筷子取食,画作描绘了女仆侍候主人进餐的情景。女仆左手拿着一只大碗,右手拿着一双筷子,好像要用筷子把碗里的食物拌一拌再给主人。① 这是一座14世纪的墓葬,更有可能是蒙古人的墓。这些出土文物证明,蒙古人在13世纪末征服中国后,逐渐习惯用筷子进餐。元朝的宫廷礼仪制度提供了确凿的证据,在皇室的祭祀和葬礼中,都需要配有成套的食具,其中也有筷子。

《元史》对元朝的祭祀准备,提供了详细的记载。其中有关祭器的配备,规定如下:

> 昊天上帝、皇地祇及配帝,笾豆皆十二,登三,簠二,簋二,俎八,皆有匕筯,玉币篚二,鉋爵一,有坫,沙池一,青瓷牲盘一。从祀九位,笾豆皆八,簠一,簋一,登一,俎一,鉋爵一,有坫,沙池一,玉币篚一。(《元史·祭祀·郊祀上》)

> 祭器:笾十有二,幂以青巾,巾绘彩云。豆十有四,一实毛血,一实脾膋。登三,铏三,有柶。簠二,簋二,有匕箸。俎七,以载牲体,皆有鼎。后以盘贮牲体,盘置俎上,鼎不用。(《元史·祭祀·宗庙上》)

《元史》在对皇室葬礼陪葬品的规定中,也指出匙箸的必要:

> 凡宫车晏驾,棺用香楠木,中分为二,刳肖人形,其广狭长短,仅足容身而已。殓用貂皮袄、皮帽,其靴袜、系腰、盒钵,俱用白粉皮为之。殉以金壶瓶二,盏一,碗碟匙筯各一。殓讫,

---

① 刘冰《内蒙古赤峰沙子山元代壁画墓》,《文物》1992年第2期,24—27页。

用黄金为箍四条以束之。舆车用白毡青缘纳失失为帘，覆棺亦以纳失失为之。(《元史·祭祀·国俗旧礼》)

而在蒙古人习惯用筷的同时或者更早，满人应该也同时采用勺子和筷子进餐了。清朝编纂的《满文旧档》记载了皇太极于1635年8月赠给额驸班第及格格的各种物品，品种多样，质地豪华，包括各种皮料衣服、珍贵首饰，而食具中就有金、银、铜打制的杯碟、碗盏、匙勺，加上两双象牙筷子：

> 作食器用之五十两带脚酒海一、四十两之有底酒海一、五十两之茶桶一、各十五两之碗二、各十两之碗二、各五两之大酒杯五、十五两之柄勺一、三十两之大盘一、各十六两之盘子二、各十两之皿二、各五两之酱油皿二、十两之马勺一、各二两之匙三、各六十两之茶壶二、银把骨匙二、银把象牙筷子二双、铜马勺一、三两六钱之金杯一。①

另外，《满洲四礼集》虽然迟至清乾隆年间才编纂成书，但对满人入关前后的习俗，也有详细的描述。其中提到满族家祭的时候，供奉各类食品时，都必须在碗、盘旁边放上筷子：

> 每年除春秋大祭、除夕、元旦、上元如仪家祭外，按季随时荐鲜。礼开后，二月初二，供煎饼，每龛二盘，每盘各九个，箸放盘上；四月荐樱桃、王瓜，每龛二盘，每盘樱桃各半斤，王瓜

---

① 关嘉录、佟永功、关照宏《天聪九年档》，天津：天津古籍出版社，1987年，103页；另参见李林译《汉译〈满文旧档〉》，沈阳：辽宁大学历史系，1979年，108页。

各一条；五月端阳节供粽子，每龛二盘，每盘各九个，箸放盘上；六月荐西瓜、香瓜，每龛各一盘，每盘西瓜各一个，香瓜各一个；八月中秋节供月饼，每龛二盘，盘各一斤，每个三斤，一红一白；十二月初八荐新米粥，每主前放一碗，箸放碗上。①

上述是比较正式的场合。在普通的场合，满族的平民百姓一般都会用匙吃谷物食品，因为他们的饭食无论是小米还是其他杂粮，基本都做成粥的形式。筷子则主要用来吃蔬菜。吴振臣著有《宁古塔纪略》一书，记录他父亲流放宁古塔（今黑龙江宁安县），他自己早年在那里生活的各种场景。其中写道："大小人家做黄齑饭，每次用调羹，不用箸。调羹曰'差非'，又曰'匙子'。吃碗菜乃用箸，箸曰'叉不哈'，碗曰'么乐'。"②

总之，各种资料表明，到了14世纪，筷子文化圈不仅在中国中原地区、越南、朝鲜半岛和日本形成，也蔓延到蒙古草原和中国东北地区。然而，这一筷子文化圈的扩展并没有使得蒙古人、契丹人和这些地区的其他民族完全抛弃自己的传统餐具刀叉。他们更倾向于将刀叉与筷子组合起来一起使用，虽然组合可能会有变化——与筷子同组的可以是勺子和刀子、刀子和叉子，也可以是勺子和叉子。③比如，清朝宫廷使用的进餐工具有刀子、叉子和筷子。《满洲

---

① 索宁安《满洲四礼集·四时荐鲜杂仪》（清嘉庆元年版），台北：台联国风出版社，7页；另外该书提到满族用筷的地方多处。有关满族的饮食风俗和变化，参见李自然《生态文化与人：满族传统饮食文化研究》，北京：民族出版社，2002年；宋全、李自然《满族饮食节令性特点的表现及成因》，《黑龙江民族丛刊》1996年第3期；黎艳平《满族饮食文化》，《满语研究》1994年第2期。
② 吴振臣撰，赵江平校注《宁古塔纪略》，《龙江三纪》，哈尔滨：黑龙江人民出版社，1985年，246页。
③ 蒙古人、满族人以及其他游牧民族既用刀叉用筷子，更多的例证可参见蓝翔《筷子，不只是筷子》，129—135页。

四礼集》对此提供了文献证据，指出满族在婚丧礼的时候，供饭仪节要求同时放上匙箸和小刀：

> 二人捧饭桌上，供于床上，去盖单。二人捧汤饭匙、筯、小刀盒，分两边。上地平去盖。床前人取汤饭碗供桌上，再以匙插于饭碗上。筯平放于汤碗上，小刀放于桌上。右边二人捧饽饽桌，供于五供桌前，一人捧肉桌，放于饭桌右边。一人捧蒸食桌，放于左边。二人捧酒桌上地平，放于供桌前。①

吴振臣在《宁古塔纪略》中，对满族节庆时候的饮食礼俗，包括如何用小刀切肉，也有生动的描写：

> 凡大、小人家，庭前立木一根，以此为神。逢喜庆、疾病，则还愿。择大猪，不与人争价，宰割列于其下。请善诵者，名"叉马"，向之念诵。家主跪拜毕，用零星肠肉悬于木竿头。将猪肉、头、足、肝收拾极净，大肠以血灌满，一锅煮熟。请亲友列炕上，炕上不用桌，铺设油单，一人一盘，自用小刀片食。不留余、不送人。

书中还提到，那时满族男子腰带上，一定佩带着小刀匙子袋、火链带和手帕等物件。②满族是一支半游牧民族，明朝灭亡之后，乘隙入关，建立了清王朝。尽管入主中原，满族人并没有抛弃自己原有的饮食传统，而是将筷子与刀、叉结合起来使用。

---

① 索宁安《满洲四礼集·慎终集·供饭仪节》，7—8页。
② 吴振臣撰，赵江平校注《宁古塔纪略》，248，246页。

第 5 章

用筷的习俗、举止和礼仪

  两只筷子同时使用的另一个功能，是夹起小块食物；而夹这个词，太生硬、太强势了，因为只要将之提起，食物不用承受更多不必要的压力；用筷的动作，受其材质（木器或漆器）的影响而更为轻柔，显得如此精确、细致、小心，像母亲抱孩子时那样，使出的劲没有任何按压感。由此我们看见，对待食物需要毕恭毕敬……筷子从不用来扎、切、割，从不损伤食物，而是选取、翻动、传送。

——罗兰·巴特，《符号帝国》（*Empire of Signs*）

人如其食（Der Mensch ist was es isst）。

——德国谚语

  古人饮食用匙箸，见于传记者，历历可指。而我国之俗也然。自乱后中原大小将官征东士卒，前后出来者不知几千万，而

> 凡于饮食，不拣干湿，皆用箸，而匙则绝不用焉，未知自何时而然也。或云大明高皇帝遗训，未平陈友谅，饮食不敢用匙。示其必取之意，因以成俗，未知然否。①

尹国馨是明代的朝鲜使者。上面的观察出自他的《甲辰漫录》，这是一部完成于17世纪早期的旅华日记。朝鲜王朝每半年或每年向明王朝派遣文化、外交使团并向中国纳贡。这已经成为惯例，因为朝鲜王朝的统治者和中国人一样，相信儒家思想是理想的治国之道。这些朝鲜使臣年轻时学习儒家经典，他们留下的游记，为后世提供了关于明代社会各方面有价值的信息，其中便包括饮食文化和习惯。尹国馨的日记就是其中之一。有趣的是，饱读经书的他到了儒教发祥地中国后，很惊讶地看到，中国人并没有遵守《礼记》推崇规定的、他本人十分熟悉的就餐礼仪。他在那时所遇到的中国人，吃饭时只用筷子，并没有同时使用勺子，这让尹国馨吃惊不小。他不太明白这种（新的）用餐方式，也对听来的解释不怎么相信。

然而，用筷子取食谷物和非谷物食品，在17世纪的中国其实不是什么新鲜事了。一个多世纪前，朝鲜士人崔溥就已经在他的《漂海录》中写道，中国南北饮食风俗相同的地方在于，"同桌同器，轮箸以食"，筷子已成为中国人吃饭的唯一工具。②16世纪有机会到达中国南方的欧洲旅行者和传教士，也做出了同样的观察。1539—1547年，经印度来到中国南方的葡萄牙雇佣兵加莱奥特·佩雷拉（Galeote Pereira），闯到中国南海冒险，对中国人的饮食习惯做了如下评论：

---

① 尹国馨《甲辰漫录》，可检索韩国古典综合数据库（http://db.itkc.or.kr/itkcdb/mainIndexIframe.jsp）。
② 崔溥著，葛振家点注《漂海录》，195页。崔溥还写道，有人在饭桌上问他问题时，用筷子蘸了水在桌上写字，也显示那时筷子就是中国人的主要餐具，参见该书65页。

所有的中国人,像我们一样,习惯围坐在桌子旁吃饭,虽然他们既不用桌布也不用餐巾,依然很干净卫生。饭菜端进来放在桌子上之前,已经切割好了。他们用两根小棍进食,两手无须碰到肉食,就像我们用叉子一样,这样,他们就不太需要什么桌布了。中国人不但吃饭时讲礼貌,谈吐也很文雅,在这方面他们胜过了所有人。①

加斯帕·达克路士(Gaspa Da Cruz, 1520—1570)也来自葡萄牙,他是一位传教士。他对中国人用筷吃饭做了更为细致的描述,确切指明那时中国人用筷子不但吃菜,而且吃饭:

> 吃了水果之后就上了食物,都放在精致的瓷盘上,切割得利落干净,摆放得整整齐齐。……然后就有两根精致和细细的小棍,拿在手指上,用来吃饭。他们像用夹子那样来取食,所以手指就不接触食物了。而且,即使他们吃一碗饭,他们也用这两根棍子,米粒不会掉下来。②

正如本书第1章推测的那样,由于大米一直是中国南方人的主食,而且可以像肉片和蔬菜那样成团夹起,也许是为了方便和经济起见,南方人从古代起就只用筷子吃饭。但与上述这两位欧洲人不同的是,崔溥和尹国馨去了中国北方。什么时候北方人也开始习惯这种餐饮方式,日常饮食中不再用勺子来吃饭?换句话说,什么时候像今天看到的这样,筷子成为所有中国人唯一的餐具?这是一个有趣的、需要解释的问题。正如第3章所述,直到唐代,尽管越来越多的中国人

---

① 参见 C. R. Boxer ed., *South China in the Sixteenth Century*, 14。
② 同上书,141。

使用筷子，勺子仍然是吃饭（煮熟的谷物）的主要工具。如本书第3章所述，唐代诗歌中有很多描写当时的人用匙和箸吃饭的场景，而"匕箸"或"匙箸"作为词组同时并用的例子，在汉代至唐代的历史文献中，也曾频繁出现。譬如白居易《饱食闲坐》一诗，用了"箸箸适我口，匙匙充我肠"，形象地描述他用这两种餐具吃饭的情景：

红粒陆浑稻，白鳞伊水魴。
庖童呼我食，饭热鱼鲜香。
箸箸适我口，匙匙充我肠。
八珍与五鼎，无复心思量。
扪腹起盥漱，下阶振衣裳。
绕庭行数匝，却上檐下床。
箕踞拥裘坐，半身在日旸，
可怜饱暖味，谁肯来同尝。
是岁太和八，兵销时渐康。
朝廷重经术，草泽搜贤良。
尧舜求理切，夔龙启沃忙。
怀才抱智者，无不走遑遑。
唯此不才叟，顽慵恋洛阳。
饱食不出门，闲坐不下堂。
子弟多寂寞，僮仆少精光。
衣食虽充给，神意不扬扬。
为尔谋则短，为吾谋甚长。（《全唐诗》卷四五三）

《魏书》中说到了杨播与他兄弟杨椿、杨津之间亲密的关系，特别提到弟弟杨津一向极为尊重哥哥杨椿，两人都已经六十开外，但恭敬的态度毫不改变。他们吃饭时一定一起吃，而且杨津会将"匙箸"递给哥哥，让他先用餐：

> 播家世纯厚，并敦义让，昆季相事，有如父子。播刚毅。椿、津恭谦。与人言，自称名字。兄弟旦则聚于厅堂，终日相对，未曾入内。有一美味，不集不食。厅堂间，往往帏幔隔障，为寝息之所，时就休偃，还共谈笑。椿年老，曾他处醉归，津扶侍还室，仍假寐阁前，承候安否。椿、津年过六十，并登台鼎，而津尝旦暮参问，子侄罗列阶下，椿不命坐，津不敢坐。椿每近出，或日斜不至，津不先饭，椿还，然后共食。食则津亲授匙箸，味皆先尝，椿命食，然后食。（《魏书·杨播》）

李百药为唐初著名史家，他在《北齐书》中，为我们描绘了一个有趣的故事，也讲到勺子、筷子并用的情形：

> 瞻性简傲，以才地自矜，所与周旋，皆一时名望。在御史台，恒于宅中送食，备尽珍羞，别室独餐，处之自若。有一河东人士姓裴，亦为御史，伺瞻食，便往造焉。瞻不与交言，又不命匕筯。裴坐观瞻食罢而退。明日，裴自携匕筯，恣情饮啖。瞻方谓裴云："我初不唤君食，亦不共君语，君遂能不拘小节。昔刘毅在京口，冒请鹅炙，岂亦异于是乎？君定名士。"于是每与之同食。（《北齐书·崔瞻》）

名士魏兰根个性骄傲，在御史台做事的时候，常常独自享用美餐。未料遇到一个姓裴的同事，看他不请自己吃饭，第二天居然带了一套"匕筯"到他房间，自说自话地吃了起来。魏兰根看裴如此洒脱，两人便成了朋友。

上述"匕筯""匙箸"并用的例子，在汉代之后的诗文中屡见不鲜，可见当时中国人和今天朝鲜半岛的人一样，吃饭时勺子与筷子一起使用。

907年，唐王朝覆灭了，之后发生了什么使中国人到了明代，像崔溥和尹国馨观察的那样，渐渐放弃了勺子，而仅使用筷子吃饭了呢？事实上，这一用餐习惯的变化不仅发生了，还有中国人自己更早的记录。唐朝灭亡后，几个政权在几十年间争霸，直到960年宋朝建立。但宋王朝保卫其北部边疆不力。1127年，在抗金过程中遭遇重创，随后都城开封失守，徽、钦二宗双双被俘，史称"靖康之变"。孟元老是一位撤退到南方的汴京（开封）人。在其回忆录中，他追忆了开封曾经的繁华，留下了许多详细的描述。他提到，在酒店和餐馆吃饭时，就餐者"旧只用匙，今皆用箸也"。由于开封位于中国北方，孟元老的陈述表明，早在12世纪，只要在外吃东西，筷子已经成为北方人唯一的进食工具。而且从上下文来看，孟元老可能说汴京人不但用筷子吃面，而且还吃羹之类的食物：

> 吾辈入店，则用一等琉璃浅棱碗，谓之"碧碗"，亦谓之"造羹"，菜蔬精细，谓之"造齑"，每碗十文。面与肉相停，谓之"合羹"；又有"单羹"，乃半个也。旧只用匙，今皆用箸矣。更有插肉、拨刀、炒羊、细物料、棋子、馄饨店。及有素分茶，如寺院斋食也。又有菜面、胡蝶齑腊，及卖随饭、荷包、白饭、旋切细料馉饳儿、瓜齑、萝卜之类。①

---

① 孟元老《东京梦华录》，收入《东京梦华录（外四种）》，台北：大立出版社，1980年，27页。

这一描述与唐代的饮食习俗，显然有着很大的差别。《旧唐书》记载，唐代名将高崇文治军严明，他曾发布一道特别的军纪，要求士兵行军在当地旅店就餐时，不得折损那里的勺子和筷子："军中有折逆旅之匕箸，斩之。"（《旧唐书·列传第一百一·高崇文》）一方面可见高崇文治军之严格；另一方面也表明，在唐代，"逆旅"也就是旅店，同时提供勺子和筷子，不是像孟元老描写的那样，只供应筷子了。

　　人们对餐具的选择往往受制于所吃食物的类型。那么，我们需要考察一下，唐代以后北方人放弃勺子只用筷子，是不是因为吃的食物有所不同。孟元老提到，在开封，每位在餐馆吃饭的食客，都会改用筷子作为进食工具；但他的描述没有确切指出，除了面和羹，当时的人在饭馆是否还用筷子吃饭，也就是谷物做的粥，他称之为"水饭"的主食。

　　为此，我们需要看一下其他宋代人留下的诗文。第3章曾指出，唐代诗人常用"滑流匙"这样的术语来形容用匙吃饭。宋代诗人杨万里曾有《归去来兮引》，其中写道：

　　侬家贫甚诉长饥。幼稚满庭闱。正坐瓶无储粟，漫求为吏东西。偶然彭泽近邻圻。公秫滑流匙。葛巾劝我求为酒，黄菊怨、冷落东篱。五斗折腰，谁能许事，归去来兮。

　　老圃半榛茨。山田欲蕨蓁。念心为形役又奚悲。独惆怅前迷。不谏后方追。觉今来是了，觉昨来非。

　　扁舟轻风破朝霏。风细漫吹衣。试问征夫前路，晨光小，恨熹微。乃瞻衡宇戴奔驰。迎候满荆扉。已荒三径存松菊，喜诸幼、入

室相携。有酒盈尊,引觞自酌,庭树遣颜怡。(《诚斋集》卷九七)

与杨万里同时代的诗人陆游则有《朝中措》一词,其中也用类似"滑流匙"这样的术语:

> 湘湖烟雨长莼丝。菰米新炊滑上匙。
> 云散后,月斜时。潮落舟横醉不知。(《剑南诗稿》卷六〇)

另一位南宋诗人王千秋,有《鹧鸪天》一词,用"流匙滑"来形容吃饭:

> 翠杓银锅飨夜游,万灯初上月当楼。
> 溶溶琥珀流匙滑,璨璨蠙珠著面浮。
> 香入手,暖生瓯,依然京国旧风流。
> 翠娥且放杯行缓,甘味虽浓欲少留。(《审斋词》)

词人辛弃疾在老年也有《最高楼》一词,形容用匙吃饭:

> 吾衰矣,须富贵何时。富贵是危机。
> 暂忘设醴抽身去,未曾得米弃官归。
> 穆先生,陶县令,是吾师。
> 待葺个、园儿名佚老。
> 更作个、亭儿名亦好。
> 闲饮酒,醉吟诗。
> 千年田换八百主,一人口插几张匙。
> 休休休,更说甚,是和非。(《稼轩长短句》卷七)

这四首词,只有杨万里比较明确地写明,他吃的是粟做成的饭。不过,杨万里和陆游都是南方人,日常主食应该是大米,而不是小米,所以他们的描述,或许只沿袭了前人的习惯用法。这在中国传统诗歌写作中,颇为常见。当然还有另一种可能,那就是他们知书达礼、尊重传统,即使食用大米饭,也会使用勺子,而不是用筷子将其拨进嘴里。更重要的是,这四位诗人都比孟元老晚了大约一个世纪。如果他们仍然用匙吃饭,那么看来汉唐以来的饮食传统,仍然在宋代流行,即在食用谷物的时候,人们(或许至少大部分儒生)仍然倾向使用勺子。

不过,中外饮食史专家都倾向认为,唐宋之交,中国的饮食文化,经历了一个明显的变迁。这让我们有理由认为,孟元老的记述并非无中生有。饮食文化变化的结果是逐渐改变了中国人使用餐具的习惯,提高了筷子作为餐具的重要性。也许是因为他们自己喜欢大米饭,日本学者们指出,从宋代之后开始,中国人大多使用筷子吃面、吃菜,而且还吃饭,因为从那时开始大米饭变得越来越普遍了。20世纪50年代,日本汉学家青木正儿写作了《用匙吃饭考》一文,指出米饭的黏度决定了人们是否用筷子吃饭。他用宋代诗人汪藻的诗"流匙已厌青精滑"和"秋来云子滑流匙"来说明,那时的人还喜欢吃不黏的饭,达到我们上面所说的"滑流匙"的效果。青木正儿写道:"吃这样的饭,匙是很适当的餐具,这是不言自明的道理吧。"不过他在文章的结尾指出,这一情形到了明代就改变了,因为"南人取得天下,南人势力及于南北,用筷子吃饭之风也波及北方,终于南北都成了筷子的天下"。换句话说,中国北方人弃勺子不用、只用筷子的主要原因是稻米已经传到北方。青木特别指出,这种稻米属于粳稻品种,即他所说的"黏質米",自明代开始也在中国北方种植。①因为这个水稻品种具有黏性（不要与糯米相混淆，糯米通常用来制作节日食品），烹饪后更相融，用筷子就能轻易地成块夹起。

向井由纪子和桥本庆子在合著的《箸》一书中，引述了青木正儿的观点，但又指出，这一情形或许在元代就开始了。因为蒙古人的统治，许多汉人从河南开封一带逃亡到浙江等地。他们渐渐习惯吃大米，特别是较黏的粳米，由此形成了用筷子吃饭的风气。另一位日本学者周达生在其《中国的食文化》一书中也指出，在华北地区，中国人只用筷子进食的习俗始于元末即14世纪之后，由此引起了勺子和筷子作为餐具地位的互换——筷子从次要的、"筋"的位置，上升到了主要的位置。②日本学者的研究，有很大的启发性。他们或许从自身的饮食经验中得出了这一结论，因为粳米是日本人最常食用的水稻品种，而日本人日常饮食中只用筷子的习惯由来已久。不过如果我们突破一国、一族的角度，从整个筷子文化圈的视角考察，那么他们的论点也有可以修正的地方：食用大米确实促进筷子单独使用，但大米不一定非得是粳米。像日本人一样，越南人也大多把筷子当作进食的唯一工具，一日三餐不可或缺。在东南亚地区，由于地理位置和气候相似，籼稻很常见，尤其是在泰国，而越南人也食用不小比例的籼米。但籼米虽然黏度不及粳米，但没有妨碍越南人用筷子。更需要指出的是，至少从宋代开始，江南和东南沿海一带种植的稻米，并不都是青木正儿所说的"黏質米"——粳稻。

正如本书第3章所述，唐代北方地区（关中等地）的稻米种

---

① 青木正儿著，范建明译《用匙吃饭考》，《中华名物考（外一种）》，284—285页。
② 向井由纪子、桥本庆子《箸》，41—44页；周达生《中国の食文化》，125页。

植，比我们想象的更为广泛。毫无疑问，唐代以后，水稻作为粮食作物获得了更重要的地位。安德森注意到："在中国的宋代，谷物的重要性发生了一个明显的变迁，尽管无法用数据来证明。水稻变得极为重要，至少像现代中国一样，已经成为中国人的主要口粮。"他继续写道："中唐以后，借助于先进技术，小麦的种植继续增加。而在宋朝疆域之外的西北和北方，高粱的种植也在扩展。北方地区那时有游牧民族统治，小米仍然是主要的谷物，但也有稻米、小麦、大麦和其他谷物。但是，水稻是宋代神奇的作物。即使在占城稻被引入之前，其品种已经多样而且优质。"① 水稻的优势在于，只要气候允许，稻田的产出比其他作物产量更高。在参与编写《剑桥世界食物史》时，张德慈（Chang Te-tzu）写道："在平均产量的基础上，水稻比小麦和玉米每公顷生产更多的食物能量和蛋白质。因此，在同样单位面积的情况下，水稻能比其他两种主要作物养活更多的人。"② 水稻而且品种多样，籼稻的成熟时间通常就比粳稻短。6世纪以来，许多籼稻品种在东南亚便广泛种植，其中占城稻（在今天的越南中部和南部种植）尤其以早熟、高产著名。越南人称其为"快熟稻"，因为在亚热带地区占城稻可以一年收获两至三次。③ 1012年，宋真宗颁令，宋朝官方将占城稻推介给东南沿海地区的农民。被称为籼米的占城稻（及其变体）被广泛种植在长江和珠江流域，尽管自古以来在同一地区已经有其他籼稻品种生长。总之，从宋代起，稻米的食用与前代有了明显的增加，中国人开始种植、栽种多种水稻，而不会仅仅选用青木正儿所谓的粳稻。

再回到孟元老"今皆用箸也"的观察。自宋代开始，除了稻米

---

① 刘朴兵《唐宋饮食文化比较研究》，58页；E.N.Anderson，*The Food of China*, 65.
② Chang Te-tzu，"Rice," *Cambridge World History of Food*, Vol.1, 132.
③ Nguyen Van Huyen，*The Ancient Civilization of Vietnam*, 224.

消费量增加促成筷子地位的提升之外，那时中国的烹饪技术也有了质的飞跃。这一发展的结果正如孟元老所说，许多煮好的美食都可以甚至更方便用筷子取用了。美国汉学家迈克尔·弗里曼（Michael Freeman）提出，西文中的"cooking"和"cuisine"有明显的区别。美国食物基本只能属于前者，也就是烹煮、做饭而已，而后者（本来就是法语）可以用来指称法国菜，代表了一种烹调艺术——厨艺。弗里曼认为，正是在宋代，烹调或厨艺取代了以前的烹煮，成为一种艺术。其特点除了在于选用了新的食材，采用了新的技法之外，还有出现了一批能够欣赏、评价和挑剔餐饮的顾客群体。①

的确，以孟元老的《东京梦华录》为主，宋代文人留下了其他生动、丰富地描写汴京和临安（杭州）饮食生活和文化的作品。这些材料是弗里曼研究宋代饮食的重要依据。在对开封城市生活的追忆中，孟元老对其饮食文化之发达，赞不绝口，其得意、欣赏之情，跃然纸上。他写道，汴京的夜市，不止一处，如"州桥夜市"便是其中之一。那里供应饮食之丰富，读来令人垂涎：

> 出朱雀门，直至龙津桥。自州桥南去，当街水饭、爊肉、干脯。王楼前獾儿、野狐、肉脯、鸡。梅家鹿家鹅鸭鸡兔肚肺鳝鱼包子、鸡皮、腰肾、鸡碎，每个不过十五文。曹家从食。至朱雀门，旋煎羊、白肠、鲊脯、黎冻鱼头、姜豉、剁子、抹脏、红丝、批切羊头、辣脚子姜、辣萝卜、夏月麻腐、鸡皮麻饮、细粉素签、沙糖冰雪冷元子、水晶皂儿、生淹水木瓜、药木瓜、鸡头穰、沙糖绿豆甘草冰雪凉水、荔枝膏、广芥瓜儿、咸菜、杏片、梅子姜、莴苣、笋、芥、辣瓜旋儿、细料馉饳儿、香糖果子、间

---

① Michael Freeman, "Sung," *Food in Chinese Culture*, 143—145.

道糖荔枝、越梅、镞刀紫苏膏、金丝党梅、香枨元，皆用梅红匣儿盛贮。冬月盘兔、旋炙猪皮肉、野鸭肉、滴酥水晶鲙、煎夹子、猪脏之类，直至龙津桥须脑子肉止，谓之杂嚼，直至三更。①

因为食客众多，所以孟元老说："夜市直至三更尽，才五更又复开张。"除了几处热闹的夜市之外，还有许多酒楼和饭店、食铺。他对酒楼的描述，十分周到、细致：

> 凡京师酒店，门首皆缚彩楼欢门，唯任店入其门，一直主廊约百余步，南北天井两廊皆小阁子，向晚灯烛荧煌，上下相照，浓妆妓女数百，聚于主廊檐面上，以待酒客呼唤，望之宛若神仙。北去杨楼，以北穿马行街，东西两巷，谓之大小货行，皆工作伎巧所居。小货行通鸡儿巷妓馆，大货行通牒纸店白矾楼，后改为丰乐楼，宣和间，更修三层相高。五楼相向，各有飞桥栏槛，明暗相通，珠帘绣额，灯烛晃耀。初开数日，每先到者赏金旗，过一两夜，则已元夜，则每一瓦陇中皆置莲灯一盏。内西楼后来禁人登眺，以第一层下视禁中。大抵诸酒肆瓦市，不以风雨寒暑，白昼通夜，骈阗如此。州东宋门外仁和店、姜店，州西宜城楼、药张四店、班楼、金梁桥下刘楼、曹门蛮王家、乳酪张家、州北八仙楼、戴楼门张八家园宅正店，郑门河王家，李七家正店，景灵宫东墙长庆楼。在京正店七十二户，此外不能遍数，其余皆谓之"脚店"。卖贵细下酒，迎接中贵饮食，则第一白厨，州西安州巷张秀，以次保康门李庆家，东鸡儿巷郭厨，郑皇后宅后宋厨，曹门砖筒李家，寺东骰子李家，黄胖家。九桥门街市酒

---

① 孟元老《东京梦华录》，收入《东京梦华录（外四种）》，13—14页。

店，彩楼相对，绣旆相招，掩翳天日。政和后来，景灵宫东墙下长庆楼尤盛。①

汴京各种饭店、食铺供应的美食，形成了不同的烹调风格。《东京梦华录》记道：

> 大凡食店，大者谓之"分茶"，则有头羹、石髓羹、白肉胡饼、软羊、大小骨、角炙犒腰子、石肚羹、入炉羊、罨生软羊面、桐皮面、姜泼刀回刀、冷淘棋子、寄炉面饭之类。吃全茶，饶斋头羹。更有川饭店，则有插肉面、大燠面、大小抹肉、淘剪燠肉、杂煎事件、生熟烧饭。更有南食店，鱼兜子、桐皮熟脍面、煎鱼饭。又有瓠羹店，门前以枋木及花样启结缚如山棚，上挂成边猪羊，相间三二十边。②

也就是说，除了北方菜之外，还有四川菜和南方菜等其他菜系。

总之，孟元老记录的店铺，大都是汴京人常去的所在，包括廉价的面馆、嘈杂的茶坊、热闹的食店、高档的酒楼，还有喧闹夜市的小吃摊和小商贩。这些地方提供的食物，做法各式各样，从各种花样炖煮（用传统做法处理新食材），到新颖独创的热炒（显示这种相对较新的烹饪技术有了明显的改善）。可以想象，吃这些食物，加上面条和饺子，人们很自然地把筷子当作餐具，因为既经济又方便，而且它们可能由茶坊酒肆来提供。

开封显然不是宋代唯一热闹繁华的城市。"靖康之变"以后，

---

① 孟元老《东京梦华录》，收入《东京梦华录（外四种）》，15—16 页。
② 同上书，26—27 页。

宋撤退到南方，以临安（杭州）为新的都城，史称"南宋"。根据当时的记载，临安迅速成为各色酒楼食肆的聚集地，店家纷纷推出各种特色菜式，争相吸引顾客。吴自牧的《梦粱录》和孟元老的《东京梦华录》一样，是中国饮食史上的名著。该书对汴京和临安两城饮食文化的对比描写，让人印象深刻。书中描述临安的夜市，丝毫不逊于汴京：

> 杭城大街，买卖昼夜不绝，夜交三四鼓，游人始稀；五鼓钟鸣，卖早市者又开店矣。大街关扑，如糖蜜糕、灌藕、时新果子、像生花果、鱼鲜猪羊蹄肉，……又有虾须卖糖，福公个背张婆卖糖，洪进唱曲儿卖糖。又有担水斛儿，内鱼龟顶傀儡面儿舞卖糖。有白须老儿看亲箭掖闹盘卖糖。有标竿十般卖糖，效学京师古本十般糖。赏新楼前仙姑卖食药。又有经纪人担瑜石钉铰金装架儿，共十架，在孝仁坊红权子卖皂儿膏、澄沙团子、乳糖浇。寿安坊卖十色沙团。众安桥卖澄沙膏、十色花花糖。市西坊卖蚫螺滴酥，观桥大街卖豆儿糕、轻饧。太子坊卖麝香糖、蜜糕、金铤里蒸儿。庙巷口卖杨梅糖、杏仁膏、薄荷膏、十般膏子糖。内前权子里卖五色法豆，使五色纸袋儿盛之。通江桥卖雪泡豆儿水、荔枝膏。中瓦子前卖十色糖。更有瑜石车子卖糖麋乳糕浇，俱曾经宣唤，皆效京师叫声。日市亦买卖。又有夜市物件，中瓦前车子卖香茶异汤，狮子巷口燪耍鱼，罐里燪鸡丝粉，七宝科头，中瓦子武林园前煎白肠、灌肠、灌肺、岭卖轻饧，五间楼前卖余甘子、新荔枝，木杆市西坊卖焦酸馅、千层儿，又有沿街头盘叫卖姜豉、膘皮螃子、炙椒酸㸿儿、羊脂韭饼、糟羊蹄、糟蟹，又有担架子卖香辣罐肺、香辣素粉羹、腊肉细粉、科头、姜虾、海蜇鲊、清汁田螺羹、羊血汤、糊斋

海蜇螺头、斋馉饳儿、斋面等,各有叫声。……其余桥道坊巷,亦有夜市扑卖果子糖等物,亦有卖卦人盘街叫卖,如顶盘担架卖市食,至三更不绝。冬月虽大雨雪,亦有夜市盘卖。至三更后,方有提瓶卖茶。冬闲,担架子卖茶,馓子、慈茶始过。盖都人公私营干,深夜方归故也。①

事实上,由于杭州的地理位置优越,气候相对开封温暖,所以吴自牧注意到,有些饮食店,通宵达旦,从不关门,夜市结束之后,早市即刻登场:

最是大街一两处面食店及市西坊西食面店,通宵买卖,交晓不绝。缘金吾不禁,公私营干,夜食于此故也。御街铺店,闻钟而起,卖早市点心,如煎白肠、羊鹅事件、糕、粥、血脏羹、羊血、粉羹之类。冬天卖五味肉粥、七宝素粥,夏月卖义粥、馓子、豆子粥。又有浴堂门卖面汤者,有浮铺早卖汤药二陈汤,及调气降气及石刻安肾丸者。有卖烧饼、蒸饼、糍糕、雪糕等点心者。以赶早市,直至饭前方罢。及诸行铺席,皆往都处,侵晨行贩。和宁门红杈子前买卖细色异品菜蔬,诸般下饭,及酒醋时新果子,进纳海鲜品件等物,填塞街市,吟叫百端,如汴京气象,殊可人意。孝仁坊口,水晶红白烧酒,曾经宣唤,其味香软,入口便消。六部前丁香馄饨,此味精细尤佳。早市供膳诸色物件甚多,不能尽举。自内后门至观桥下,大街小巷,在在有之,不论晴雨霜雪皆然也。②

---

① 吴自牧《梦粱录》,收入《东京梦华录(外四种)》,242—243 页。
② 同上书,241—242 页。

除了吴自牧的《梦粱录》之外,《都城纪胜》《西湖老人繁胜录》等也是当时描述南宋首都临安饮食文化的作品。南宋诗人林升的《题临安邸》,最是脍炙人口:

山外青山楼外楼,西湖歌舞几时休?
暖风熏得游人醉,直把杭州作汴州。(《宋诗纪事》卷五十六)

林升讽刺了南宋王朝偏安一隅,不思进取的状况。可是,从饮食文化发展的角度来看,北宋和南宋的政权更迭,推动了中国饮食文化朝着多样化的趋势发展。不仅像水稻这样的南方作物在北方地区种植,而且在唐代努力的基础上,小麦等北方作物继续被推介到南方,得以更为广泛的种植。其中部分原因是为了满足跟随宋王朝南迁的北方人的需求。他们的饮食习惯也影响了南方居民:从那以后,甚至更早,小麦面粉的食品如面条、馄饨,也成为南方人的日常主食,即使大多数时候只是当作早餐和点心。吴自牧等人的描述,让我们有理由推论,饭食如此丰富、食客如此众多,加上杭州地处江南,制作木筷、竹筷十分容易,那里的食铺、饭店也会像孟元老形容的那样,只给顾客筷子而不是匕箸一起提供了。

法国汉学名家谢和耐(Jacques Gernet)较早从社会史、文化史的角度研究中国历史,著有《蒙元入侵前夜的中国日常生活》(*La Vie quotidienne en Chine à la veille de l'invasion Mongole*)一书,其中指出筷子在宋代已经成了人们主要的餐具了:

菜式的花色品种要比其数量更为重要。端菜时则使用上了漆的托盘。餐桌上摆放着筷子和汤勺,这一点就和现在的习惯一样;不过却见不到刀叉,因为所有的食物都已切得足够小了,只需用筷子夹起即可食用。由于仆役众多,工钱又低,所以从没有人想到要让进餐者自己动手去切肉,哪怕在廉价餐馆里也是如此。[1]

谢和耐没有指明他的观察根据的是什么具体史料,但他综合使用了孟元老、吴自牧等宋人的文献,加上西方史料,对临安餐饮之发达及其原因,做了十分详细的描述和分析。正如本书前几章所说,筷子作为餐具,其地位的提升反映了饮食文化变革的需要,比如吃面条和饺子,而自唐代开始,炒菜也渐渐进入了中国人的日常饮食,到了宋代更是如此。炒菜的一个必要条件是食物必须事先切小。在上述宋人留下的作品中,许多菜名显示是炒菜,如"炒兔""炒鸡""生炒肺""炒蛤蜊"和"炒白虾"等,当然一定还有贾思勰《齐民要术》中提到的炒鸡蛋。如此,宋人完全有可能把筷子作为主要的餐具,不仅因为它便宜、简易,而且因为吃面条、炒菜,勺子远不如筷子好用。

谢和耐在书中,也提到南宋首都临安,结合了南北的菜系:

> 当时杭州菜的做法如此花样迭出、美不胜收,有多种成因。由于幅员广大,中国有各种各样的地方风味。一旦大量难民和短期访问者从中国各地涌入杭州,便使该城拥有了若干种地方风味的烹饪方法。而其中最占主流的菜系,则是浙江菜和河南菜的结合,后者在北宋时期堪称京菜。……不过,杭州城内亦有专营种种地方风味食品的餐馆。四川菜馆做的菜大概是以辣椒著称;有

---

[1] 谢和耐著,刘东译《蒙元入侵前夜的中国日常生活》,南京:江苏人民出版社,1995年,102页。

的酒肆卖山东或河北风味的菜肴；另外还有所谓衢州（杭州以南250英里的一座城市）馆子，"专卖家常（虾鱼、粉羹、鱼面、蝴蝶之属）。欲求粗饱者可往，惟不宜尊贵人"。①

谢和耐犯了一个错误，辣椒要到明代才从美洲传入中国，所以那时的四川菜里不太可能放辣椒。但四川是稻米产区，与浙江类似，吃米饭配炒菜更为适宜，所以那时的川菜应该有不少炒菜品种。加上各种面食馆，筷子成为主要餐具势在必行。

唐宋之间的川菜虽然没有辣椒，但四川人的饮食习惯，却在另外一个方面深深影响了中国的饮食文化，那就是饮茶的普及。一般认为，饮茶的习俗从四川地区起源，到了唐宋期间则普及到了整个中国，之后还在很大程度上改变了整个世界的历史进程。譬如茶传到欧洲之后，从17世纪下半叶开始渐渐成了许多西方人日常生活的必需品。1776年发生的美国革命和1840年的鸦片战争，都直接或间接地与欧美人对茶的强烈需求相关。② 中国种茶、饮茶的历史当然可以追溯到更早的年代，但到了唐代才渐渐成为人们日常生活的一部分。陆羽《茶经》的写作，便是一个例证。作为世界历史上第一部关于茶的专著，《茶经》详细描述和解释了种茶、煮茶和品茶的整个过程。在煮茶的过程中，筷子便不可或缺。首先是"火筴"，即"火箸"。陆羽写道："火筴，一曰筯，若常用者，圆直一尺三寸，顶平截，无葱台勾锁之属，以铁或熟铜制之。"其次是"竹筴，或以桃、柳、蒲葵木为之，或以柿心木为之。长一尺，银

---

① 谢和耐著，刘东译《蒙元入侵前夜的中国日常生活》，98页。
② 此类研究在西方很多，可参见其中较新而且分量很重的一本：Erika Rappaport，*A Thirst for Empire: How Tea Shaped the Modern World*，Princeton：Princeton University Press，2017。

裹两头"。从陆羽的描述来看,"火筴"(火箸)应该用于拨弄木柴,所以较长;而"竹筴"是为了在煮茶的过程中用来夹取东西,类似筷子在其他烹煮场合的用处。① 所以自唐宋以来中国人饮茶习惯的养成,提升了筷子的重要性。

陆羽在《茶经》中追溯了茶在中国的历史:"茶之为饮,发乎神农氏,间于鲁周公,齐有晏婴,汉有扬雄、司马相如,吴有韦曜,晋有刘琨、张载、远祖纳、谢安、左思之徒,皆饮焉。滂时浸俗,盛于国朝,两都并荆渝间,以为比屋之饮。"② 他指出虽然远古时代人们就开始饮茶,但直到唐代,茶才成为"比屋之饮",也就是日常的饮料。唐代诗人刘禹锡有《西山兰若试茶歌》一诗为证,形象地描述了植茶、采茶、煎茶、备水、候汤、煎茶、饮茶、品味等多种情境,品调高雅:

> 山僧后檐茶数丛,春来映竹抽新茸。
> 宛然为客振衣起,自傍芳丛摘鹰嘴。
> 斯须炒成满室香,便酌砌下金沙水。
> 骤雨松声入鼎来,白云满碗花徘徊。
> 悠扬喷鼻宿酲散,清峭彻骨烦襟开。
> 阳崖阴岭各殊气,未若竹下莓苔地。
> 炎帝虽尝未解煎,桐君有箓那知味。
> 新芽连拳半未舒,自摘至煎俄顷馀。
> 木兰沾露香微似,瑶草临波色不如。
> 僧言灵味宜幽寂,采采翘英为嘉客。

---

① 陆羽著,沈冬梅编著《茶经》,北京:中华书局,2010 年,53、64 页。
② 同上书,93 页。

不辞缄封寄郡斋,砖井铜炉损标格。

何况蒙山顾渚春,白泥赤印走风尘。

欲知花乳清泠味,须是眠云跋石人。(《全唐诗》卷三五六)

到了宋代,饮茶更为普及,成了中国人日常生活的"七件事"之一。吴自牧在《梦粱录》中写道:"盖人家每日不可阙者,柴米油盐酱醋茶。"① 这句名言在许多诗文中不断出现,充分表现出茶到了宋代,已经是人们生活的必需品了。孟元老的《东京梦华录》记载,汴京的茶肆,多建于御街过州桥、朱雀门大街、潘楼东街巷、相国寺东门街巷等街心市井处,亦可见饮茶文化之发达。而饮茶文化在宋代的新发展是,饮茶不仅为了解渴、提神,在饮茶的过程中,还一边享受着美食。例如,今天广东人或其他南方人讲"饮茶",往往不是喝碗茶而已,而是与此同时食用各种各样的小吃。上引刘禹锡的诗作,对唐代人如何饮茶描写得十分细致,但没有提到食物,当然这很难说唐代人只是喝茶而已。但毫无疑问,一边饮茶,一边吃食的风俗,在宋代更为普遍。因为在孟元老的《东京梦华录》,特别是吴自牧的《梦粱录》中,茶肆、分茶(煮茶、煎茶,也指宋代的茶道)之类的字眼,频频出现。比如在孟元老的描述中,就有"大凡食店,大者谓之'分茶'"的说法,即喝茶与吃饭,在当时已经和今天一样,往往合为一体了。

换句话说,宋代人饮茶,与唐代人的习惯颇有区别。唐代诗人刘禹锡的诗作描写了唐代饮茶的过程,那么宋代诗人杨万里的《澹庵坐上观显上人分茶》一诗,则告诉了我们宋代人如何用开水冲茶,将之"分开",让其呈现千姿百态的过程:

---

① 吴自牧《梦粱录》,收入《东京梦华录(外四种)》,270 页。

> 分茶何似煎茶好，煎茶不如分茶巧。
> 蒸云老禅弄泉手，隆兴元春新玉爪。
> 二者相遇兔瓯面，怪怪奇奇真善幻。
> 纷如擘絮行太空，影落寒江能万变。
> 银瓶首下仍尻高，注汤作字势嫖姚。
> 不须更师屋漏法，只问此瓶当响答。
> 紫微仙人乌角巾，唤我起看清风生。……（《诚斋集》卷二）

但更重要的是，宋代人说的"分茶"不仅指一种冲茶的方法，更指他们在品茗的同时享受各种美食。根据孟元老的说法，食店大一点的才"谓之'分茶'"，可见那时的餐馆和现在一样，不但提供客人食物，而且一定供应茶水。这也就是说，一边饮茶，一边吃食在宋代社会已经颇为普遍。《东京梦华录》还提到了汴京几家著名的分茶店，如"李四分茶"和"薛家分茶"等。[①] 南宋耐得翁的《都城纪胜》，让人感觉这一新的饮食习惯，或许源自川菜的北移：

> 都城食店，多是旧京师人开张，如羊饭店兼卖酒。凡点索食次，大要及时：如欲速饱，则前重后轻；如欲迟饱，则前轻后重。重者如头羹、石髓饭、大骨饭、泡饭、软羊、渐米饭；轻者如煎事件、托胎、奶房、肚尖、肚胘、腰子之类。南食店谓之南食，川饭分茶。[②]

从上面的引文来看，茶、食并用的传统，有可能始自茶的起源

[①] 孟元老《东京梦华录》，收入《东京梦华录（外四种）》，12—13页。
[②] 耐得翁《都城纪胜》，收入《东京梦华录（外四种）》，93页。

地四川，逐渐普及其他地方。吴自牧的《梦粱录》的一段记述，对此有所佐证：

> 向者汴京开南食面店，川饭分茶，以备江南往来士夫，谓其不便北食故耳。南渡以来，几二百余年，则水土既惯，饮食混淆，无南北之分矣。大凡面食店，亦谓之"分茶店"。若曰分茶，则有四软羹、石髓羹、杂彩羹、软羊腰子、盐酒腰子、双脆、石肚羹、猪羊大骨、杂辣羹、诸色鱼羹、大小鸡羹、撺肉粉羹、三鲜大骨头羹、饭食。更有面食名件：猪羊生面、丝鸡面、三鲜面、鱼桐皮面、盐煎面、笋泼肉面、炒鸡面、大面、子料浇虾面、汁米子、诸色造羹、糊羹、三鲜棋子、虾棋子、虾鱼棋子、丝鸡棋子、七宝棋子、抹肉、银丝冷淘、笋燥斋淘、丝鸡淘、耍鱼面。①

这也就是说，原来只是川饭与分茶有密切关系，但宋朝南渡之后，面店也称为分茶，于是饮茶与吃饭更加合为一体了。吴自牧《梦粱录》卷十六中，还将茶肆置于所有饮食行业之前，然后是酒肆，再是分茶酒店和面食店等。从他对杭城茶肆的描绘中，看出那时的茶客，不但在那里饮茶，还参与和观赏各种娱乐活动。而分茶酒店则是他们一边饮茶，一边吃食的地方。有趣的是，《都城纪胜》说吃饭要根据饥饱的程度安排顺序，吴自牧则说点茶食也同样处理："凡点索茶食，大要及时。如欲速饱，先重后轻。"茶客或曰食客需要选择是决定先填饱肚子再细细品茗，还是以品茶为主，吃点心为辅（他在书中列出了好几十种茶食，此处

---

① 吴自牧《梦粱录》，收入《东京梦华录（外四种）》，267页。

不赘)。然后"又有托盘檐架至酒肆中,歌叫买卖者"的小吃,加上"荤素点心包儿"和各种"干果子"。① 遗憾的是,孟元老、吴自牧、耐得翁所列出的食物名称,其中许多在今天已经无法知道其食料和做法,但还是可以看出这些在茶坊、酒肆中享用的食品,大多是如今人们说的"小菜",而不是大鱼、大肉之类,用筷子夹取想来十分便利。就像今天广东人早中午饮茶,茶餐厅供应的大多数食品都可以用筷子夹取一样。

除了小吃和茶食,饺子、面食在宋代也更为普及,同样有助于提升筷子使用的重要性。正如第3章所述,汉代之后出现的牢丸,在宋代有时被称为牢九,应该是用面皮包馅的一种食品。陆游有"蟹馔牢丸美,鱼煮残残香",而苏轼则有"岂唯牢九荐古味,要使真一流天浆"的诗句。不过学界对牢丸究竟类似于今天的饺子、包子还是烧麦,仍然没有统一的意见。② 宋代诗人虽然还用牢丸或者牢九这样的名称,但在一般人的生活中,牢丸这个词那时似乎不再特别流行了;宋代人对诸面食已经发展出了其他的名称,与近代人的称呼愈益接近。孟元老的《东京梦华录》中多次提到了包子,还有馒头、馄饨、团子和果子,然后又说有"水晶皂儿"和"煎夹子"(有些饮食史专家认为是"水晶角儿"和"煎角子"③)。这些都是面皮包馅的食品。周密的《武林旧事》则在"果子"一节中有"饧角儿"(糖馅的饺子)、"蒸作从食"一节中更有"诸色包子、诸色角儿"的记载。④ 这里的"角儿",应该就是饺子。

---

① 吴自牧《梦粱录》,收入《东京梦华录(外四种)》,264—266 页。
② 邱庞同《中国面点史》,41—42 页。
③ 孟元老《东京梦华录》,收入《东京梦华录(外四种)》,12—14 页;另参见邱庞同《中国面点史》,109 页。
④ 周密《武林旧事》,收入《东京梦华录(外四种)》,446,448—449 页。

包子和饺子等面皮包馅的食品，那时大部分是"蒸作"的，显然比较烫手，而中国人一直有喜欢吃热食的习惯，所以使用餐具就十分必要，这个餐具看来就是筷子。宋代诗人杨万里有《食蒸饼作》一诗，提供了相应的证据：

> 何家笼饼须十字，肖家炊饼须四破。
> 老夫饥来不可那，只要鹘仑吞一个。
> 诗人一腹大于蝉，饥饱翻手覆手间。
> 须臾放筯付一莞，急唤龙团分蟹眼。（《诚斋集》卷十九）

诗人描绘吃饱了蒸饼之后，才放下筷子，莞尔一笑，显出了心满意足的样子。

元朝建立之后，各种饮食传统继续保持着相互碰撞融合的趋势。著名的《饮膳正要》一书，是中国饮食史上内容十分详备的养生医疗食谱。以饺子而言，周密说南宋有"诸色角儿"，而这一称呼在元代更为流行。《饮膳正要》中列有"水晶角儿""撇列角儿"和"时萝角儿"，并提供了颇为明确的食谱。比如水晶角儿的食料是"羊肉、羊脂、羊尾子、葱、陈皮、生姜（各切细）"，然后"入细料物、盐、酱拌匀，用豆粉作皮包之"。而撇列角儿则是"羊肉、羊脂、羊尾子、新韭（各切细）"，然后"入料物、盐、酱拌匀，白面作皮，鏊上炮熟，次用酥油、蜜，或以葫芦瓠子作馅亦可"。时萝角儿的做法也类似前面两种，只是放在滚水里面煮熟。[①] 这些角儿用羊肉做馅，显然反映了蒙古人的风俗，已经与今天人们包饺子十分类似了。人们吃饺子一般用筷子，所以元代筷子的用途，亦有扩展。更重要的

---

① 忽思慧撰《饮膳正要》（明景泰七年内府刻本）卷一。

是,"涮羊肉"向中原地区的传播,使得用筷变得更为重要。这道菜起源于蒙古族,很受汉族人的青睐,尤其是北方的居民。

1368年,朱元璋创立了明朝。在其统治初期,他将南方和西北地区的农民迁移至北方,以期恢复遭受战争蹂躏地区的农业生产;还出台了一系列政策,以求恢复、维持良好的灌溉系统,保证所有粮食作物(特别是水稻)的生长。这些措施使得南方食物和烹饪方式在北方地区传播或扎根。朱元璋死后,永乐皇帝朱棣迁都北京,进一步加强了南北之间的经济、文化联系。到了晚明,越来越多的官员来自江南,除了通过大运河从南方运来大量的稻米,朝廷还制定政策在北京郊区及其他地区种植水稻。[1]宋应星在《天工开物》中写道:

> 凡谷无定名,百谷指成数言。五谷则麻、菽、麦、稷、黍。独遗稻,以著者圣贤,起自西北故也。今天下育民人者,稻居十七,而来、牟、黍、稷居十三。麻、菽二者,功用已全入蔬饵膏馔之中。而犹系之谷者,从其朔也。[2]

安德森十分赞同宋应星的观点,他指出,明朝的谷物种植本身一如前朝,变化最多的是它们所占的比重:"大米变得更加重要,作为中国的主食,其重要性已经达到了现代水平。与此同时,小麦种植也逐渐向南扩张,面粉也随之成为一种重要的食物。"[3]这也就是说,与前朝相比,小米(黍、粟、稷等)已经逐渐不再成为中国人的主食了。明代游历到中国南方的葡萄牙传教士达克路士也指

---

[1] 伊永文《明清饮食研究》,台北:宏业文化事业有限公司,1997年,5—6页。
[2] 宋应星撰,董文校《校正天工开物》,台北:世界书局,1962年,1页。
[3] E.N.Anderson, *The Food of China*, 80.

出:"中国主要出产的是稻米,足够整个国家食用,因为有许多肥沃的稻田,每年能收二到三季。……[中国]也有很多很好的小麦,像葡萄牙人一样,中国人用来做出很可口的面包。在这之前,他们用面粉做糕点。"①

跨越近三个世纪的明朝是一个繁盛的时代,此时出现的许多小说反映出它的繁荣。这些小说提供了明确的证据,表明明朝人像来自朝鲜王朝的崔溥、尹国馨所观察到的那样,只用筷子进餐。冯梦龙是当时一位多产作家,他的小说记录了很多这样的事。他对描绘普通人的生活极感兴趣,尤其是生活在中国沿海城市的小市民。《醒世恒言》中有个故事,描述了一位卖油的年轻人秦重,一天在路上见到一位美丽的娇娘,原是一家妓院的"台柱子"。秦重打扮成书生,来到该妓院:

> 少顷之间,丫鬟掌灯过来,抬下一张八仙桌儿,六碗时新果子,一架攒盒佳肴美酝,未曾到口,香气扑人。九妈执盏相劝道:"今日众小女都有客,老身只得自陪,请开怀畅饮几杯。"秦重酒量本不高,况兼正事在心,只吃半杯。吃了一会,便推不饮。九妈道:"秦小官想饿了,且用些饭再吃酒。"丫鬟捧着雪花白米饭,一吃一添,放于秦重面前,就是一盏杂和汤。鸨儿量高,不用饭,以酒相陪。秦重吃了一碗,就放箸。九妈道:"夜长哩,再请些。"秦重又添了半碗。[《醒世恒言》(天启叶敬池刊本)卷三]

在冯梦龙的笔下,秦重用筷子吃饭,用酒盏喝酒,显示筷子是主要的食具。

---

① 参见 C. R. Boxer ed., *South China in the Sixteenth Century*, 131。

小说中另一个人物吴衙内也是个情种。有一次，他去私会情人贺小姐，在人家闺房里躲着，饿了一整天。最后贺小姐吩咐人送饭到她房里：

> 那吴衙内爬起身，把腰伸了一伸，举目看卓上时，乃是两碗荤菜，一碗素菜，饭只有一吃一添。原来贺小姐平日饭量不济，额定两碗，故此只有这些。你想吴衙内食三升米的肠子，这两碗饭填在那处？微微笑了一笑，举起箸两三趠，就便了帐，却又不好说得，忍着饿原向床下躲过。秀娥开门，唤过丫鬟又教添两碗饭来吃了。[《醒世恒言》（天启叶敬池刊本）卷二八]

这两段记述，都清楚地点明明朝人用筷子食用大米饭。水稻是江南的主要粮食作物，而苏州是这一地区的重要城市，作为土生土长的苏州人，冯梦龙用小说证实，中国的南方人已习惯用筷子吃饭了。

明代小说还透露出，北方的中国人那时也用筷子吃大米饭。典型的例子是《金瓶梅》，写于16世纪末，作者真名不可考。故事大概发生在山东，因此书中的相关描述，为我们提供了当时北方人的饮食习惯和风俗。其中有这样一个情节，西门庆的小妾李瓶儿不幸早亡，送葬之后西门庆来到她的房中。李瓶儿的丫鬟流着泪为他摆上饭菜。为了安慰她们，西门庆"举起箸儿来：'你请些饭儿！'行如在之礼。丫鬟养娘都忍不住掩泪而哭"（《金瓶梅》卷一三）。显然，像西门庆这样的北方人不仅吃大米饭，还会用筷子吃。

随着人们在北方种植水稻，食用稻米，"大米饭"一词开始出现在明代文献中。或许是因为从颗粒大小而言，稻谷大于小米，因此北方人开始称呼稻米做的饭为"大米饭"，而将他们传统吃的粟米、黍米饭称为"小米饭"了。在今天的中国北方，这两种说法仍然流行，因为他们仍然在日常生活中食用这两种谷物做成的粥饭。《金瓶梅》经常提到如何做米饭，还引用这样的格言"先下米，先吃饭"①。然而有趣的是，小说中描述的"饭"通常被称为"汤饭"。这一说法表明，北方人煮稻米饭时，会像做小米那样，可能仍然喜欢将其煲成粥。除了米饭，《金瓶梅》中的人物也吃其他谷物。为了成全自己的风流韵事，西门庆几乎日日设宴，宴席上摆满各种美食。用各类谷物制成的食物有馒头、煎饼、面条和米饭，食物品种比江南更加多样。但是无论他们吃的是什么饭，软硬如何，西门庆和他邀约的客人都会用筷子来取食，再加上一个酒盏或茶杯，但不会用到勺子（《金瓶梅》卷一二）。② 上面提到的葡萄牙传教士达克路士的描述也提供了相应的证据：

> 因为他们（中国人）吃饭非常干净，手绝不碰到肉，所以他们不需要桌布或餐巾。所有的食物都切好整齐地放在桌上。他们也有一只小的瓷杯，用来喝一口酒，为此常有一个侍者在桌旁［添酒］。他们这么喝酒，因为他们的食物都切成一口大小，所以喝酒也是一口一口地喝。③

换句话说，除了酒杯，达克路士并没有提到中国人吃饭使用勺子。

另一位 16 世纪来到中国的西班牙教士马丁·德拉达（Martin de Rada，1533—1578），则提到了那时的中国社会，饮茶极为普遍：

> 他们（中国人）互访的时候，先相互鞠躬然后坐下，仆人

---

① "先下米，先吃饭"在《金瓶梅》中出现过四次，分别在卷四、卷一五、卷一八。
② 小说中，吃喝的场景大都提到酒杯和筷子，而非勺子。
③ 参见 C. R. Boxer ed., *South China in the Sixteenth Century*, 142。

便会捧上一个托盘，上面放了茶杯，有多少人在座就有多少只茶杯，里面是热水。这些热水与一种有点苦的药草一起煮开，杯里还有一个小小的蜜饯。他们吃蜜饯和喝这个热水。虽然我们一开始不喜欢喝热水，后来却渐渐习惯了并有点喜欢上了，因为这是每次造访的时候首先捧上的东西。①

德拉达虽然不知道"茶"的名字，但他的描述是欧洲人对中国饮茶习俗的最早记录之一。

由于喝茶、饮酒与吃饭的结合（所以中国现在讨论食物，喜欢用"饮食"这个词语），餐具的使用也有了明显的变化。也许从宋代开始，至少到了明、清两代，中国餐具的组合使用已经从"匕箸"的组合，转变成了"杯箸"或"钟箸"的组合。"杯箸""钟箸"的称呼，常见于明、清小说中。如冯梦龙的《醒世恒言》中讲到，有位才子钱青，帮助表兄相亲，到了女方家：

> 钱青见那先生学问平常，故意谭天说地，讲古论今，惊得先生一字俱无，连称道："奇才，奇才！"把一个高赞就喜得手舞足蹈，忙唤家人，悄悄吩咐备饭要整齐些。家人闻言，即时拽开桌子，排下五色果品。高赞取杯箸安席，钱青答敬谦让了一回，照前昭穆坐下。三汤十菜，添案小吃，顷刻间摆满了桌子，真个呲嗟而办。（《醒世恒言》卷七）

女方家的主人高赞，取出杯箸而不是匕箸待客。同书还讲到一位刘公开的酒店，也有同样的表述：

---

① 参见 C. R. Boxer ed., *South China in the Sixteenth Century*, 287。

> 那老儿把身上雪片抖净,向小厮道:"儿,风雪甚大,身上寒冷,行走不动。这里有个酒店在此,且买一壶来荡荡寒再走。"便走入店来,向一副座头坐下,把包裹放在桌上,那小厮坐于旁边。刘公去暖一壶热酒,切一盘牛肉,两碟小菜,两副杯箸,做一盘儿托过来摆在桌上。(《醒世恒言》卷十)

可见,对外营业的酒店同样为客人准备的是杯箸。

《金瓶梅》中没有"杯箸",但"钟箸"出现了九次。"钟"即"酒盅"的意思。比如该书第五十八回,说到西门庆设宴招待官府中的来客:

> 平安进来禀道:"守备府周爷来了。"西门庆慌忙迎接。未曾相见,就先请宽盛服。周守备道:"我来要与四泉把一盏。"薛内相说道:"周大人不消把盏,只见礼儿罢。"于是二人交拜毕,才与众人作揖,左首第三席安下钟箸。下边就是汤饭割切上来,又是马上入两盘点心、两盘熟肉、两瓶酒。周守备谢了,令左右领下去,然后坐下。一面觥筹交错,歌舞吹弹,花攒锦簇饮酒。(《金瓶梅》卷一二)

第六十七回中,西门庆再度请客:

> 不一时,孟玉楼同他兄弟来拜见。叙礼已毕,西门庆陪他叙了回话,让至前边书房内与伯爵相见。吩咐小厮看菜儿,放桌儿筛酒上来,三人饮酒。西门庆教再取双钟箸:"对门请温师父陪你二舅坐。"来安不一时回说:"温师父不在,望倪师父去了。"西门庆说:"请你姐夫来坐坐。"(《金瓶梅》卷一四)

朝鲜士人在明清之际来访中国撰写的《燕行录》，也清楚地表明，那时中国人吃饭只用筷子和杯子。李宜显（1669—1745）的《庚子燕行杂识》有如下的记载：

> 朝夕之馈，或饭或粥。男女围一卓（桌）而坐。各以小器分食。一器尽，又添一器，随量而止。飨宾。主客共一卓，客至数人，亦不别设。但于每人前，各置一双箸、一只杯。从者持壶斟酒，随饮随斟。杯甚小，两杯仅当我国一杯。而亦不顿饮，细细呷下。寻常饭馔，村家不过一碟沉菜，富家则盛设，而不过是炒猪肉热锅汤之类，无他异味。所谓热锅汤，以羊猪牛鸡卵等杂种乱切相错，烹熬作汤，略如我国杂汤，素称燕中佳馔，而膻腻之甚，不堪多啜。又有所谓粉汤者，即我国水面，而和以酱水，入鸡卵，亦热锅汤之类，而稍淡不甚腻。凡饮食，皆用箸不用匙，然匙亦有之，以磁造而柄短斗深，箸则以木造，或牙造。[①]

明朝灭亡之后，清朝崛起，对东亚士人是不小的冲击。李宜显的上述描述，颇带鄙夷的眼光，因为在他眼里，清朝代表了一种蛮夷文化。但透过他的记载，还是可以看到一些重要的信息，那就是满族饮食对中国北方饮食的影响（如热锅汤之类）。而更重要的是，虽然饭匙已经不用了，但汤匙却出现了。换句话说，明清之际，勺子又以另一种形式回到了中国人的餐桌上。

清代小说中，杯子或酒盅与筷子的组合，更为常见。如《红楼梦》第五十回，讲到荣国府的女眷加上宝玉在正月雪天饮酒作诗，

[①] 李宜显《庚子燕行杂识》，可检索韩国古典综合数据库（http://db.itkc.or.kr/itkcdb/mainIndexIframe.jsp）。

贾母也来凑热闹：

> 贾母来至室中，先笑道："好俊梅花！你们也会乐，我来着了。"说着，李纨早命拿了一个大狼皮褥来铺在当中。贾母坐了，因笑道："你们只管顽笑吃喝。我因为天短了，不敢睡中觉，抹了一回牌想起你们来了，我也来凑个趣儿。"李纨早又捧过手炉来，探春另拿了一副杯箸来，亲自斟了暖酒，奉与贾母。贾母便饮了一口，问那个盘子里是什么东西。众人忙捧了过来，回说是糟鹌鹑。[1]

探春为贾母奉上的是杯箸，供她吃喝。杯子不但是为了饮酒，也为了饮茶。当然，虽然形状类似，酒杯与茶杯依然有所区别，特别是明清两代。《红楼梦》第三十八回讲到贾母到藕香榭赏菊花：

> 一时进入榭中，只见栏杆外另放着两张竹案，一个上面设着杯箸酒具，一个上头设着茶筅茶盂各色茶具。那边有两三个丫头煽风炉煮茶，这一边另外几个丫头也煽风炉烫酒呢。贾母喜的忙问："这茶想的到，且是地方，东西都干净。"湘云笑道："这是宝姐姐帮着我预备的。"贾母道："我说这个孩子细致，凡事想的妥当。"[2]

以上情节显示，人们围坐在桌子旁边，使用杯子饮茶或是喝酒，然后用筷子共享桌上的菜肴，因为无论饮茶还是喝酒，中国人

---

[1] 曹雪芹、高鹗《红楼梦》，北京：人民文学出版社，1972年，620—621页。
[2] 同上书，457页。

都习惯佐以小菜,于是"杯、箸"最符合"饮、食"的需要,成了最便利的组合。

这些小说还有助于说明,在那个时代,中国人已经习惯同桌共享食品。崔溥的《漂海录》已经提到明代的中国人"同桌同器,轮箸以食"①。而 16 世纪来到中国的达克路士在这方面也提供了佐证:

> 中国人特别讲究吃,每餐都有很多菜。人们同桌吃鱼吃肉,而底层人有时将鱼肉放在一起煮。菜都一起摆在桌上,每个人可以按个人的喜好取食。贵族和文雅之士吃饭、交谈和衣着都很讲礼节,而普通人则有些不雅的行为。②

这种同桌吃饭的饮食习惯,看来已经是明代的日常生活,并与早期(如汉唐时期)的饮食习俗形成了鲜明的对比。汉代的石刻和壁画显示,那时中国人吃饭时,不用桌椅,席地而坐;饭菜要么放在前面的席子上,要么放在一只带有矮足的托盘里(托盘称为"食案",最先出现在汉代文献《盐铁论》卷五中)。现代汉语中,"宴会"还被称为"宴席",表现了古代习俗的残余影响。这种饮食传统好像在整个唐代或多或少地保持下来。不过,从一些唐代绘画中也可以看到,人们已经开始坐在长凳上,围着大桌子一起用餐。不过他们似乎仍然吃已经分在自己碗盘里的食物。

然而,唐代之后,随着越来越多的人选用筷子作为饮食工具,渐渐出现了一种新的饮食习惯:进餐者坐在围着桌子的椅子上,桌上放着供大家品尝的菜肴。中国的食品专家称这种新的用餐方式为

---

① 崔溥著,葛振家点注《漂海录》,195 页。
② 参见 C. R. Boxer ed., *South China in the Sixteenth Century*,141。

"合食制",这与早期的"分食制"相反。合食制的出现会不会也促使中国人多用筷子而不是勺子？刘云认为确实是这样，他引证称，明清时期筷子的平均长度超过25厘米，比以前要长一些。筷子适当加长，进餐者就可以夹取桌子中间的菜品。[①]（值得一提的是，在重庆，火锅是当地的美食。火锅店会为食客提供更长的筷子，以便他们从锅中夹起食物。）比较而言，在日本合食制很少见，所以日本筷子较短（18—20厘米），正好可以佐证刘云的观点。日本人喜欢"銘銘膳"（一人一席），每个人的碗盘里预先盛好饭菜。

对中国古人而言，分食比合食更实际，因为他们要坐在地板上用餐（像日本人习惯坐在榻榻米上），将食物端给他们比较合理。如果人在地板上爬着去取房间中间的食物，那就太尴尬也太麻烦了。当然，几个人围着一张小矮桌一起用餐也是可能的，不过如果食物种类较多，空间有限，也不是很方便。而宋代之后，中国人的餐饮文化日渐发达，一食多菜、一餐多味逐渐为人所爱，而一个人的食量有限，因此大家合坐一起，品味不同的菜肴，似乎是一个自然合理的选择。

不过，合食制的流行有一个物质文化的前提，那就是桌椅的使用，尤其是椅子。中国古代没有椅子，这种用具是在汉代由游牧民族或胡人传入中原的。汉灵帝要求一切胡化，其中包括"胡床"（或称"胡座"）的流行。"胡床"可能是用动物皮做的，用木制的腿支撑，轻便、可折叠，类似今天的户外椅。椅子可能从游牧民族骑马用的马鞍演变而来。据当时的文献记载，魏晋时期胡床逐渐被中国人特别是富人所接受。（《搜神记》卷七）随着使用者越来越多，"胡床"便被改为"交床"，去掉了"胡"这个前缀；而"交床"这个词则表现出坐在上面的人双腿交叉的情形。但是"床"字仍然表示，这个坐具更

---

① 刘云主编《中国箸文化史》，327页。

像是一张凳子，没有靠背。而唐代绘画中就描绘了凳子的形象。(《贞观政要》卷十六) 李白的著名诗句"床前明月光，疑是地上霜"中的"床"，应该不是现代意义上的睡床，而是那时的坐具。

凳子加高后，再安上后背，就成了一把椅子。汉语中的"椅子"首次出现在唐代。[①]《韩熙载夜宴图》是五代十国时期南唐画家顾闳中等的作品，从中可以看到唐至五代十国时椅子的形制种类。椅面足够高，人坐在上面，两腿能够向下伸直；有了椅背，身体可以靠着休息。也就是说，当时的椅子已经和今天的椅子一样了。韩熙载是南唐名臣，屡拒宰相之职，其文采诗情颇受世人推崇。图中他设宴款待宾客，数盘菜摆放在众人面前的长方形桌子上。这张桌子比他们坐的椅子高一些，看起来更像现代的咖啡桌。桌子上还放着筷子和酒杯。这幅画表明，韩熙载和朋友们一道宴饮，但估计并没有实行合食制。

合食制在后来的确出现了，首先在人们的家里被采用。河南禹县白沙宋墓的壁画中，一对中年夫妇相对而坐，桌上放着食物、筷子、酒杯，显然是在一起吃饭的场景。画上的方形桌大大高于《韩熙载夜宴图》中的桌子。王仁湘写道："饮食方式的改变，确实是由高桌大椅的出现而完成的。"[②] 但合食制究竟从何时开始，还是有不同的说法。赵荣光、刘朴兵认为，合食制始于宋代，因为这一时期的烹调技艺有了很大的进步。赵荣光写道："合食制的普及是在宋代，餐桌上食品的不断丰富，已不适应传统的一人一份的进食方式，围坐合食也就成了自然而然的事情。"[③] 刘朴兵则以小说作为证

[①] 检索维基百科发现，有的唐代文稿提到了"椅子"。"椅子"还出现在尉迟偓写于10世纪的《中朝故事》中。
[②] 王仁湘《饮食与中国文化》，285 页。
[③] 赵荣光《中国饮食文化概论》，219 页。

据,描述宋代人坐在一起分享食物的情景。《水浒传》中的主角宋江是12世纪农民起义军的领袖,他带领梁山众英雄反抗宋朝。他们经常坐在一张大桌子旁,一起大块吃肉、大碗喝酒。① 但是该书写于14世纪,即元明之际,因此有可能将当时的饮食方式移接到了宋代。不过如上面提到的宋墓壁画所示,合食制起源于宋代,应该是较少疑问的,只是普及程度的问题。

即便《水浒传》所描写的饮食场景不能用来证明宋代的饮食文化,但它至少提供了元、明两代的情况。像《醒世恒言》《金瓶梅》等明代小说一样,《水浒传》中的许多段落显示,人们那时不但合桌吃饭,而且只用筷子。《水浒传》第二十七回讲到武松杀了潘金莲之后,被判刑发配,路上遇到张青、孙二娘开的饭店:

> 只见那妇人(孙二娘)笑容可掬道:"客官,打多少酒?"武松道:"不要问多少,只顾烫来。肉便切三五斤来,一发算钱还你。"那妇人道:"也有好大馒头。"武松道:"也把二三十个来做点心。"那妇人嘻嘻地笑着,入里面托出一大桶酒来,放下三只大碗,三双筋,切出两盘肉来。一连筛了四五巡酒,去灶上取一笼馒头来放在桌子上。两个公人拿起来便吃。②

武松一行三人,孙二娘给了他们三双筷子用餐,并不见勺子。同书第三十八回讲到宋江与戴宗、李逵初次见面,三人一同去酒肆中喝酒吃鱼:

---

① 刘朴兵在《唐宋饮食文化比较研究》一书中,认为合食制始于宋代,参见该书313—322页。需要指出的是,《水浒传》是一部元代小说。
② 施耐庵《水浒》,北京:人民文学出版社,1972年,321页。

戴宗便唤酒保，教造三分加辣点红白鱼汤来。顷刻造了汤来，宋江看见道："美食不如美器。虽是个酒肆之中，端的好整齐器皿。"拿起筯来，相劝戴宗、李逵吃。自也吃了些鱼，呷了几口汤汁。李逵也不使筯，便把手去碗里捞起鱼来，和骨头都嚼吃了。宋江看见忍笑不住，再呷了两口汁，便放下筯不吃了。戴宗道："兄长，已定这鱼腌了，不中仁兄吃。"宋江道："便是不才酒后，只爱口鲜鱼汤吃。这个鱼真是不甚好。"戴宗应道："便是小弟也吃不得，是腌的不中吃。"李逵嚼了自碗里鱼，便道："两位哥哥都不吃，我替你们吃了。"便伸手去宋江碗里捞将过来吃了，又去戴宗碗里也捞过来吃了。①

　　宋江赞扬了酒肆餐具之好，而粗犷豪迈的李逵则弃筷不用，径直用手在鱼汤里取食，让宋江觉得既好笑又好气，便放下筷子不吃了。

　　中国人接受合食制应该是一个渐进的过程。到了明代，合食制显然已相当普遍。明朝对越南行使一定的管辖，所以当时越南人有可能也采用了合食制。第4章提到的越南史家阮文喧，这样描述他们的饮食习俗："所有准备好的菜，都切成了小块，供大家食用，每个人均用自己的筷子取食"。② 为方便大家共用菜肴，从明代起，餐桌的尺寸大了很多。像《金瓶梅》这样的明代小说提到的餐桌有两种——炕桌和八仙桌。这两个词最初出现在明代文献中。["方桌"出现在宋代，但主要不是用于就餐（陈骙《南宋馆阁录》）。] 炕桌，顾名思义，是一种放在炕上的桌子。炕（满语为"nahan"）是用砖或烧制的黏土建成的，在冬天可以利用炉灶

---

① 施耐庵《水浒》，444页。
② Nguyen Van Huyen , *The Ancient Civilization of Vietnam*, 212.

的烟气通过炕体烟道采暖,使房间暖和起来。炕通常占房间的三分之二(约2米×1.8米),不仅晚上用来睡觉,还有其他用途,比如白天在上面吃饭。换句话说,炕桌(通常是方形或者长方形的)白天放在炕中央,全家人在上面用餐,或招待客人;晚上睡觉时便被挪到一边,靠墙放着。今天,有些生活在北方的汉族人、朝鲜族人和满族人仍然使用炕和炕桌。用炕桌就餐时,大多数人盘坐桌旁,还有人则坐在炕边的凳子上。小说《金瓶梅》中,西门庆及其妻妾们多是这样进餐的。第八十六回中,有这样的描述:"薛嫂买将茶食酒菜来,放炕桌儿摆了,两个做一处饮酒叙话。"第九十回则这样写道:

> 不一时,一丈青盖了一锡锅热饭,一大碗杂熬下饭,两碟菜蔬,说道:"好呀,旺官儿在这里。"来昭便拿出银子与一丈青瞧,说:"兄弟破费,要打壶酒咱两口儿吃。"一丈青笑道:"无功消受,怎生使得?"一面放了炕桌,让来旺炕上坐。摆下酒菜,把酒来斟。(《金瓶梅》卷一八)

这种使用炕桌吃饭、娱乐的描绘,比比皆是。① 该小说还多次提到八仙桌,特别是用来大宴宾客的时候。② 第六十一回中,说到西门庆与众人共度重阳节:

> 话休饶舌,又早到重阳令节。西门庆对吴月娘说:"韩伙计前日请我,一个唱的申二姐,生的人材又好,又会唱。我使小厮

---

① 检索中国基本古籍库,"炕桌"多次出现在《金瓶梅》中,如卷四、卷五、卷六、卷一五、卷一八。
② 检索中国基本古籍库,"八仙桌"在《金瓶梅》中出现了六次。

接他来,留他两日,教他唱与你每听。"又吩咐厨下收拾肴馔果酒,在花园大卷棚聚景堂内,安放大八仙桌,合家宅眷,庆赏重阳。(《金瓶梅》卷一三)

第八十九回中讲到寺庙的聚会,也有如下的描述:

长老教小和尚放桌儿,摆斋上来。两张大八仙桌子,蒸酥点心,各样素馔菜蔬,堆满春台,绝细春芽雀舌甜水好茶。众人吃了,收下家活去。(《金瓶梅》卷一八)

顾名思义,八仙桌比炕桌大,长宽大约均为1.2米,足够八个人舒适地围坐下来一起吃饭。南方没有炕,八仙桌似乎更常见。冯梦龙的《醒世恒言》就从来没有提到过炕桌。如上所引,秦重去妓院找心上人,受到款待,品尝、享用摆在八仙桌上的食物、水果、甜点等。实际上,这部小说只要描写吃喝,总会提到八仙桌,这表明八仙桌在南方是十分常见的。(《醒世恒言》卷三)八仙桌能坐八个人,所以除了吃饭之外,还可以有其他用途。与冯梦龙齐名的明代小说家凌濛初,他在《二刻拍案惊奇》中描绘了几个赌徒,有一次外出,居然发现几个美女在赌博:"窗隙中看去,见里头是美女七八人,环立在一张八仙桌外。桌上明晃晃点着一枝高烛,中间放下酒榼一架,一个骰盆。盆边七八堆采物,每一美女面前一堆,是将来作注赌采的。"(《二刻拍案惊奇》卷八)到了清代,八仙桌的使用更加普遍。《儿女英雄传》《小五义》等,便数次描绘了八仙桌的多种用途。

清代学者王鸣盛追溯了餐桌在中国的演变,特别是八仙桌的由来,描述如下:

> 今人所用桌，盖与胡床同起，古人坐于地下，籍席前据几，坐席固不用椅，而几则如《书》所谓"冯玉几"、《诗》所谓"授几有缉御"之类，其制甚小，今桌甚大，俗名"八仙桌"，谓可坐八人同食，与几虽相似，实大不同。……合而考之，周、汉以前席地坐冯几，寝则有床，汉末三国坐始有胡床，几制亦大变，文作"机"，然尚无小交椅，直至唐末五代始有之。[1]

王鸣盛所言表明，在他生活的时代，八仙桌是最常见的餐桌。直到今天，在中国很多地方，人们家中基本都备有八仙桌。八仙桌长期受青睐的原因不但因为它除了能坐八个人以外，还可以摆放许多食物。从明代起一直到整个清代，中国人口稳步增长，大约从15世纪不到一亿人上升到18世纪末的三亿多人。1712年，康熙皇帝取消人头税，无疑推动了家庭规模的扩大，八仙桌几乎成了许多大家庭必不可少的陈设。而人口的增长在明代已经开始，部分原因是从美洲引进了"新世界作物"（玉米、番薯、土豆等），降低穷人的死亡率。廉价劳动力越来越多，而贫富差距依然存在，富人们追求奢侈品，包括高级美食和其他"奢侈之物"。这一时期出现了大量的鉴赏文献，记录下这种"奢靡之风"的发展。八仙桌的流行便是物证，证实了这一风尚在当时社会的影响。[2]

同样合桌吃饭，南方人多用八仙桌，而北方人则用炕桌。《红楼梦》中描述吃饭的场景时，多次提到炕桌。如《红楼梦》第六

---

[1] 王鸣盛《十七史商榷》卷二四，上海：上海书店出版社，2005年，171—172页。
[2] 杰克·古迪在《中国饮食文化起源》一文中，指出了明代形成了"奢靡之风"，参见《第六届中国饮食文化学术研讨会论文集》，2—4页。同时参阅 Craig Clunas, *Superfluous Things: Material Culture and Social Status in Early Modern China*, Urbana: University of Illinois Press, 1991；Timothy Brook, *The Confusions of Pleasure: Commerce and Culture in Ming China*, Berkeley: University of California Press, 1998。

回提到刘姥姥首次进荣国府,等候拜见贾母,心中忐忑,有这么一段:

> 刘姥姥屏声侧耳默候。只听远远有人笑声,约有一二十妇人,衣裙窸窣,渐入堂屋,往那边屋内去了。又见两三个妇人,都捧着大漆捧盒,进这边来等候。听得那边说了声"摆饭",渐渐的人才散出,只有伺候端菜的几个人。半日鸦雀不闻之后,忽见二人抬了一张炕桌来,放在这边炕上,桌上碗盘森列,仍是满满的鱼肉在内,不过略动了几样。板儿一见了,便吵着要肉吃,刘老老一巴掌打了他去。①

同书第六十三回提到宝玉与晴雯、袭人等一起喝酒吃饭,也用的是炕桌:

> 这里晴雯等忙命关了门,进来笑说:"这位奶奶那里吃了一杯来了,唠三叨四的,又排场了我们一顿去了。"麝月笑道:"他也不是好意的,少不得也要常提着些儿。也提防着怕走了大褶儿的意思。"说着,一面摆上酒果。袭人道:"不用围桌,咱们把那张花梨圆炕桌子放在炕上坐,又宽绰,又便宜。"说着,大家果然抬来。麝月和四儿那边去搬果子,用两个大茶盘做四五次方搬运了来。两个老婆子蹲在外面火盆上筛酒。②

总之,桌椅的使用与中国人逐渐采用合食制相关。合食制使

---

① 曹雪芹、高鹗《红楼梦》,74 页。
② 同上书,804 页。

就餐者坐在自己的位置上就能品尝到多个菜肴。筷子的灵活性，有助于这种用餐方式，特别是当菜是炒的或炖的，食物都被切成了小块时，人们也可以在一盘菜里，共享多种食物。上文提到的颇受欢迎的"涮羊肉"，就是一个典型的例子。吃涮羊肉，筷子必不可少，因为需要将食物放进桌子中央的火锅中烹煮。筷子灵活方便，可以用它夹取适量的肉片、蔬菜放进锅中，在热汤中涮好后，再夹起来，蘸上酱汁，最后送到嘴里。相比之下，用勺子很难完成以上任务。

传说涮羊肉的发明归功于忽必烈，他是成吉思汗的孙子、元朝的创立者。据说，有一次作战时他特别想吃炖羊肉（常见的蒙古族做法）。厨师做这道菜的时候，忽必烈的军队遭到了攻击。为了节省时间，厨师将羊肉切成薄片，将其丢入沸水中快速烹煮，然后撒上盐和调料。忽必烈很快把羊肉全都吃掉了，并大赞味道。对许多中国人来说，涮羊肉是典型的火锅。但是火锅也像炖菜，数百年来是亚洲常见的菜式。南宋林洪曾写过一部名叫《山家清供》的食谱，提到他曾在雪天去拜访隐居武夷山的高人。隐士用兔肉做成一道叫作"拨霞供"的菜招待他：

> 向游武夷六曲，访止止师。遇雪天，得一兔，无疱人可制。师云：山间只用薄批，酒、酱、椒料沃之。以风炉安座上，用水少半铫，候汤响一杯后，各分以箸，令自筴入汤摆熟，啖之乃随意各以汁供。因用其法。不独易行，且有团栾热暖之乐。
>
> 越五六年，来京师，乃复于杨泳斋（伯嵒）席上见此，恍然去武夷如隔一世。杨勋家，嗜古学而清苦者，宜此山家之趣。因诗之"浪涌晴江雪，风翻晚照霞"。末云"醉忆山中味，都忘贵客来"。

猪、羊皆可。

《本草》云：兔肉补中，益气。不可同鸡食。①

根据林洪的描述，这道菜的做法就像涮羊肉：先把冻兔肉切得薄薄的，再将肉片放进滚开的汤中。他还提到，当时在场的每个人得了一双筷子，自己夹了肉片，蘸上酱料来吃。这也是现在吃涮羊肉的常见方式。林洪指出，除了兔肉，人们也会用同样的方法烹饪猪肉、羊肉等。山顶上寒冷的天气方便将肉处理成肉片。几年后，他在临安（今杭州）的餐馆看到了相同的烹饪方法，尽管他没有说明用的是什么肉。

无论是涮羊肉还是一般火锅的做法，还是食物主料（羊肉）的处理方式，都表明这种做法更加受游牧民族的欢迎。与南方人相比，北方人尤其是游牧民族食用更多的动物肉——羊肉、猪肉或牛肉。他们也喜欢吃热食，常吃火锅正好应和这一点。进餐者从热汤中夹起刚煮熟的食物，将其送入口中。煮火锅的一个重要的步骤是先把肉冷冻起来，这样就可以切得很薄；放入锅中，冻肉片就会在滚开的肉汤中嘶嘶作响，并迅速卷起。在冰箱发明之前，很难在温带和亚热带地区将肉冻起来，因此这种吃法必然起源于北方或山区。清王朝建立后，正是满族人将涮羊肉在北方推广开来。虽然比起羊肉，满族人更喜欢猪肉，但清朝宫廷偶尔也会换换口味，吃吃涮羊肉。随着时间的推移，北京及周边地区的民众也开始接受涮羊肉。

除了吃涮羊肉，满族人也研发了自己的火锅，即用他们最喜爱的猪肉片、大白菜以及其他配菜一起炖煮，如酸菜白肉。韩国

---

① 林洪《山家清供》，北京：中国商业出版社，1985 年，48 页。

人也喜欢火锅——"신설로""찌개",前者更像中国的火锅,将火锅置于桌子中央炖煮,而后者则更像是羹,往往事先煮熟。日本人也流行吃火锅或"鍋物"。"鍋物"也有两种:一种是"涮涮鍋",其做法与亚洲大陆的涮羊肉等火锅相似;另一种是"壽喜燒",这种似乎更具日本风味,也可能掺杂了葡萄牙或欧洲其他国家的因素。这两种火锅的主料是切成片的牛肉或其他动物肉,无论是"涮涮鍋"还是"壽喜燒",都可以看到日本料理中所受的现代影响,因为18世纪前日本人很少吃动物肉。但在一口锅里将食物(鱼、海带、蔬菜、蘑菇、豆腐等)炖煮成一顿丰盛的汤(如"鍋物"),这种烹饪方式在日本一定历史很悠久了,因为煮是世界各地常见的烹饪方法。

合食制中,特别是吃火锅时,筷子比勺子更方便,它们在桌子上摆放的位置也有了调整。唐代壁画中,筷子被平放在桌子上。在明代绘画里,筷子是垂直放置的,指向桌子中间的菜,好像准备夹取这些菜。在合食制或多或少通行的中国、韩国和越南,这种摆放形式今天极为普遍。但不同的是,保留分食习惯的日本人依然把筷子平放在桌上,就像将筷子平放在便当盒里。在拿起筷子将面前的食物送进嘴里时,这一动作主要是水平的,按传统要求用右手拿筷子,是从右向左的。有趣的是,日本人吃涮涮锅或寿喜烧时,有时也将筷子垂直地放着,这样可以面对着桌子中央的食物。

明朝人开始把筷子垂直放在桌上,可能也是因为要遵从皇帝的要求。明清的历史文献记录了这样一件事:朱元璋建立明王朝之后,邀请了一些名士来"侍膳"。一位来自越州山阴(今浙江绍兴)名叫唐肃的儒生饭毕,"拱箸致恭为礼"。朱元璋不解其中的含义,便问道:"此何礼也?"唐肃回答道:"臣少习俗礼。"朱元璋并不赏识此礼,怒斥道:"俗礼可施之天子乎?"结果,唐肃被贬,发配到濠州守城去了。① 事后来看，唐肃也许并没有错，因为他可能遵循的是旧时推崇的传统饮食礼仪。（第 4 章曾提到，此礼可能源于佛教寺庙，日本人今天依然会这么做，只是往往在餐前，而不是餐后。）然而，明太祖为此恼怒，也许是因为他出身贫寒，承认自己不识旧礼太尴尬了。

这一事件表明，随着合食制在中国社会中的广泛采纳，筷子使用方式和餐桌礼仪也发生了变化。但在中国以外的地方，一些传统习俗流传下来，直到今天保存完好。上述唐肃双手执筷向皇帝行礼致谢，就是一个例子。唐是浙江绍兴人，而江南一带与日本相对来往较多，所以今天日本社会仍然可见双手执筷行礼的习俗，也许起源于中国（至少那时的中国人也有类似的食礼），但在明代之后渐渐为人所忘却了。另一个例子是，按照社会规范，现代的韩国、朝鲜人仍然使用成套的勺子和筷子进餐，遵循了中国的古礼。今天，将筷子和勺子放在一起出售，在韩国十分常见，筷子文化圈的其他亚洲人会对此感到很意外。也就是说，当年崔溥、尹国馨等人来到大明王朝，见到中国人不再用勺子进食，感到十分震惊。今天前往韩国的中国人发现在这里买筷子必须得买勺子，可能也会像崔溥他们一样，惊讶不已！韩国的这种匕箸合用的习俗，在今天的筷子文

---

① 引自蓝翔《筷子，不只是筷子》，82 页。此事王仁湘在《饮食与中国文化》272 页也有记载，王引用的是清人梁章钜的《浪迹续谈》，其中有《横箸》一节，书中的"唐肃"写作"俞肃"。梁引用的是徐祯卿《翦胜野闻》："太祖命俞肃伺膳，食讫横箸致恭，帝问曰：'此何礼也？'肃对曰：'臣少习俗礼。'帝曰'俗礼可施之天子乎？'坐不敬，谪戍。"查《明史》，有唐肃，但没有俞肃。有关唐肃有这样的记载："唐肃，字处敬，越州山阴人。通经史，兼习阴阳、医卜、书数。少与上虞谢肃齐名，称会稽二肃。至正壬寅举乡试。张士诚时，为杭州黄冈书院山长，迁嘉兴路儒学正。士诚败，例赴京。寻以父丧还。洪武三年用荐召修礼乐书，擢应奉翰林文字。其秋，科举行，为分考官，免归。六年谪佃濠梁，卒。"（《明史·文苑一》）。《明史》虽然没有写他面见明太祖时，由于横箸而受斥、受贬一事，不过的确说他在任上被免任流放。

化圈是独一无二的现象。

还有一个例子是，日本人吃饭时普遍沿用"銘銘膳"。某种程度上说，今天日本社会十分普遍的便当（特别是午餐），正是日本人坚持旧时饮食习俗的象征。在中国古代，盛放在托盘上的食物称为"膳"（日语读作"ぜん"），这个词通常指一餐。因此，"銘銘膳"意味着每个人都有自己的食盘。用各自的食盘必然会有各自的碗筷。在日本，一双筷子通常被称为"一膳"，表示一盘饭菜配一双筷子。随着时间的推移，食盘变成了食盒或便当盒，方便携带。便当的制作反映了日本烹饪的影响。例如，便当盒中的食物放置在分隔间里，强调了食物的视觉呈现，这是日本料理的传统。便当是便携式的，便当盒小到可以拿在手中，这样，放在盒子里的筷子也要短一些，这也是日本筷子的另一个特征，大多数日本筷子较其他地区的筷子要短。[①] 最后，便当承继"銘銘膳"的传统，单独包装。从 14 世纪起，这种就餐方式就成为日本独有的，因为中国人、越南人和朝鲜人、韩国人都或多或少地采用了合食制。相比之下，许多日本家庭仍然为家人准备一人一席的饭菜，认为用自己的筷子在尚未分装的公共菜盘里挑拣食物令人生厌，这种做法在日语中被叫作"直箸"，即直接用自己的筷子在公共菜盘里夹菜，是不可接受的，特别是在公共餐馆与客人一起用餐时。日本人希望大家用"取り箸"或公筷将菜肴夹取到自己的碗盘里。

合食制似乎导致了共用筷子的使用。除了日本之外，全家人

[①] 向井由纪子、桥本庆子《箸》，205—208 页；原田信男著，刘洋译《和食与日本文化（日本料理的社会史）》，香港：三联书店，2011 年，63—68 页；参见徐静波《日本饮食文化》，85—88 页。也有中国学者指出，日本人用的筷子较短是因为独特的用餐习惯，参见吕琳《中日筷箸历史与文化之探讨》，《科技信息》2008 年第 10 期，115—117 页；李庆祥《日本的箸与文化：兼与中国筷子文化比较》，《解放军外国语学院学报》2009 年第 5 期，94—97 页。

共用餐具很常见。餐前,每个人从筷筒或抽屉里随机拿起一双筷子或一把勺子。但是在日本,这更像是在餐馆用餐(餐桌上的插筒里装有筷子供大家取用),而日本家庭里的每个人都有自己的筷子和其他餐具(勺子、碗盏等)供日常使用。这些筷子的形状、质量、长度明显不同,反映了使用者在家庭中的地位和性别。例如,成年人使用的筷子往往比孩子们的质量更好一些,因为孩子们可能用起来不太小心。还有性别差异:家庭女性成员用的筷子往往较短小,因为女性的手一般比较小;比起男性家庭成员使用的筷子,女性使用筷子的颜色可能更丰富、装饰程度更高,"夫婦箸"(夫妻筷)正是这样。在其他国家里,这些做法也不同程度地存在。在中国、韩国、越南,很可能家里的年长者备有自己的碗筷。但每个家庭成员都有自己的饮食工具,这种情况在除日本之外的地区是比较罕见的。

公筷或"取り箸"最先由日本人开始使用,近来越来越受到韩国人、中国人的青睐,现在越南人在社交和正式场合也会使用公筷。不过在陶宗仪编的《说郛》一书中,有这样的记载,说宋高宗赵构"在德寿宫,每进御膳,必置匙筯两副,食前多品择所爱者,别筯取置一碟中,食之必尽。饭亦用别匙减而后食。吴后尝问其然,曰'不欲以残食与宫人辈吃',其惜福如此"(《说郛·坦斋笔衡》)。明代文人田汝成的《西湖游览志余》,转录了这段记载:"高宗在德寿,每进膳,必置匙箸两副,食前多品择其欲食者,以别箸取置一器,食之必尽……吴后问其故,曰'吾不欲以残食与官人食也'。"[《西湖游览志余》(文渊阁四库全书本)卷二] 田汝成删去了"其惜福如此",使得寓意有了变化。前者说的是宋高宗生怕宫人分享他的食物,沾他的福气。而田汝成删去了最后一句,似乎显得宋高宗顾怜宫人,不让他们吃他剩下的"残食"。上引文献,距宋高宗的时代有二三百年之久，可信度较低。不过，明代合食制已经普遍流行，田汝成之所以"托古"叙事，或许反映出"公筷"的概念，已经在那时一些人的脑中形成。他们已经感觉到，大家都在一个碗盘里取食，不是很礼貌、干净。但是像许多社会现象一样，一个概念从萌生到付诸实施乃至普及应用，往往需要经过很长一段时间。合食制长期在日本之外的地区盛行，可见大多数人对共享食物，并不反感。

今天的中国人和越南人不像日本人那么普遍地使用公筷。有时候主人若要为客人夹菜来表达好客之心，会将筷子掉个头，用没有碰过嘴的那端把食物递给客人（不过这一做法对有些人来说，也是用筷的禁忌之一）。第2章讨论过，得体地取食而不影响他人的胃口，古代中国人对此很讲究，《礼记》中便有很多详细的规定，一个基本的理念就是："夫礼之初，始诸饮食。"（《礼记·礼运》）古人很早就知道，一个人的吃相反映了他的教养，而教养的培养始于日常饮食习惯。在筷子文化圈，随着筷子成为越来越重要的取食工具，形成了多个不成文却得到公认的礼仪，主要内容如下：

（1）不要用筷子制造噪声（特别是别把筷子含在嘴里嘬），不要用筷子召唤他人，不要拿筷子指指点点。把玩筷子被视为缺乏教养，甚至是一种下作的做法。

（2）不要用筷子在盘子里翻腾、寻找、挑拣喜欢的食物。

（3）不要用筷子去拨、推碗盘。

（4）不要用筷子来把玩自己的食物或大家共享的菜肴。

（5）不能用筷子刺戳食物，除非万不得已——分开大块食物如鱼、蔬菜、泡菜等。不太正式的场合，难以夹取的小块食物如圣女果、鱼丸可以戳，但这么做可能也会让人不悦。

(6) 不能将筷子竖着插在饭菜中。亚洲人给先人上香、祭拜才会这样做，丧葬礼仪用直立的筷子向逝者供奉食物。①

这些禁忌反映了三个方面的考虑。首要的是防止任何脏乱、令人生厌的就餐行为，这些行为弄脏了食物也破坏了他人的食欲。这些规则是跨文化的，可以与亚洲以外其他文化的餐桌礼仪相比较。其次是有关筷子的使用说明，即如何正确地用筷子取食，以免打扰和冒犯他人。在同一张桌子上用筷子（或勺子或两者）与他人共享食物，如何做到方式正确常常比较困难。因此，有必要在下文中进一步讨论。再次是与筷子相关的文化和宗教问题和意义，这一话题将在下一章讨论。

具体地说，日语中的某些术语可以用来描述几种常见的筷子使用禁忌，亚洲大多数使用筷子的人对这些行为都很反感，尽管他们的饮食习惯和传统差异很大。例如，筷子上粘有米饭或其他食物残渣，或者用筷子取食物时掉到或滴到桌子上，这些都很失礼。后者在日语中被称为"涙箸"。此外，还有"探り箸""迷い箸""移り箸"。"探り箸"是指用筷子翻找食物，而不是迅速果断地夹上一口。"迷い箸"的意思是手拿筷子，不知如何下手才好。"移り箸"指用筷子不停地吃菜，更合适的方法应是饭与菜交替着吃。日本人也看不惯将筷子长时间放在嘴里发出噪声的人，他们称之为"ねぶり箸"——嘬箸。

中文也有用筷禁忌的规则，表述上有些许不同。比如在"百度"网稍加搜索，就能看到用筷十大禁忌："迷筷、翻筷、刺筷、

---

① 此处用筷指南参见维基百科（英语）"chopsticks"（2012年8月15日检索）。之所以引用维基百科上的相关材料，是为现在人们检索方便。

拉筷、泪筷、吸筷、别筷、供筷、敲筷和指筷"。"迷筷"和"翻筷"指的是用筷夹菜的时候，不是举棋不定，就是在菜盘里到处翻挖；"刺筷"是指用筷子戳进食物中；"拉筷"是指用筷子撕扯、分开食物；"泪筷"就是在夹取的时候，食物汤汁滴答流下；"吸筷"指把筷子放在嘴里吮吸；"别筷"指用筷子当牙签；"供筷"就是讲筷子直立竖在碗中；"敲筷"是用筷敲打碗盘或桌子；"指筷"是指在吃饭时，用筷子对人指指戳戳。这些术语与日文比较类似，因为日文大致吸收了中文的表述。[①]

当然，中华文化之博大精深，用筷的禁忌还有更文雅、更复杂的表述。除了上述十大忌讳之外，更有十二大禁忌：三长两短、仙人指路、品箸留声、击盏敲盅、执箸巡城、迷箸刨坟、泪箸遗珠、颠倒乾坤、定海神针、当众上香、交叉十字、落地惊神。[②]这些禁忌，有些与"泪箸""敲箸"和"迷箸"等相似，有些则与就餐的礼节关系较小，如"仙人指路"（执筷是食指跷起）、"交叉十字"（将筷子交叉放在桌上）、"落地惊神"（失手将筷子掉在了地上）等，更多体现了一种迷信思想。这些举止引起了反感，是因为有些人视其为不祥的朕兆。

为避免这些不礼貌的行为，需要先学会正确、得体地拿筷子。过去几个世纪中，人们确实想出了使用它的有效方式，整个筷子文化圈几乎都这么用筷，导言已经对此作了简要说明。不过现在的孩子在成长过程中，有时可能不能在家里由大人教会正确的握筷方式，所以韩国的一些学校甚至设置训练课程，教孩子们如何用筷子吃饭。为了鼓励儿童使用筷子，1980 年日本创立了筷子节（每年 8

---

① 在百度检索"用筷十忌"。另参见李庆祥《日本的箸与文化：兼与中国筷子文化比较》。
② 在百度检索"箸"。

月4日，因为这一天的日语发音，与"箸"几乎一样），最先是由一些日本地方政府提出来的，现在已经扩展到整个日本。① 日本人还为儿童设计制作了用来练习的筷子，两根筷子的顶端相连并留有一定的间隔，上面一根有两个小环，可以把食指和中指套进去以便正确地握住两根筷子。

的确，正确使用筷子的方法长期以来已经约定俗成。根据以往的经验，要想用筷子牢牢地夹住食物，最好让两根筷子之间保持一定的距离，只需要移动上面那一根就可以夹了。这就是为什么日本训练筷的上面那根有两个环，食指和中指可以插入其中。下面那根什么也没有，它只需安心地握在手中。这一切都是为了熟练地迅速将食物夹起提走，尽可能避免接触其他食物，同时避免让食物掉到或滴落在桌子上。艾米莉·波斯特（Emily Post）著有畅销书《礼仪》（*Etiquette*, 1922），她写道："所有餐桌礼仪规则的制定，均是为了避免尴尬局面，让别人看到嘴里的食物令人生厌，吃饭发出噪音像头动物，将食物弄得乱糟糟则令人恶心。"② 也就是说，就餐礼貌行为的起源和演变，主要是为了营造并保持整洁舒适的就餐环境。这是一个在许多文明中受到普遍关注的问题。诺贝特·埃利亚斯曾写道："当人们从'文明'这一概念追溯到'礼貌'这一概念时，立刻就会找到文明进程和西方国家所经历过的人类行为的实际变化的踪迹。"③ 西方社会是这样，其他地区的文明也有类似的演变过程，就餐礼仪的形成是人类文明进程的重要部分。

以"泪箸"为例。不论是邋遢还是因为缺乏使用筷子的技巧，

---

① 《韩国开设筷子课》，《河北审计》1995年第12期。有关日本的筷子节，参见www.subjectknowledge.us/Wikipedia-960158-Japanese-chopsticks-Festival.html。
② 引自 Giblin, *From Hand to Mouth*, 64。
③ 参见诺贝特·埃利亚斯著，王佩莉译《文明的进程》第一卷，129—130页。

这种行为在筷子文化圈极其令人厌憎，让人感到脏乱、不洁，破坏了就餐环境，弄得大家不愉快。防止此类行为的发生，不同地方有不同做法。在中国和越南，一般鼓励或要求进餐者像平常一样用筷子将食物从公共餐盘移到自己的碗里，然后再将其送进口中。要这么做，有时会将自己的碗拿近菜盘。靠得越近，食物滴漏在其他菜盘或桌子上的机会就越小。不过，在韩国，人们不能接受把饭碗从桌上拿起来。为了避免"泪箸"，在吃带有汤汁的食物时，他们不用筷子而用勺子。出于同样的理由，他们也习惯使用勺子吃米饭。因为如果饭碗不能从桌上端起，那么用筷子从碗中夹起米饭送进嘴里，途中饭粒就有可能掉下来。因此，在朝鲜半岛的有些家庭中，有的人会将米饭先从饭碗里取到汤碟中，再将汤碟移至嘴边，但不管怎样都得用勺子进食。这种非正式的吃法，可能表示朝鲜半岛的人仍然习惯吃泡饭，同时也解释了他们选用勺子取食的原因。

朝鲜半岛的人不会从桌子上将饭碗拿起来，端在手上。这种行为据说与乞讨有关，因为乞丐在讨要食物时会这么做。为了防止饭粒在运送过程中落下，朝鲜半岛的人能够接受吃饭时低着头。这么做是为了缩短嘴与碗盘之间的距离。但中国传统一般反对低头进餐，因为这样做会让人有猪吃食的联想。中国人会挺直地坐着，将饭碗从桌上端起，再用筷子把米饭拨入口中，越南人和日本人也一样。不过，这两种习俗背后的观念是一致的，减少用筷子运送食物的距离，以免滴漏或造成"泪箸"的情形。日本人、越南人和中国人在日常生活中往往只使用筷子来夹取饭菜，所以，他们会把碗端到嘴边以免食物滴漏，从而使就餐过程始终保持整洁。有时也会用勺子来吃东西，像吃汤面条（如拉面）时可以同时使用勺子和筷子。可在朝鲜半岛，虽然这两种餐具总是配套使用，但一次只允许使用其中之一。按照习俗，手里（通常是右手）要么拿着勺子要么拿着筷子，但不能一手拿筷子一手拿勺子，同时吃菜又吃饭。

正如一则谚语所言："人如其食。"也许，我们也可以说"人如其吃"，吃饭的行为能反映他的教养甚至品德。餐桌礼仪是为所有坐在一起进餐的人设立的，以便大家能愉快地享受食物，不会被奇怪的、不合规矩的行为打扰，倒了胃口。对于个人来说，遵守公认的餐饮习俗通常意味着顾全自己的面子，因彬彬有礼而赢得尊重，最起码避免被别人看低。将饭碗举到嘴边，正确的方法是打开手掌，用四根手指拿碗，而把拇指放在碗边。有必要时可将拇指扣在碗上。而乞丐在讨要食物时，可能是为了让自己显得卑微，会用五根手指握住碗底。敲碗是另一个禁忌，这是乞丐为吸引他人注意才做的。

总之，就餐应尽力避免粗鲁、不雅的行为，应温文尔雅，努力学习、采纳更精致的进餐方式。朝鲜半岛的人坚持同时使用勺子和筷子、更喜好金属餐具是这方面很好的例证。在被问及这两种餐饮习俗的起源时，今天许多韩国人会回答，这些偏好承续了朝鲜王朝的"양반/兩班"（贵族）的餐饮习惯。儒家思想是当时的主导思想，朝鲜贵族沿袭古代儒家礼仪，只用筷子夹取盘中的食物，而不会用筷子来吃主食。对"양반/兩班"而言，用筷子将米饭塞进嘴巴很不文雅，因此是不可接受的。许多朝鲜半岛的文人把中国看作朝鲜王朝的文化卓越典范，难怪尹国馨看到明代中国人经常只用筷子进食，吃惊不小。贵族阶层也大多使用金属餐具，这使这些餐具特别是银餐具，在朝鲜半岛成为身份的象征，至今仍然有着持久的影响力。

但就餐饮礼仪的发展来说，并不总依据上层阶级来设定标准。餐桌礼仪和饮食习俗的演变，常常表明社会阶层之间的相互影响和交流。把筷子当作唯一进食工具这个习惯的形成，以及人们对合食制的接受，大概都可以证明这一点。至少在中国，这两种情形似乎都遵循着自下向上的发展过程。即使今天，高档饭店正式晚宴的桌上不仅备好勺子和筷子，食物也很有可能由服务员分送到每个人的盘中。进餐者会很小心，不把自己的餐具伸进公用的菜肴。正如本章开头提到的那样，12世纪时，在饭馆就餐的宋代人已经开始只用筷子进餐，但南宋文人陆游、杨万里等人仍然形容他们像唐朝文人那样，用勺子舀米饭。导言也提到，在今天的朝鲜半岛，虽然使用勺子和筷子是社会规范，但是许多人也倾向于用筷子夹米饭，尤其是在家吃饭时。在日本，合食制是不常见的，因此如上所述，"直箸"（用自己的筷子直接到公共菜盘里取食）是无法令人接受的。但既然日语中有这个词，那就意味着，这种行为并不像人们想的那么少见，因为有些日本人认为，在家里吃饭时这是可以的，而且自己也会这么做。①

毋庸置疑，虽然就餐需要遵守既定的规范，包括保持良好的卫生习惯，但有趣的是，与人分享食物又是改善人际关系的有效途径。通常，要想保持或获得友谊，人们常常会请客吃饭。当友谊达到一定程度，譬如两个人成了恋人，频繁地在一起吃喝，共用餐具就成了表达感情的一种方式。换句话说，亲密关系往往胜过其他担忧，无论是健康还是别的。今天在世界的许多地方，依然能够看到母亲用自己的勺子甚至嘴巴给孩子喂食，这种不卫生的喂养方式并不少见。难怪合食制往往先在家庭成员之间或者非正式的场合开始，久而久之习以为常，然后再延伸到其他更正式的场合。邀请客人参加家宴时，若不为客人夹菜劝饭，很多中国人和越南人会觉得很奇怪，因为这种时机正好能展现自己的热情好客，加深双方的友谊。同理，虽然日本人感觉分食更舒服，他们也喜欢涮涮锅和寿喜烧（那时他们确实也从同一口锅里共享食物），或许他们也发现这

---

① 关于"直箸"以及当今日本社会对此的接受度，有许多有趣的讨论。参见http://komachi.yomiuri.co.jp/t/2008/0110/163598.htm。似乎许多人并不觉得这有什么不妥。

么吃可以有效促进相互之间的关系，如同林洪所形容的那样，众人在一个热锅里共同取食，"且有团栾热暖之乐"。

然而，合食制也有缺点，食用别人尤其是陌生人动过的食物，很多人会感到不舒服。上述某些筷子使用礼仪规则能够反映出这种困扰。其中"迷箸"，即用筷子在盘子里翻腾、寻找食物，以及另一则"嘬箸"最令人反感，因为可能会担心有人因此将（过量的）唾液或细菌留在菜里。不过需要指出的是，细菌理论和食品卫生的观念只是近几个世纪才出现的。南希·托姆斯（Nancy Tomes）发现，直到19世纪，大多数美国人仍然很少关注"水和食品的污染"，"他们共用梳子甚至牙刷，用自己的嘴和勺子给婴儿喂食，根本没有意识到这样做有多危险"。[1] 虽然不知道食物可以传播疾病，生活在早期社会的人也并不是完全不知道吃某些食物或接受病人的食物会生病，他们也不会不在乎食物是否干净。因此，在细菌理论和卫生观念逐渐为人所知之前，有些社会就已经形成了特定的餐桌礼仪和饮食礼仪，哪怕只是为了表示客套和礼貌。这些礼仪禁止某些就餐行为，不仅因其造成的脏乱，也因这样的脏乱使食物看起来不洁，令其他进餐者生厌。

饶有趣味的是，在与他人分享食物时，要想既客气待人，又保持食物干净，用筷子比用勺子更靠谱。如果使用得小心、得当，遵循正确的使用方法，筷子可以减少使食物沾上口水的机会。因为与勺子相比，筷子体积小。筷子底端通常尖细，这样不仅可以准确夹取食物，还能避免接触碗盘中的其他食物。朝鲜半岛的餐饮习俗是一个很好的例子。朝鲜人、韩国人吃饭时同时使用勺子和筷子，但是他们吃桌子上的小菜（如泡菜）时，则一定用筷子。大概因为勺

---

[1] 参见 *The Gospel of Germs: Men, Women, and the Microbe in American Life*, Cambridge: Harvard University Press, 1998, 3。

子用来吃米饭或其他谷物后,上面常会粘上饭粒,看起来不洁净。不干净的勺子本身就会受到朝鲜半岛居民的排斥。[①] 在中国这个合食制起源的国家,大多数人传统上只使用筷子来分享食物,较少的人会使用勺子。实际上,中国人一般不能接受将入过口的勺子伸进餐桌上供所有人用的一大碗汤中。这种情况下,通常需要一把公勺或者一把长柄勺,供大家各自将汤舀到自己的碗里。

总之,当合食制成为广泛采用的饮食习俗,筷子进一步证明了自身的用途。作为一种餐具,筷子现在不仅用来夹取菜蔬,也用来夹送主食,而对大多数人来说,吃饭主要是吃主食。这样一来,筷子成了主要饮食工具,而勺子变成次要的了。与勺子相比,筷子更通用、更灵活;运送食品时,可以让人想吃什么就取什么,想取多少就夹多少。筷子在明代更显重要,考古学家已经发现筷子和勺子不再一起埋在墓葬里。明代墓葬出土的筷子比勺子多,这表明筷子和勺子已经分离了。这种趋势一直延续到清代。与早期筷子相比,明清时期的筷子更精致。不管是用木、竹或金属制成,常有精美的装饰和雕刻,这表明筷子作为餐具,其重要性已经显著上升。[②]

勺子和筷子组合的分离及其作为餐具功用的逆转,其实没有导致勺子在亚洲的餐桌上消失,而是扮演了一个新的角色——帮助取食非谷物类食物,特别是汤(朝鲜半岛是众所周知的例外,虽然有些朝鲜人、韩国人也如上面提到的那样吃汤饭,或者将汤舀入饭中一起吃)。吃火锅可能是个很好的例子。在高汤中加入各种食材,取食煮好的食物,都离不开筷子。到最后,有的人还喜欢喝火锅中的

---

① 潘丽丽、姜坤《关于中韩传统用餐礼节的研究》,《现代企业教育》2008 年第 10 期,158—159 页。
② 刘云主编《中国箸文化史》,304—328 页。

汤,因为汤吸收了所有食材的味道。为此,就需要一把长柄勺和一把普通勺子,直接从锅里(仍然很烫)饮用是不现实的。勺子角色的转变也表现在设计中。正如上文所说,匕首形状的"匕"早已废弃不用了。从《庚子燕行杂识》中可以看出,17世纪起,中国开始使用"汤匙",这是一种新式蛋形瓷勺,像现代的勺子,底部稍深、呈圆形,很容易用来盛汤汤水水的食物。这种勺子后来也传到日本,称作"散蓮華",字面意思是"莲花落"。这一新式汤匙在中国及其他地区的流行,完成了勺子和筷子作为用餐工具的角色转变。

随着勺子的样式有所改善,筷子的称谓也发生了改变。在中国古代,筷子被称作"箸/櫡"或"筯",有着竹或木的偏旁。但到了明朝,生活在中国长江下游地区的人们开始把这种餐具称为"筷子"。陆容在《菽园杂记》解释说:

> 民间俗讳,各处有之,而吴中为甚。如舟行讳"住"、讳"翻",以"箸"为"快儿","幡布"为"抹布"。讳"离散",以"梨"为"圆果","伞"为"竖笠"。讳"狼藉",以"榔槌"为"兴哥"。讳"恼躁",以"谢灶"为"谢欢喜"。此皆俚俗可笑处,今士大夫亦有犯俗称"快儿"者。①

也就是说,江南一带沿大运河航行的船家和渔民迷信,创造了"筷子"这个新名称来取代以前的"箸"。虽然"箸"和"助"同音,但听起来也和"住"一样,而这是航行中的禁忌。所以,船家们就用"快子"来代替"箸",将"快"这个词(快速)与"子"或

---

① 陆容《菽园杂记》,北京:中华书局,1985年,8页。也有一种说法是,明代皇帝姓"朱",与"箸"同音,为避讳,所以改称"筷子",对此并无确实的文献记载。

"儿"结合起来（快儿）。而陆容观察道，在他那个时代，士人也开始袭用这个俚俗之语了。后来又在"快"字上加上"竹"字头，用以表明制作筷子的常用材料。就像用筷子替代勺子吃煮熟的谷物一样，这一命名的变化也是自下而上的，随着时间的推移才慢慢为士人阶层所接受。另一位明代学者李豫亨在《推篷寤语》中，有"订名物之疑"一节，指出到在他那个时代，"快（筷）子"这一称呼已经渐渐为士大夫所接受了：

> 有讳恶字而呼为美字者，如伞讳散，呼为聚立。箸讳滞，呼为快子。灶讳躁，呼为欢喜之类。今因流传之久，至有士大夫之间亦呼箸为快子者，忘其始也。[《推篷寤语》（隆庆五年本）卷七]

不过虽然筷子已经在明代社会流行，但在之后的很长一段时间里，"箸"和"筷子"仍然交互使用。《红楼梦》中，曹雪芹同时使用了"箸"和"筷子"这两个名称。第四十回有段十分生动的描写，其中"箸"和"筷子"同时出现：

> 正说着，只见贾母等来了，各自随便坐下。先着丫鬟端过两盘茶来，大家吃毕。凤姐手里拿着西洋布手巾，裹着一把乌木三镶银箸，战跋人位，按席摆下。贾母因说："把那一张小楠木桌子抬过来，让刘亲家近我这边坐着。"众人听说，忙抬了过来。凤姐一面递眼色与鸳鸯，鸳鸯便拉了刘姥姥出去，悄悄的嘱咐了刘姥姥一席话，又说："这是我们家的规矩，若错了我们就笑话呢。"调停已毕，然后归坐。薛姨妈是吃过饭来的，不吃，只坐在一边吃茶。贾母带着宝玉、湘云、黛玉、宝钗一桌。王夫人带着迎春姊妹三个人一桌，刘姥姥傍着贾母一桌。贾母素日吃饭，

皆有小丫鬟在旁边，拿着漱盂麈尾巾帕之物。如今鸳鸯是不当这差的了，今日鸳鸯偏接过麈尾来拂着。丫鬟们知道他要撮弄刘姥姥，便躲开让他。鸳鸯一面侍立，一面悄向刘姥姥说道："别忘了。"刘姥姥道："姑娘放心。"那刘姥姥入了坐，拿起箸来，沉甸甸的不伏手。原是凤姐和鸳鸯商议定了，单拿一双老年四楞象牙镶金的筷子与刘姥姥。刘姥姥见了，说道："这叉爬子比俺那里铁锨还沉，那里犟的过他。"说的众人都笑起来。

只见一个媳妇端了一个盒子站在当地，一个丫鬟上来揭去盒盖，里面盛着两碗菜。李纨端了一碗放在贾母桌上。凤姐儿偏拣了一碗鸽子蛋放在刘姥姥桌上。贾母这边说声"请"，刘姥姥便站起身来，高声说道："老刘，老刘，食量大似牛，吃一个老母猪不抬头。"自己却鼓着腮不语。众人先是发怔，后来一听，上上下下都哈哈的大笑起来。史湘云撑不住，一口饭都喷了出来，林黛玉笑岔了气，伏着桌子嗳哟，宝玉早滚到贾母怀里，贾母笑的搂着宝玉叫"心肝"，王夫人笑的用手指着凤姐儿，只说不出话来，薛姨妈也撑不住，口里茶喷了探春一裙子，探春手里的饭碗都合在迎春身上，惜春离了坐位，拉着他奶母叫揉一揉肠子。地下的无一个不弯腰屈背，也有躲出去蹲着笑去的，也有忍着笑上来替他姊妹换衣裳的，独有凤姐鸳鸯二人撑着，还只管让刘姥姥。刘姥姥拿起箸来，只觉不听使，又说道："这里的鸡儿也俊，下的这蛋也小巧，怪俊的。我且撺掇一个。"众人方住了笑，听见这话又笑起来。贾母笑的眼泪出来，琥珀在后捶着。贾母笑道："这定是凤丫头促狭鬼儿闹的，快别信他的话了。"那刘姥姥正夸鸡蛋小巧，要撺掇一个，凤姐儿笑道："一两银子一个呢，你快尝尝罢，那冷了就不好吃了。"刘姥姥便伸箸子要夹，那里夹的起来,满碗里闹了一阵好的,好容易撮起一个来,才伸着脖子要吃,偏又滑下来滚在地下,忙放下著子要亲自去捡,早有地下的人捡了出去了。刘姥姥叹道:"一两银子,也没听见响声儿就没了。"众人已没心吃饭,都看着他笑。贾母又说:"这会子又把那个筷子拿了出来,又不请客摆大筵席。都是凤丫头支使的,还不换了呢。"地下的人原不曾预备这牙著,本是凤姐和鸳鸯拿了来的,听如此说,忙收了过去,也照样换上一双乌木镶银的。刘姥姥道:"去了金的,又是银的,到底不及俺们那个伏手。"凤姐儿道:"菜里若有毒,这银子下去了就试的出来。"刘姥姥道:"这个菜里若有毒,俺们那菜都成了砒霜了。那怕毒死了也要吃尽了。"贾母见他如此有趣,吃的又香甜,把自己的也端过来与他吃。又命一个老嬷嬷来,将各样的菜给板儿夹在碗上。①

或许凤姐要看刘姥姥的窘状,所以给了她一双象牙筷子,让她用来夹鸽子蛋,如何夹得住?而贾母看到刘姥姥丑态百出,有点同情心发作,知道刘姥姥会称"著"为"筷子",就也用"筷子"这一称呼让下人换了一双给刘姥姥。不过,虽然贾母这样的贵妇也知道"筷子"一词,但到了19世纪,"筷子"主要还是一个白话词,而学者们在著述中仍然喜欢用"著"。② 随着时间的推移,"筷子"逐渐被现代中国人所接受,而"著"成为历史名词。相比之下,在筷子文化圈,筷子的称谓没有什么改变,在韩语中为"젓가락",日语为"箸",越南语为"đũa",这些都是汉语"箸"的变体。

---

① 曹雪芹、高鹗《红楼梦》,484—486页。
② "筷子"出现在罗贯中和冯梦龙的《平妖传》、西周生的《醒世姻缘》中,"箸"则用在清代史官编著的《明史》、纪晓岚的《阅微草堂笔记》中。这些文字写作年代为17、18世纪,即明代晚期和清代早期。

第 6 章

成双成对：作为礼物、隐喻、象征的筷子

> 吃的乐趣在中国非常重要。几十年以来，无论食物是贫乏还是富足的年代，人们一直对烹饪兴趣十足，苦思其道，直到它发展成为一种艺术，不再普通平常。饮食通过各种艺术媒介，尤其是诗歌、文学、民俗学等，得到了充分的展现；这些故事，以及对食物的信仰，一直流传下来，代代相传，魅力日增。
>
> ——多琳·冯（Doreen Yen Hung Feng），
> 《中国烹饪的乐趣》（*The Joy of Chinese Cooking*）

少时青青老来黄，每结同心配成双。
莫道此中滋味好，甘苦来时要共尝。

这首诗传说是司马相如与卓文君的定情诗，随诗还有一双筷子作为信物。司马迁在《史记》中记载了这一爱情故事，二人成为历史上著名的知心爱侣。司马相如是汉代杰出的文学家，以辞赋扬名。由于文采出众，他声名日隆，上门说媒的人络绎不绝。有一

次，富甲一方的卓王孙邀请司马相如赴宴。司马相如很不情愿地去了，聚会上吟诵起新作的赋，博得众人赞赏，他的才气深深打动了卓王孙新寡的女儿卓文君。她一下子爱上了他。但她父亲不同意，因为司马相如一贫如洗。卓文君不顾父亲的反对，和司马相如私奔到四川成都，最终迫使父亲妥协，接受了他们的结合。

这首诗心思巧妙，筷子的比喻也很动人，但很可能是后世之人的杜撰，《史记》中并没有记载。不过，由于筷子总是成双成对、不可分离，所以长期以来在筷子文化圈成了新婚夫妇最喜欢的礼物，也成了夫妇、情侣之间互换的爱的信物。在日本，人们去神社求财富、求祝福，也会买几种筷子。其中两种最受欢迎，即"縁結び箸"（结缘筷）和"夫婦箸"（夫妻筷）。就像日本家庭中使用的筷子一样，这些特殊的筷子均用杉木制成，男人用的要比女人用的稍长一点。比如夫妻筷中，丈夫的筷子长20—22厘米，妻子用的长18—21厘米。结缘筷与之类似，男用的通常长为21厘米，女用的则为20厘米。[①] 除了神社，这些筷子在日本的其他商店里也能买到，可以作为礼物送给恋人和夫妇。值得一提的是，一色八郎说，日本京都平安神宫的夫妻筷还附有勺子，因为勺子是主妇权力的象征。[②] 这一习俗可见，日本人虽然通常只用筷子吃饭，但之前一定也用勺子，而勺子之所以重要，是因为根据中国的古礼，勺子是用来吃一餐的主食——"饭"或其他煮熟的谷物的。

同样，在中国，无论汉族还是少数民族，筷子不仅是受欢迎的结婚礼物，甚至成为婚礼上常备的物件。筷子收藏家蓝翔在书中描述了许多婚礼习俗，其中不少涉及使用筷子。例如，在山西西北

---

① 一色八郎《箸の文化史》，59页。
② 同上书，59—60页。

部，新郎和接亲的队伍来到新娘家时，新娘的父亲通常会准备一对装有粮食的瓶子，用红绳把一双筷子绑在瓶子上，送给新娘和新郎，祝愿他们白头偕老、永不分离。在山西其他地方，新娘家人赠给新婚夫妇的筷子要在婚礼上先让一个男孩——通常是新娘的弟弟或侄子使用，并由他在婚礼前护送新娘的嫁妆到新郎家。为了使新婚夫妻永不分离，两根筷子必须表面光滑，尽可能一模一样，以预示新人珠联璧合，未来的生活一帆风顺。① 换句话说，这双筷子不能像日本的"夫妻筷"那样有不同的颜色、图案或长度。

筷子的成双成对使之成为非常适合用来求婚、宣布新恋情的物品，日语中的"縁結び箸"就属于后者。中国也有类似习俗。如贵州仡佬族的年轻人找到了爱人，他的母亲就会用红布包着一双筷子，去姑娘家求亲。她通常一句话都不需要说，因为她带来的筷子已经明确了此行的目的。② 这一习俗从何时开始已经无从得知。但在中国，筷子用来求亲，自古就有。宋代便有"回鱼箸"的记载。孟元老的《东京梦华录》中"娶妇"一节这样写道：

> 凡娶媳妇，先起草帖子。两家允许，然后起细帖子，序三代名讳，议亲人有服亲田产官职之类。次檐许口酒，以络盛酒瓶，装以大花八朵，罗绢生色或银胜八枚，又以花红缴檐上，谓之"缴檐红"，与女家。女家以淡水二瓶，活鱼三五个，筯一双，悉送在元酒瓶内，谓之"回鱼箸"。③

吴自牧的《梦粱录》对定亲、婚娶的过程记载得格外详细，其

---

① 蓝翔《筷子，不只是筷子》，87—88页。
② 同上书，120页。
③ 孟元老《东京梦华录》，收入《东京梦华录（外四种）》，30页。

中自然也提到了"回鱼箸":

> 婚娶之礼,先凭媒氏,以草帖子通于男家。男家以草帖问卜,或祷签,得吉无克,方回草帖。亦卜吉媒氏通音,然后过细帖,又谓"定帖"。帖中序男家三代官品职位名讳,议亲第几位男,及官职年甲月日吉时生,父母或在堂、或不在堂,或书主婚何位尊长,或入赘,明开,将带金银、田土、财产、宅舍、房廊、山园,俱列帖子内。女家回定帖,亦如前开写,及议亲第几位娘子,年甲月日吉时生,具列房奁、首饰、金银、珠翠、宝器、动用、帐幔等物,及随嫁田土、屋业、山园等。其伐柯人两家通报,择日过帖,各以色彩衬盘、安定帖送过,方为定论。然后男家择日备酒礼诣女家,或借园圃,或湖舫内,两亲相见,谓之"相亲"。男以酒四杯,女则添备双杯,此礼取男强女弱之意。如新人中意,即以金钗插于冠髻中,名曰"插钗"。若不如意,则送彩缎二匹,谓之"压惊",则姻事不谐矣。既已插钗,则伐柯人通好,议定礼,往女家报定。若丰富之家,以珠翠、首饰、金器、销金裙褶,及缎匹茶饼,加以双羊牵送,以金瓶酒四樽或八樽,装以大花银方胜,红绿销金酒衣簇盖酒上,或以罗帛贴套花为酒衣,酒担以红彩缴之。男家用销金色纸四幅为三启,一礼物状共两封,名为"双缄",仍以红绿销金书袋盛之,或以罗帛贴套,五男二女绿,盛礼书为头合,共轿十合或八合,用彩袱盖上送往。女家接定礼合,于宅堂中备香烛酒果,告盟三界,然后请女亲家夫妇双全者开合,其女氏即于当日备回定礼物,以紫罗及颜色缎匹,珠翠须掠,皂罗巾缎,金玉帕,七宝中环,篚帕鞋袜女工答之。更以元送茶饼果物,以四方回送羊酒,亦以一半回之,更以空酒樽一双,投入清水,盛四金鱼,以箸一双、葱两

株，安于樽内，谓之"回鱼箸"。若富家官户，多用金银打造鱼箸各一双，并以彩帛造像生葱双株，挂于鱼水樽外答之。自送定之后，全凭媒氏往来，朔望传语，遇节序亦以冠花彩缎合物酒果遗送，谓之"追节"。女家以巧作女工金宝帕环答之。次后择日则送聘，预令媒氏以鹅酒，重则羊酒，道日方行送聘之礼。①

可惜的是，这双叫作"回鱼箸"的筷子，其寓意并不清楚。但这些历史文献表明，"回鱼箸"是宋代定亲的必备之物，而且一些大户人家为了展示其富裕和对婚事的重视，选择用金或银来打造筷子和鱼，又用丝绸制成生葱的模样。

还有个合理的推测，筷子之所以是定亲、婚娶中重要的物品，因为它在生活中不可或缺、举足轻重。也就是说，筷子是一种隐喻或转喻，可以指代生活本身。婚姻表明一个人新生活的开始，所以，中国的许多婚礼习俗往往会用到筷子来标志这种场合。这样的例子可以说比比皆是。在中国西北部的一些地区，新娘离开父母家前往新家时，会把一双筷子扔在地上，表示与之前的生活作别。其他一些地方，新娘在离开娘家之际，家里的一位男子——她的兄弟或父亲会往地上扔一双筷子。到了新家后，新娘则会拿起一双筷子，象征着新生活的开始。拿起新筷子也意味着，作为一个妻子，她要帮助担起责任，确保新家庭幸福。还有这样的传统，新郎的家人将筷子藏在新婚夫妇的新家里，让新娘去寻找，象征性地测试新娘的能力。找到藏起来的筷子有些难度，这就善意地提醒新娘，新生活中可能会遇到一些挑战。②

---

① 吴自牧《梦粱录》，收入《东京梦华录（外四种）》，304—305 页。
② 蓝翔《筷子，不只是筷子》，88—89，96—97 页。

在中国一些少数民族的婚礼上，筷子的重要性更是显露无疑。比如生活在中国东南部山区的畲族有个传统：新娘离家之前，要同兄弟姐妹一起吃顿饭；之后她得把自己的饭筷递给他们，向他们道别，并且嘱托他们替自己照顾父母。湖南瑶族婚宴上有个习俗：司仪两手各拿一双筷子，同时喂新婚夫妇吃饭。处于中国东北的达斡尔族新婚夫妇，要共用一双筷子吃完同一碗糯米饭。虽然风俗习惯不同，但筷子成了有用的工具，教导新婚夫妇一起生活时合作的重要性。在最后一个例子中，筷子象征着"不可分离"，糯米饭则祝愿新婚夫妇情深意切，"粘"在一起。①

明代筷子的称谓发生了变化，这种饮食工具逐渐被称作"筷子"而非"箸"。有趣的是，当船家和渔民们称其为"筷子"意喻为"快速航行"时，也许没有意识到，"快"这个词也可以同"乐"结合，寄予"幸福""快乐"之意。因此，筷子不仅是享受丰富食物的需要，而且在喜庆场合变得更受欢迎。虽然"子"是"筷子"这个词中的后缀，但它也有"儿子"或"孩子"的意思。所以，延伸一下想象，"筷子"可以解释为"很快有了孩子或儿子"。这一新的意义，大大增加了人们对筷子的好感。从明清时期到今天，人们乐意把筷子当作结婚礼物。实际上，由于称谓变化而带来的吉祥意义，已使筷子成为婚礼上的必需品，或是作为礼物，或是作为新婚夫妇的保护符，不仅祝愿他们婚姻和美，也祝福他们早生贵子。而根据谐音来选择、准备结婚礼物，似乎是中国人婚俗的传统。孟元老的《东京梦华录》记载有宋代"育子"的风俗：

> 凡孕妇入月，于初一日父母家以银盆，或鍮或彩画盆，盛粟

---

① 蓝翔《筷子，不只是筷子》，105，109，121页。

秆一束，上以锦绣或生色帕覆盖之，上插花朵及通草，帖罗五男二女花样，用盘合装，送馒头，谓之"分痛"。并作眠羊、卧鹿羊、生果实，取其眠卧之义。并牙儿衣物绷籍等，谓之"催生"。就蓐分娩讫，人争送粟粟炭醋之类。三日落脐灸囟。七日谓之"一腊"。至满月则生色及绷绣钱，贵富家金银犀玉为之，并果子，大展洗儿会。亲宾盛集，煎香汤于盆中，下果子彩钱葱蒜等，用数丈彩绕之，名曰"围盆"。以钗子搅水，谓之"搅盆"。观者各撒钱于水中，谓之"添盆"。盆中枣子直立者，妇人争取食之，以为生男之征。浴儿毕，落胎发，遍谢坐客，抱牙儿入他人房，谓之"移窠"。生子百日，置会，谓之"百晬"。至来岁生日，谓之"周晬"，罗列盘厉于地，盛果木、饮食、官诰、笔研、筭秤等经卷针钱应用之物，观其所先拈者，以为征兆，谓之"试晬"。此小儿之盛礼也。①

孟元老记录的是汴梁，即中国北方的婚庆习俗，而南方也有相似的风俗，为吴自牧的《梦粱录》所记载：

> 杭城人家育子，如孕妇入月，期将届，外舅姑家以银盆或彩盆，盛粟秆一束，上以锦或纸盖之，上筭花朵、通草、贴套、五男二女意思，及眠羊卧鹿，并以彩画鸭蛋一百二十枚、膳食、羊、生枣、粟果，及孩儿绣彩衣，送至婿家，名"催生礼"。足月，既坐蓐分娩，亲朋争送细米炭醋。三朝与儿落脐灸。七日名"一腊"，十四日谓之"二腊"，二十一日名曰"三腊"，女家与亲朋俱送膳食，如猪腰肚蹄脚之物。至满月，则外家以彩画钱

---

① 孟元老《东京梦华录》，收入《东京梦华录（外四种）》，32页。

或金银钱杂果,及以彩缎珠翠角儿食物等,送往其家,大展"洗儿会"。亲朋俱集,煎香汤于银盆内,下洗儿果彩钱等,仍用色彩绕盆,谓之"围盆红"。尊长以金银钗搅水,名曰"搅盆钗"。亲宾亦以金钱银钗撒于盆中,谓之"添盆"。盆内有立枣儿,少年妇争取而食之,以为生男之征。浴儿落胎发毕,以发入金银小合,盛以色线结绦络之,抱儿遍谢诸亲坐客,及抱入姆婶房中,谓之"移窠"。若富室宦家,则用此礼。贫下之家,则随其俭,法则不如式也。生子百时,即一百日,亦开筵作庆。至来岁得周,名曰"周",其家罗列锦席于中堂,烧香炳烛,顿果儿饮食,及父祖诰敕、金银七宝玩具、文房书籍、道释经卷、秤尺刀剪、升斗等子、彩缎花朵、官楮钱陌、女工针线、应用物件,并儿戏物,却置得周小儿于中座,观其先拈者何物,以为佳谶,谓之"拈周试"。其日诸亲馈送,开筵以待亲朋。①

宋代还没有"筷子"的名称用来比喻"快生儿子",但孟元老、吴自牧记道,参加婚礼的妇女喜欢争抢枣子,因为有"早生贵子"的寓意。这一风俗,今天在中国许多地方仍然流行。其他婚礼习俗,在二人的记载中,名称略有差异,但大致相似。其中最著名的或许就是孟元老说的"周晬"而吴自牧称之为"拈周试"的风俗,用以预测新生儿将来的志向。这一现在多被称为"抓周"的风俗,据说起源于三国时期,今天仍然在中国许多地区及亚洲其他地方流行。

毋庸置疑,如果想预测一个孩子将来的发展,首先必须得有个孩子。浙江某地有个古老的传统:新婚夫妇进入卧室后,客人们

---

① 吴自牧《梦粱录》,收入《东京梦华录(外四种)》,307—308 页。

将一把筷子从窗户扔进房间（过去的窗户都贴有窗棂纸），让其落在地上，以祝愿新人早生孩子。还有在婚宴上扔筷子的情形，有人边唱歌（或举杯祝酒）边将几双筷子扔在地上。因为筷子预示着好运，许多客人都愿意从地板上捡起这些筷子带回家。在江苏，也有新郎送客人筷子的风俗。在河南的一些地方，新娘和新郎的家人甚至可以"偷"婚礼上的筷子，来分享新婚夫妇的好运气。从文化比较的角度来说，西方婚礼上女嘉宾十分希望接住新娘扔出的花束，在类似的场合中国客人则希望得到一双筷子。①

在中国之外，筷子也经常出现在亚洲其他国家有关爱情、婚姻的传说故事里，尽管筷子的称谓不像在中国拥有"快生孩子"的美好祝愿。越南有一个"百节竹"的故事：从前，有个村民养育了一个美丽的女儿，家里还有一个忠实、勤勉的仆人。年轻的仆人爱上了这个女孩，希望能娶她为妻，因为村民曾经承诺，要把自己的女儿嫁给一个勤劳的人。但是，这个村民后来改变了主意，打算让女儿嫁给村里的首富。年轻的仆人有点伤心，但他灵机一动，向这位村民提议道，因为婚宴上需要用竹筷，谁能找到正好有一百个竹节的竹子，谁才能娶这个姑娘。村民同意了，因为要找到正好一百节的竹子显然不易。有幸的是，借助一些神奇的力量，这位聪明、勤劳的年轻人居然找到了一根百节竹，并把它带了回来。女孩的父亲无话可说，让这位年轻人成功地实现了梦想，娶到了心仪的美丽女子为妻。②

在日本，筷子被誉为"生命の杖"，即"生命的支柱"，寓意着从呱呱坠地一直到最终离世，筷子一直伴随着一个人生命的整个历

---

① 蓝翔《筷子，不只是筷子》，87—99页。
② 向井由纪子、桥本庆子《箸》，249—250页。这个故事也从某种程度上证实了越南的筷子和中国的一样，通常是用竹子制成的。

程。因此，日本人用筷子来纪念人生中重要的日子。例如，孩子出生后，通常在第一百天（也可以早到第七天，晚到第一百二十天）举行庆生仪式，仪式上一位成年人会用一双筷子喂孩子吃饭，这双筷子通常用未上漆的杨柳木制成。在仪式上使用的筷子被称为"お食い初め箸"，而仪式本身被命名为"お箸初め式"。① 当然，孩子这么小，自己无法用筷子。这一仪式的目的是将筷子介绍给他，因为筷子是"生命之棒"，由此希望孩子未来过上安逸、衣食无忧的生活。还有比较常见的风俗是，在老人重要的生日时送他们筷子，祝愿他们长寿。这些筷子被称作"延命箸"（延长寿命的筷子）、"延寿箸"（延长生命的筷子）、"長寿箸"（长寿筷子）和"福寿箸"（幸福生活的筷子），会在老人61岁、70岁、77岁、88岁、99岁等重大生日的场合送给他们。②

在日本，新年的到来十分重要，这使得一月或"正月"成为最重要的节日。1868年明治维新之前，日本人使用农历，所以"正月"在一月末和二月初之间。明治维新之后不久，日本政府就决定采用公历，于是新年到来的日子与西方世界保持一致。但往昔庆祝新年的一些习俗却保留了下来。中国人吃的年夜饭，往往是能拿出的最好的食品，而日本人过年则要吃"雜煮"（杂煮），顾名思义，就是混杂了谷物和蔬菜如萝卜、芋艿等做成的杂粮饭或粥，说是能够"保臟"，让身体的五脏康健。日本人吃年饭要用新筷子。这些新筷子通常由未上漆的杨柳木制成，称作"祝い箸"，呈"両口箸"的形状，筷身较粗圆，两端较尖细。用两头尖的筷子，是因为这种筷子可以让人与周围的"神様"或神分享食物——筷子的一端让人

---

① 一色八郎《箸の文化史》，58—59页。
② 同上书，60页。

取食，另一端则供"神樣"使用。① 这种"神人共食"（"神樣"和人共享食物）的信仰和习俗，大致认为源自神道教的信仰，但也受到其他宗教文化的影响。② 日本人使用"取り箸"（公筷）分发食物也起源于神道的仪式。神宫的祭司给"神樣"上供后，通常会执公筷向信徒分发食物。③

由于神道教和佛教的影响，"祝い箸"大多是用未上漆的白木制成的。神道教珍视人与自然之间的直接交流，而佛教的教义强调生活的俭朴，所以不上漆的白木筷最为合适。另外，日本大部分人都用木筷，它们一般由杉木制成，而大多数的"祝い箸"则由杨柳木制成。如果按农历计算，新年始于早春，那时的柳树已经发芽（通常比其他树木都要早）。因此，日本人用杨柳木来庆祝生命的活力。因此柳木又被誉为灵木，日本人认为它能驱邪避魔。④ "两口箸"（中平两细）圆圆的筷身则有着特殊的意义，承载着人们对新年的愿望，预示并承诺富饶繁茂的一年的到来。⑤ 作为用来庆祝的筷子，"祝い箸"也用在其他节假日，如成人礼和儿童节。这样，相对于日用筷或"日の箸"，节庆场合用的筷子又被称为"礼仪筷"

---

① 一色八郎《箸の文化史》，57—61页。徐静波的《日本饮食文化：历史与现实》146页对近代之前日本人过年的食物，提供了信息，今天日本人过年，仍保持了类似的传统。
② 韩国学者金天浩曾发表论文，比较了祭孔典礼（"释尊祭"）在中国、朝鲜半岛和日本的异同，也提到了"神人共食"的理念。《朝鲜半岛、中国和日本祭孔神馔的交流和比较》，《第六届中国饮食文化学术研讨会论文集》，461—484页。祭孔典礼或"释尊佾舞"，南朝就有记载，到了唐代则逐渐定型和系统化。考虑到隋唐时期出土的筷子也是中间粗、两头尖的形状，唐代文化对朝鲜半岛和日本产生有深远的影响，所以"神人共食"的信念，或许在中国的隋唐时期发源，也为那时的中国人所信奉，只是后来逐渐失传了。这种"礼失求诸野"的情形，在文化传布和交流中，堪称一种较为普遍的现象。
③ 一色八郎《箸の文化史》，134—135页。
④ 向井由纪子、桥本庆子《箸》，193页。
⑤ 一色八郎《箸の文化史》，60—61页。

或"晴の箸"。用来庆祝或纪念的筷子由裸木（日语称"素木"）制成，通常需要为特定的场合重新购买，用后即丢弃。因为根据神道教的信仰，未上漆的木筷一旦放入口中，就会附上人的灵魂，洗也洗不掉。而扔掉这些筷子，让其回归自然，就会在人与"神様"之间达成一定的沟通。① 相比之下，日用筷或"褻の箸"都会上漆以加强耐久性，而且只有一头尖，日文名为"片口箸"，不会用来同"神様"共享食物。目前，大多数日用筷已经改为用塑料制作，这种新兴的化学材料在神道教中不具神圣色彩。②

　　日语中，筷子读作"はし"，与"桥"字同形同音。在人生的许多重要关头，筷子对日本人来说确实起到了桥的作用，让他们能够在人与神、生与死、阴与阳之间建立精神联系。若有人离家远行，比如士兵奔赴战场，家庭成员仍会在进餐时备上他的筷子。这种饭餐称为"陰膳"，表达家人对远行者的祝愿，希望其平安幸福。如上文所述，由于筷子保留了他/她的灵魂，家人相信他们的愿望可以通过这一"桥梁"传递给远方的亲人。认为使用过的筷子留有使用者的灵魂，也导致日本人对一次性筷子（割箸）的发明和使用，这一论题将留待下一章讨论。

　　在阴与阳之间建立联系的方式，日语中用"橋渡し/箸渡し"（字面意思是"渡桥"）来表达。筷子是日本葬礼上的必备之物，帮助逝者完成人生最后一餐，以此完成送人去另一个世界的最后任务，这就是日本传统葬礼的"橋渡し/箸渡し"仪式。日本人有格

---

① Bee Wilson, *Consider the Fork*, 200. 在古代，日本人在外吃饭，吃完扔掉筷子前，会将筷子折成两段，以免自己的灵魂附在其上，参见一色八郎《箸の文化史》，11—15页。
② 一色八郎《箸の文化史》，67—68页。

言云："人生始于筷子，亦终于筷子。"① 就像成人用筷子给新生儿喂食的仪式一样，也得给垂死之人奉上一顿饭，用他最喜欢的碗盛上米饭，再将一双筷子立在碗中。因为这顿饭是放在此人枕旁的，所以被称为"枕飯"（枕头饭），这双立在碗中的筷子则被称为"立て箸"（将筷子直直地插入饭碗中）。日本人相信，"立て箸"的做法，沟通了生者和死者、今世和来世、此岸和彼岸，所以筷子有着桥梁的作用。上一章也提到，筷子文化圈普遍禁止将筷子立于碗中。对日本人而言，只有给将死之人或死去之人奉上食物时，才会这么做。但在其他场合这么做，那就是犯了大忌了。② 同样，许多中国人和越南人也不喜欢将筷子直立于碗中，因为这像上香，属于佛教中哀悼死者的仪式。

此外，受佛教影响，火葬已经普遍为日本人所接受。火葬之后，家庭成员会各执一双筷子在灰烬中捡遗骨，并在筷子间相互传递。这么做是为了建立他们与死者之间或者阴阳之间的精神纽带。这也影响了日本的筷子礼仪。在举行"橋渡し／箸渡し"的仪式时，人们用自己的筷子夹起遗骨，再传给另一双筷子，这种做法叫作"渡り箸"。因此，日本人不会在餐桌上用筷子传递食物。换句话说，吃饭时要么将食物夹到盘内，要么把食物直接送入口中，万万不可把食物传给另一双筷子。

在朝鲜半岛，民间传说反映出饮食文化，其中频繁出现的是勺子而非筷子。例如，一则名为"神秘的蛇"的寓言讲述了一个生于富裕（商人？）之家的漂亮女孩的故事。她用勺子喂养了一条蛇。这条蛇后来遭到杀害。即使蛇常被视作邪恶的动物，但女孩的善良

---

① 一色八郎《箸の文化史》，61—65 页。
② 同上书，64 页。

和善待动物的姿态,让她得到了好报——后来嫁给了一位"양반/兩班"(贵族)。从此,这对夫妇过着幸福快乐的生活。① 然而,有趣的是,迫不得已的时候,朝鲜人、韩国人会认为,比起勺子,筷子是必需的餐具。百济时期有一个民间传说,称为"一套三餐具"。故事说,父亲死后,哥哥继承了所有遗产,还把弟弟赶出了家门。一位僧人送给弟弟三件最普通的餐具,包括一块餐席、一只用干葫芦做的碗瓢和一双筷子。弟弟走到山下,天已经黑了下来,他发现自己既无住处又没吃的。他打开餐席,突然,眼前出现了一座宫殿,里面有许多布置奢华的房间。然后,他用葫芦碗瓢舀了一下,各种各样的美食涌了出来。最后,他用筷子敲了敲,几位美丽的女子便来到他的身边。换句话说,这三样物品——餐席、碗瓢、筷子是生活在百济时期的朝鲜人的日常必需品。②

越南人开始使用筷子,要早于百济时期的朝鲜人。越南的民俗传统也描绘了这种器物在生活中的重要性。有一个民间故事叫作"亲子与养子",也涉及家庭遗产纠纷。一个名叫鲤的人,有一个养子和一个亲生儿子。他死后,妻子抱怨说,年长的养子把家里的钱全都拿走了,什么也没给弟弟留下。有个官员被派去处理此事,他观察了这两兄弟吃饭的方式。两人拿到饭菜之后,亲生子用筷子进餐,养子没用筷子而是用手抓取食物。吃晚饭时,官员给了他们米饭和一道用鲤鱼做的菜。养子把鱼和米饭吃得一干二净,而亲生子则一点都没有碰鱼。那位官员询问原因,他回答说:"因为我父亲的名字中有鲤,(出于我对父亲的尊重)我不想吃鲤鱼。"兄弟俩不

---

① 向井由纪子、桥本庆子《箸》,247 页。在儒教思想中,商在四大社会阶层中处于最底层,位于士(韩语为선비)、农、工之下。所以,那个时代,出身商贾之家的女子能嫁给一位"선비",就算是很走运了。
② 向井由纪子、桥本庆子《箸》,246 页。

同的行为,尤其是不同的用餐方式,使得那位官员认识到,养子道德有缺,确实薄待了他的弟弟。① 换句话说,对越南人而言,用不用筷子吃饭,可以看出一个人是否有教养。

这个故事似乎还有一个现代版,但主角是两位亲兄弟。一天,兄弟俩一起吃饭,弟弟用筷子敲着碗,觉得好玩。哥哥制止了他,说筷子不能敲碗,只能用来吃饭。他们的父亲说,你们知道吗,筷子除了吃饭,还有其他用途。父亲指着厨房中的母亲说,看你们的妈妈在做什么?兄弟俩一看母亲在用筷子煮面。父亲接着又指着墙上的图画对他们说,你们看画中的舞者,手里拿着筷子,打出"嘀嗒"的拍子跳舞。最后父亲让哥哥折断一双筷子,哥哥很容易就做到了。父亲又让他折断一把筷子,哥哥怎么也折不断了。父亲对他们说道,你们看,如果你们兄弟俩像一把筷子一样,团结一致,那么你们就强大了。② 从中可见,像中国人一样,越南人不但喜欢筷子,而且还从筷子的使用中提炼出不同的文化意义,用来教育儿童。

的确,由于在生活中被赋予了如此多重的意义,筷子常在人生的重要时刻出现。例如,在中国,壮族人也会用筷子来庆祝孩子的生日(比如一周岁)。这时父母会用比平时长的筷子来喂孩子吃一碗长面条,长长的面条和筷子寄托了父母对孩子的祝愿,祝福孩子长命百岁。③ 用长筷子传送生日食物仅限于这种情况,但生日时吃面条却很常见,几乎在中国各地以及中国周边地区都有这样的习俗,而且历史悠久,《新唐书》记载,唐代时就流行生日的时候食用汤饼(面条):

---

① 向井由纪子、桥本庆子《箸》,248 页。
② Rosemary & Hieu Nguyen, *Chopsticks*, Barrington IL: Rigby, 2004.
③ 刘云主编《中国箸文化史》,289 页。

  玄宗皇后王氏，同州下邽人。梁冀州刺史神念之裔孙。帝为临淄王，聘为妃。将清内难，预大计。先天元年，立为皇后。久无子，而武妃稍有宠，后不平，显诋之。然抚下素有恩，终无肯谮短者。帝密欲废后，以语姜皎。皎漏言，即死。后兄守一惧，为求厌胜，浮屠明悟教祭北斗，取霹雳木刻天地文及帝讳合佩之，曰："后有子，与则天比。"开元十二年，事觉，帝自临劾有状，乃制诏有司："皇后天命不祐，华而不实，有无将之心，不可以承宗庙、母仪天下，其废为庶人。"赐守一死。

  始，后以爱弛，不自安。承间泣曰："陛下独不念阿忠脱紫半臂易斗面，为生日汤饼邪？"帝悯然动容。阿忠，后呼其父仁皎云。繇是久乃废。当时王谭作翠羽帐赋讽帝。未几卒，以一品礼葬。后宫思慕之，帝亦悔。宝应元年，追复后号。(《新唐书·后妃上·王皇后》)

  这个故事本身说的是宫廷中常见的后妃之争。唐玄宗的首位皇后姓王，结婚后很久没有生育，而后妃中一位姓武后称武惠妃的妃子，不但生孩子，还是武则天的侄孙女。王皇后对她心存嫉妒，几次谗言，唐玄宗不为所动，反而废了皇后的称号，并赐死。之后唐玄宗良心发现，恢复了王皇后的封号。他做出这一反悔的决定，是生日面条让他触景生情，原谅了王皇后。顺便一提，武惠妃最终未能当上皇后。在唐玄宗晚年，他喜欢的是"三千宠爱在一身"的杨贵妃。这个故事或许是我们所知中国最早有关生日吃面的记载之一。王赛时的《唐代饮食》一书转引清代金埴的《巾箱说》中说道："今人生朝，设汤饼宴客，在唐时已行之。"[①] 自唐至金埴生活的

---

① 王赛时《唐代饮食》，6页。

清代，乃至今天，生日吃面已经成为中国人的悠久传统。

《红楼梦》第六十二回描述，宝玉时逢生日，恰好也是另外三位姑娘的生日，所以荣国府十分热闹，既吃面又喝酒。酒兴方酣，宝玉又想出了点子：

> 宝玉便说："雅坐无趣，须要行令才好。"众人有的说行这个令好，那个又说行那个令好。黛玉道："依我说，拿了笔砚将各色全都写了，拈成阄儿，咱们抓出那个来，就是那个。"众人都道妙。即拿了一副笔砚花笺。香菱近日学了诗，又天天学写字，见了笔砚便图不得，连忙起座说："我写。"大家想了一回，共得了十来个，念着，香菱一一的写了，搓成阄儿，掷在一个瓶中间。探春便命平儿拣，平儿向内搅了一搅，用筯拈了一个出来，打开看，上写着"射覆"二字。宝钗笑道："把个酒令的祖宗拈出来。'射覆'从古有的，如今失了传，这是后人纂的，比一切的令都难。这里头倒有一半是不会的，不如毁了，另拈一个雅俗共赏的。"探春笑道："既拈了出来，如何又毁。如今再拈一个，若是雅俗共赏的，便叫他们行去。咱们行这个。"说着又着袭人拈了一个，却是"拇战"。史湘云笑着说："这个简断爽利，合了我的脾气。我不行这个'射覆'，没的垂头丧气闷人，我只划拳去了。"探春道："惟有他乱令，宝姐姐快罚他一钟。"宝钗不容分说，便灌湘云一杯。①

吃面为的是长寿，长寿意味着好运。吃面需用筷子之外，宝玉他们还用筷子占卜、行酒令。这一方法也是古已有之，根据史书记

---

① 曹雪芹、高鹗《红楼梦》，789页。

载,竟可追溯至五代十国时期。《新五代史》中有后唐代宰相卢文纪的传略,其中记道:

> 久之,为秘书监、太常卿。奉使于蜀,过凤翔,时废帝(李从珂,885—936)为凤翔节度使,文纪为人形貌魁伟、语音琅然,废帝奇之。后废帝入立,欲择宰相,问于左右,左右皆言:"文纪及姚颛有人望。"废帝因悉书清望官姓名内琉璃瓶中,夜焚香咒天,以筯挟之,首得文纪,欣然相之,乃拜中书侍郎、同中书门下平章事。(《新五代史·杂传·卢文纪》)

换句话说,卢文纪虽然相貌伟岸、声音洪亮,但皇帝还未能确定他是否为将相之才,所以就借用筷子占卜,由皇帝写了名字,置于琉璃瓶中,然后用筷子夹出一张而选定卢文纪为当朝宰相。

上述用筷的场合,当事人是否认为筷子有神秘之力,还很难确定。不过在古代中国,一些算命者很早便借助筷子来预测未来。唐人郑熊《番禺杂记》中称:"岭表占卜甚多,鼠卜、箸卜、牛卜、骨卜、田螺卜、鸡卵卜、篾竹卜,俗鬼故也。"[《类说》(《文渊阁四库全书》本)卷四] 即在古代岭南地区,占卜的方法很多,筷子和其他物什都能作占卜工具,用筷子占卜则称为"箸卜"。宋初徐铉的《稽神录》对"箸卜"的方法做了详细的描述:"会正月望夜,时俗取饭箕衣之,衣服插箸为觜,使画盘粉以卜。"[《稽神录》(《文渊阁四库全书》本)卷六] 而宋代类书《太平御览》中则引述《相书》的说法:"人,三指用箸者,自如;四指用箸,贵;五指用箸,大富贵也。"(《太平御览》卷七六〇,器物五) 这等于说,一个人执筷的方式,也能预测其命运。今天许多中国老人仍然相信,如果小孩执筷的手指离筷尖较远,接近筷子的顶部,预示他长大之后会远离父母，自谋生活。总之"箸卜"虽然属于迷信的行为，但又持久不息，不断受人推崇，使人们相信筷子有着神秘的力量。直至 19 世纪末，筷子仍然是一些中国人的宗教崇拜对象，他们定期"请筷子神"，向其膜拜、祈祷，以求得好运。①

在日本，筷子是不是也曾用来算命，尚不清楚。但是，关于为什么节日用筷会呈"两口箸"——筷身较粗圆、两端较尖细——的现象，倒是有一个著名的传说。这与一位短命将军足利义胜（1434—1443）的猝死有关。1441 年，在其父足利义教被副手谋杀后，足利义胜年纪轻轻就成了将军。几个月后，农历一月或五月，这位年轻的将军举行宴会款待大臣。在吃煎饼时，足利义胜的筷子突然折成两半，被视为不祥的朕兆。那年秋天，他果然在出游时从马上摔下来，一病不起，十天后就死了。随后，足利义胜的弟弟足利义政被立为将军，为了防止同样的不幸发生，他要求筷子做得粗壮一些，不会轻易折断。②

折断的筷子预示着突然死亡，在中国历史上并没有类似的事件发生；但用折断筷子来表明自己的决心，这样的事确实发生过。《新唐书》记载，唐宣宗时发生了这么一件事："广德公主，下嫁于琮。初，琮尚永福公主，主与帝食，怒折匕筯，帝曰：'此可为士人妻乎？'更许琮尚主。"（《新唐书·诸帝公主·宣宗十一女》）于琮为唐朝大臣，后为宰相。他起先中意永福公主，但公主很不愿意，与皇帝一同吃饭时，折断了匕箸以示抗议。唐宣宗觉得这种暴烈行为太伤皇室体面，于是改为让广德公主嫁给了于琮。永福公主折断匕箸，显示了她的决断，宁死不屈，显示筷子可以代表一个人

---

① 刘云主编《中国箸文化史》，239 页。
② 向井由纪子、桥本庆子《箸》，193 页；一色八郎《箸の文化史》，18 页。

的生命。筷子在实际生活中具有的象征意义，其重要程度是因人而异的。总的来说，在亚洲，如果筷子出了什么意外，就会被看作不吉利。如前文所述，吃饭时筷子没拿好而掉在了地上，也被认为是不吉利的。对有些人来说，这对个人的未来可能是个不好的兆头，倘若发生在生命中的重要时刻，就更令人心生恐慌了。在中国古代，赴京赶考的途中，如果吃饭时不小心将筷子落到地上——"落地"，就会被视为不吉利，掉落筷子的考生因此推测自己可能会落第，其他人也会这么想。

如果掉落筷子是落第的预兆，那么举起筷子则会有相反的意思。在唐代，文人阶层特别流行写诗。唐代著名诗人刘禹锡送老友之子赴举，写下了一首题为《送张盥赴举诗》：

尔生始悬弧，我作座上宾。引箸举汤饼，祝词天麒麟。
今成一丈夫，坎坷愁风尘。长裾来谒我，自号庐山人。
道旧与抚孤，悄然伤我神。依依见眉睫，嘿嘿含悲辛。
永怀同年友，追想出谷晨。三十二君子，齐飞凌烟旻。
曲江一会时，后会已凋沦。况今三十载，阅世难重陈。
盛时一已过，来者日日新。不如摇落树，重有明年春。
火后见琮璜，霜馀识松筠。肃风乃独秀，武部亦绝伦。
尔今持我诗，西见二重臣。成贤必念旧，保贵在安贫。
清时为丞郎，气力佯陶钧。乞取斗升水，因之云汉津。（《全唐诗》卷三五四）

这首诗的前几句，说的是张盥出生时，刘禹锡曾应邀吃面，说明唐代生日吃面习俗之普遍。而更重要的是，刘禹锡在诗里表达了希望，通过举箸引汤饼，可以助年轻人一臂之力，使他通过考试，像天上的麒麟一样，事业上大展宏图。这位年轻人真是幸运，因为很少人有幸能得到刘禹锡的诗词祝福。而就餐者在餐桌上举箸，常常是一种善意的姿态，通常由主人举箸，邀请客人品尝食物。对日本人而言，礼貌的做法是，无论何人，在进食前，先要对其他人（家人、朋友或客人）说"いただきます"，字面意思是"我现在领受了"或"我要开始吃了"。说这句话时，通常要用双手横拿筷子，并微微鞠躬。这种手势也许始于佛教寺庙，但这句话似乎更具神道的意义（这些做法确实混合了佛教和神道教）。由于传统神道信仰中"神"（かみ）是无所不在的，这句话意味着，就餐者从"神"那里接受或领受了食物，请求神的许可开始进餐。

中国人通常会向祖先和神灵供奉食物祭品，因此也有人类应与神灵共享食物的理念。他们向神灵献上祭品时，一定会摆上碗筷，觉得神灵也需要这些餐具来享用祭品。这种风俗在各民族中都较为普遍。例如，向祖先和神灵献祭时，满族人总会在碗上或碗旁放一双筷子、一把勺子。满族人在17世纪中叶进入中原之前，即广泛接触汉族习俗之前，这种习俗就已经存在。除了《满洲四礼集》，清人震钧的《天咫偶闻》一书，对满族人祭拜神灵的传统仪式亦有详细的记载。该书虽然成书较晚，但所记的史实应该是可信的。《天咫偶闻》载，在祭祀开始之前几天，准备工作就已经开始，而匙箸是祭器中的必备之物：

> 仪曰：谨蠲吉辰，先期三日，主祭者率阖族虔诚致斋。选牺牲，择纯毛净体，牡二牝一（惟背镫牲用牝）；江米、白米、黄豆、稗米、安春香（出关沟）、红烛、白挂钱、新麻、白纸、赤小豆、小鲫鱼、新柳枝一、三色纺绸（白色、蓝色、月白色）、三色线（作索）。先期二日，主祭者率阖族，谨将神板拭净，换

新挂钱，香碟内易新灰，次将祭器洗拭洁净。应用祭器列后：鸾刀一（柄上有铃）、匙箸、祭桌二、肉俎三、香案一、省牲床一、盛血盆一、和面盆一、锅一、灶一、杓一、铲一、勺、叉、蒸龙一、新笸箩一、控筛一、罩篱、帚、芴、帚、簸箕、蒸布、拭布、净绳六根、秫秸（四根一束，四束，长二尺）、净柴。

祭祀的过程中，匙箸同样重要：

主祭者，未刻率阖族点香，免冠三叩首，兴。和面蒸熟作饽饽九盘，每盘九数。献齐，奉第一盘于神板上，免冠三叩首，兴。顶冠出请牲，至牲前，用净帚遍扫牲体，换新缚绳引牲入，至神前陈于地。牲首向上，脊向东，免冠三叩首，兴。视厨役省牲，升牲于床。省牲，用左手盛血以盆，血盆供桌之左，接香。俟肉熟时撤饽饽盘。奉俎以献，牲首向上，插鸾刀于牲首之左。盛汤一碗，加箸一双，供于神板之上，免冠三叩首，兴。息香、撤火，以布幔遮窗，闭庭户。……

次日丑刻，设祭桌于庭中，陈三碟：一盛香，一盛稗米，一虚空留盛牲之全体。设齐，主祭者率阖族顶冠，行三叩首礼，兴。请香案、祭器等出，设于神杆前，安斗，升旧颈骨于屋上，即往请牲。至牲前，以净帚遍扫牲体，换新缚绳。引牲至祭案前，陈于地，首向上，脊向东，跪。俟读祝者宣祝词，并洒米三次，免冠三叩首，兴。视厨役省牲、升牲于床。省牲，用左手盛血以盆，血盆供于桌之左。主祭者衅杆尖毕立之，脱牲衣，解节，取颈骨（先下锅），取搭枯拉（骨名），挂于桌乘。取牲之全体（每一片），供于碟中。取胸岔及肋骨，左三右二，取塞勒带骨三节。取小肉，约十分之三，依次下锅。将大肉，连牲衣供于俎中。接香。俟肉熟时，跪切细丝，供稗米饭二大碗，肉丝二大碗。肉丝上加塞勒并右肋二条，血肠七片，三四碗稗米饭，饭上各插匙一把，肉丝碗各插箸一双，献齐，顶冠跪。①

献祭后，人们开始进餐，在这些场合用餐，需要遵守更为严格的礼节。从震钧的记载来看，满族人在祭祀的场合，筷子用来吃菜，勺子用来吃饭，与中国传统古礼和朝鲜半岛的风俗相近。但在其他地方，也许因为筷子已经取代勺子成为最主要的餐具，因此奉上贡品的时候也只需附上筷子。如江苏淮安地区的新年习俗，其中第一件要事是：

中设桌子一张，临空，上面放两张椅子，桌子前面挂红的桌帷，桌上外口放香炉，蜡烛台，里面摆放五双筷，五只碗，五只酒杯。在天井中央放铁盘一个，上架木柴十数段，叠成井字形，两旁各放芦柴两把，木柴上面再放些松枝。"挂当"几张，纸锞几挂，这叫作"元宝盆"。由家长主持，仆人们燃点香、烛、斟满酒，捧上热三牲——猪头一个，猪蹄四只，公鸡一只，鲤鱼一尾。猪头在中，蹄子在头的两边，鸡在左、鱼在右，另有葱数棵，分两组用红纸条把上下头略里，也摆在两旁。这些盛在一个长方形的木质"捧盘"中，放在桌上。家长用火剪着花皮，燃着向四周燃燎一次，再用它把元宝盆燃着，然后把花皮送出大门外，这时候就是开门的时候了。②

---

① 震钧《天咫偶闻》，北京：北京古籍出版社，1982年，23—25页。
② 引自刘云主编《中国箸文化史》，343—344页。

中国人赋予动筷或举箸以一定的社会含义。将筷子伸向菜盘夹菜之前，必须先从桌上举起筷子。这一行为，虽然看似自然，有时会成为一种非同一般的姿态，带来有意无意的结果。这样的例子比比皆是，在古今的历史文献、文学作品中均有发现。刘禹锡在诗中描绘自己引箸举面祝友人，但他并不是这一行为的首创者。更早的例子，见于唐代史家李延寿的著作。李延寿在讲述南梁王朝的历史时，提到了吕僧珍的故事。吕僧珍是一位谦恭稳重的官员，虽然受到梁武帝的器重，位居高位，但举止十分谨慎：

> 僧珍去家久，表求拜墓，武帝欲荣以本州，乃拜南兖州刺史。僧珍在任，见士大夫迎送过礼，平心率下，不私亲戚。兄弟皆在外堂，并不得坐。指客位谓曰："此兖州刺史坐，非吕僧珍床。"及别室促膝如故。从父兄子先以贩葱为业，僧珍至，乃弃业求州官。僧珍曰："吾荷国重恩，无以报効，汝等自有常分，岂可妄求叨越。当速反葱肆耳。"僧珍旧宅在市北，前有督邮廨，乡人咸劝徙廨以益其宅。僧珍怒曰："岂可徙官廨以益吾私宅乎。"姊适于氏，住市西小屋临路，与列肆杂。僧珍常导从卤簿到其宅，不以为耻。
>
> 在州百日，征为领军将军，直秘书省如先。常以私车辇水洒御路。僧珍既有大勋，任总心膂，性甚恭慎。当直禁中，盛暑不敢解衣。每侍御坐，屏气鞠躬，对果食未尝举箸。因醉后取一甘食，武帝笑谓曰："卿今日便是大有所进。"禄俸外，又月给钱十万，其余赐赉不绝于时。（《南史·吕僧珍传》）[①]

[①] 检索中国基本古籍库，唐代至清代的各种文稿中，"举箸"出现了561次。

前一段说吕僧珍为官清廉，从不以权谋私，为家人谋利。后一段则说他在梁武帝面前，大热天也不脱衣，更从不举箸即动筷吃宫里摆放的食品。有一次他醉酒，吃了一块甜点，武帝还称赞了一句，并加以许多赏赐。吕僧珍的行为被描绘成特例，因为很少有人能抵御食物的诱惑，特别是这些食物是由宫廷赏赐的。

随着时间的推移，吕僧珍轻易不"举箸"的表现，成了恰当的餐桌礼仪以及良好的道德品质的典范。高出是一位明代官员，因同情穷人而著名。他有次目睹饥荒肆虐，饿殍遍野，写有《一路哭》一首：

> 山东道上行不得，风昏尘沙月将昃。
> 中逵骷髅白委积，蹴之以足亦无恻。
> 城壕厌饫犬狼余，枯黑乌鸢且不食。
> 二月欲尽草未青，即逢路人无人色。
> 莒州沂州烟爨绝，是我所经仅兹域。
> 旁近或闻舆台说，谁忍举筯长叹息。
> 苍天高高不可呼，眼风悲酸泪欲枯。
> 我闻天子捐赈数十万，孑遗忍饥候哺饭。
> 即今待命当不多，半已死亡半南贩（返）。
> 只愁再岁复何为，土无草根树无皮。（《镜山庵集》）

诗人极度的悲伤使他无法举起筷子进食——这一比喻性的描述凸显了高出的同情和仁慈之心。

在现实生活中，面对食物，一个人是否动筷，甚至如何动筷，却是一件颇为严肃的事情。例如，至少在中国古代，受邀赴宴时，有礼貌的客人不会第一个拿起筷子夹取食物，最好是等到主人或年长者先拿起筷子。而主人为了表示热情好客，需要举起筷子来劝别人、催别人吃,有时反复这么做,表示客气。这一传统在其他文化中也可见到。比如在家里吃饭时,按惯例,应该让老人先动筷子,先开始吃。

在元、明之间,陶宗仪编辑了《说郛》一书,汇集了汉魏至宋元的笔记,内容多种多样,近似现代的百科全书。《说郛》中有"失去就"的说法,形容一个人不懂规矩、不讲礼仪:

> 卸起帽共人言谈。衩衣出门迎客。
> 不敲门直入人家。主人未请先上厅坐。
> 席局上不慎涕唾。主人未揖食先举筯。
> 探手隔坐取物。众食未了先卸筯。
> 开人家盘盒书启。骂人家奴婢。钻壁窥人家。

这些犯忌的行为中,有两条牵涉用筷的习俗:在主人未动筷之前先"举箸"和在同桌的人尚未吃完饭之前,先把筷子放下——"卸筯"。

明代陆楫也编辑了类似《说郛》的类书,其中也有"失去就"一条,内容相似:

> 卸起帽共人言语。骂他人家奴婢。
> 钻壁窥人家。不敲门直入人家。
> 席面上不慎涕唾。主人未请先上厅坐。
> 开人家盘合书启。主人未揖食先举箸。
> 众食未了先卸箸。探手隔坐取物。(《古今说海》)

的确,明代的就餐礼仪是无论一个客人如何想吃一道菜,都不能首先动筷。明代诗人李流芳的《莼羹歌》，为此提供了一个显例：

怪我生长居江东，不识江东莼菜美。
今年四月来西湖，西湖莼生满湖水。
朝朝暮暮来采莼，西湖城中无一人。
西湖莼菜萧山卖，千担万担湘湖滨。
吾友数人偏好事，时呼轻舠致此味。
柔花嫩叶出水新，小摘轻淹杂生气。
微施姜桂犹清真，未下盐豉已高贵。
吾家平头解烹煮，间出新意殊可喜。
一朝能作千里羹，顿使吾徒摇食指。
琉璃碗成碧玉光，五味纷错生馨香。
出盘四座已叹息，举箸不敢争先尝。
浅斟细嚼意未足，指点杯盘恋余馥。
但知脆滑利齿牙，不觉清虚累口腹。
血肉腥臊草木苦，此味超然离品目。
京师黄芽软似酥，家园燕笋白于玉。
差堪与汝为执友，菁根杞苗皆臣仆。
君不见区区芋魁亦遭遇，西湖莼生人不顾。
季鹰之后有吾徒，此物千年免沈锢。
君为我饮我作歌，得此十斗不足多。
世人耳食不贵近，更须远把湖湘波。（《檀园集》卷二七）

他写到自己如何喜欢吃莼菜，其他在座者也同样，但"出盘四座已叹息，举箸不敢争先尝"，谁都不愿第一个将筷子伸进餐盘。顺便提一下，莼菜的美味，很早就为人所熟知。在李流芳之前一千多年，西晋张翰就因为思念莼菜羹和鲈鱼脍，辞官从洛阳回到家乡苏州。成语"莼鲈之思"便出自这个典故。

有趣的是，在差不多时候，欧洲社会也发展出了类似的就餐礼仪，其中一条类似"竖子知礼，无躁无急。手勿及盘，主人在先"，另一条则像是"竖子滥饮，其言夸夸。如若放肆，举止尽失"。① 而在中国，因为用筷吃饭早已成为习俗，所以在餐桌上"举箸"与否、如何"举箸"，往往是表示礼仪、尊重他人特别是主人的表示。筷子于是成了一种人际往来是否符合社会习俗的象征，而且历史悠久。《资治通鉴》有这样一段记载，显示曾历仕五朝、德高望重的宋璟，在晚年仍然十分受人尊重：

> 王毛仲有宠于上，百官附之者辐辏。毛仲嫁女，上问何须。毛仲顿首对曰："臣万事已备，但未得客。"上曰："张说、源乾曜辈岂不可呼邪？"对曰："此则得之。"上曰："知汝所不能致者一人耳，必宋璟也。"对曰："然。"上笑曰："朕明日为汝召客。"明日，上谓宰相："朕奴毛仲有婚事，卿等宜与诸达官悉诣其第。"既而日中，众客未敢举筋，待璟。久之，方至，先执酒西向拜谢，饮不尽卮，遽称腹痛而归。璟之刚直，老而弥笃。（《资治通鉴·唐纪二十八》）

王毛仲是高句丽人，得到了唐玄宗李隆基的信赖，升为辅国大将军，权重一时。他有一回嫁女，希望百官出席婚礼，但不知道是否能请得动宰相宋璟。唐玄宗说亲自来出面邀请。当日宋璟迟迟不到，其他官员都不敢动筷吃饭。宋璟来了之后，只勉强饮了一点

---

① 诺贝特·埃利亚斯著，王佩莉译《文明的进程》第一卷，167—168页。

酒，借口身体不适就离席了。这个故事不但显示了宋璟受到百官的尊崇，还显示他不喜王毛仲的为人。果然，王毛仲后来居功自傲，渐渐失去了唐玄宗的信任，最终被赐死了。

　　大臣可以通过在食物面前不碰筷子显示谦逊，而皇帝也可以通过举箸来表达谦和与恩宠。有这样一件事，发生在5世纪北魏时期。杰出的军事谋略家崔浩曾得到太武帝的高度信赖，《资治通鉴》也有记载，显示君臣关系一度十分亲近。

　　　　魏主加崔浩侍中、特进、抚军大将军，以赏其谋画之功。浩善占天文，常置铜铤于酢器中，夜有所见，即以铤画纸作字以记其异。魏主每如浩家，问以灾异，或仓猝不及束带；奉进疏食，不暇精美，魏主必为之举筋，或立尝而还。魏主尝引浩出入卧内，从容谓浩曰："卿才智渊博，事朕祖考，著忠三世，故朕引卿以自近。卿宜尽忠规谏，勿有所隐。朕虽或时忿恚，不从卿言，然终久深思卿言也。"尝指浩以示新降高车渠帅曰："汝曹视此人尪纤懦弱，不能弯弓持矛，然其胸中所怀，乃过于兵甲。朕虽有征伐之志而不能自决，前后有功，皆此人所教也。"又敕尚书曰："凡军国大计，汝曹所不能决者，皆当咨浩，然后施行。"
　　（《资治通鉴·宋纪三》）

　　太武帝常到崔浩家中向他请教，有时恰逢饭点儿，但崔浩家里毫无准备，只能以简单的饭食招待。太武帝并不在意，不管崔浩家里有什么，一定会拿起筷子吃起来。皇帝不寻常的姿态，既表示渴望得到崔浩的建议，也表示他对崔浩的厚爱，因为在中国很少有皇帝会这样对待自己的臣子。皇帝还对他人说，虽然崔浩是个文人，但他的重要性，胜过许多身经百战的将军。然而，"伴君如伴虎"，与吕僧珍的谨慎形成鲜明对比的是，崔浩在接受皇帝特殊恩宠的同时，并没有表示出足够的谦恭，最后为此付出了沉重的代价。他后来受命领衔编纂国史，擅自将太武帝家族早年的羞耻之事公之于众，引起了太武帝及其族人的强烈不满，崔浩于是被处死，史称"国史之狱"。

到了明代，随着理学的进一步发展，修身养性成为君子的日常必修之事。明代经学家郝敬强调，君子的一举一动，包括吃饭的时候一举箸、一动碗，都必须按礼行事，比前代更为小心：

> 君子依仁存养之功，不可须臾离也，岂待富贵之交？虽饮食，亦人之欲也，饥渴当前则求饱丧志。人莫不饮食，而知味者鲜。君子存仁，虽一饭不苟，虽一举箸不忘。不敢以口腹害心志，养生之需犹若此，而况他乎？（《论语详解》）

除了"举箸"，即拿起筷子，文献中也有不少放下筷子的故事，说明这种做法也有着悠久的历史和文化象征意义。正如第2章所提到的，筷子和勺子一起出现在陈寿的《三国志》中。刘备听了曹操的话吓了一跳，"失匕箸"。此后，"失匕箸"便成了现成的说法，用来描述某人惊恐、惊愕和惊讶之状。10世纪唐朝衰落之后，军阀混战，个个都想控制中原，后梁大将高季兴就是其中之一。他与后唐合作，计划入侵四川，但不确定这一举措是否正确。犹豫之际，另外一支军队迅速占领了四川。"高季兴闻蜀亡，方食，失匕箸，曰：'是老夫之过也'。"（《资治通鉴·后唐纪三》）[①] 高季兴后悔自己过于优柔寡断，手都握不住筷子了。最后，他只建立了一个小

---

① 此事亦记载于《十国春秋》卷一。

王国，再也没有机会夺取四川。

在描写某人受惊吓或情绪失控的时候，"失匕箸"似乎是一种标准的表述。明代大臣温体仁心机很重，很会权衡利弊。明末宦官当政，引起士人的反对，著名的东林党人就是重要的反对派。温处世圆滑，周旋在"阉党"和"朋党"之间，获得了崇祯皇帝的信任，但他的老谋深算，却为当时士人所不耻：

> 体仁自念排挤者众，恐怨归己，倡言密勿之地，不宜宣泄，凡阁揭皆不发，并不存录阁中，冀以灭迹，以故所中伤人，廷臣不能尽知。当国既久，劾者章不胜计，而刘宗周劾其十二罪、六奸，皆有指实。宗藩如唐王聿键，勋臣如抚宁侯朱国弼，布衣如何儒显、杨光先等，亦皆论之，光先至舆榇待命。帝皆不省，愈以为孤立，每斥责言者以慰之，至有杖死者。庶吉士张溥、知县张采等倡为复社，与东林相应和。体仁因推官周之夔及奸人陆文声讦奏，将兴大狱。严旨察治，以提学御史倪元珙、海道副使冯元飏不承风指，皆降谪之。最后复有张汉儒讦钱谦益、瞿式耜居乡不法事。体仁故仇谦益，拟旨逮二人下诏狱严讯。谦益等危甚，求解于司礼太监曹化淳。汉儒侦知之，告体仁。体仁密奏帝，请并坐化淳罪。帝以示化淳，化淳惧，自请案治，乃尽得汉儒等奸状及体仁密谋。狱上，帝始悟体仁有党。会国弼再劾体仁，帝命汉儒等立枷死。体仁乃佯引疾，冀帝必慰留。及得旨竟放归，体仁方食，失匕箸，时十年六月也。逾年卒，帝犹惜之，赠太傅，谥文忠。（《明史·温体仁》）

这段记载表明，温体仁排斥异己、党同伐异，位居"首辅"（相当于宰相）。最终阴谋败露，他便称病在家，希望崇祯皇帝会挽留他。未料皇帝居然让他离职。消息传来,温体仁正好在吃饭,听到之后,受到了极度的惊吓,手里的筷子掉在了地上,后来不久就一命呜呼了。

　　人可能因受到惊吓而失手掉落餐具,也有可能特意扔掉或放下自己的筷子来表达一定的情感——幸、不幸或兼而有之。婚礼上扔筷子的习俗,即为一例。婚礼当天新娘扔掉筷子,也许想表达的既是离开父母的悲伤,也是新生活开始的幸福。"失箸"通常被认为是不吉利的,在文学比喻中甚至预示着不祥;而"投箸"则经常被描绘成不寻常、不自然的行为,与焦虑、沮丧、担心有关。也就是说,"投箸"意味着有人故意地放下筷子来表达强烈的情感。《宋书》是南朝梁史学家、文学家沈约的著作,书中提到了这样一件事:刘宋皇族相互杀戮,内讧不已。476年,建平王刘景素意欲夺取帝位,代替当时喜怒无常的少年皇帝。但叛乱失败,刘景素被杀。他死后,秀才刘琎上书新任皇帝,陈述刘景素德美:

> 臣闻孝悌为志者,不以犯上,曾子不逆薪而爨,知其不为暴也;秦仁获麑,知其可为傅也。臣闻王之事献太妃也,朝夕不违养,甘苦不见色。帐下进珍馔,太妃未食,王投箸辍饭。太妃起居有不安,王傍行蓬发。臣闻求忠臣者于孝子之门,安有孝如王而不忠者乎?其可明一也。(《宋书·建平宣简王宏·刘景素》)

刘琎举了例子来说明刘景素一直对母亲很孝顺,如果发现母亲没吃饭,他会立刻"投箸辍饭"。然后他接着反问道:"安有孝如王而不忠者乎?"换句话说,刘景素在家如此尽孝母亲,在国必不会犯下忤逆朝廷之事。"投箸"在这里起了强化论点的作用。

　　其后的文献中,"投箸"不仅用来描述在家对长辈尽孝,也表达对他人的同情。《晋书》的成书时间比沈约的史书晚了大约一百年，其中介绍了为当世人所敬重的官员吴隐之的早期生活：

> 吴隐之……事母孝谨，及其执丧，哀毁过礼。……与太常韩康伯邻居，康伯母，贤明妇人也，每闻隐之哭声，辍餐投筯，为之悲泣。既而谓康伯曰："汝若居铨衡，当举如此辈人。"及康伯为吏部尚书，隐之遂阶清级，……累迁晋陵太守。(《晋书·良吏·吴隐之》)

这里不仅说韩夫人不吃饭了，而且增加了"投箸"这个动作，强调她对吴隐之失恃之痛的同情何其强烈。而吴隐之所表现出的孝道，也让她十分感动，因此告诫儿子，如果将来有可能，一定要提拔吴。吴隐之此后的辉煌仕途，可以说是缘于韩夫人的"辍餐投筯"。

元代名臣崔斌，深得开国皇帝元世祖忽必烈的信任。但他毕竟是汉人，而且性格刚毅、直言不讳，得罪了另一位重臣阿合马。《元史》中有这样的记载：

> 十五年，被召入觐。时阿合马擅权日甚，廷臣莫敢谁何。斌从帝至察罕脑儿。帝问江南各省抚治如何。斌对以治安之道在得人，今所用多非其人，因极言阿合马奸蠹。帝乃令御史大夫相威、枢密副使孛罗按问之，汰其冗员，黜其亲党，检核其不法，罢天下转运司，海内无不称快。适尚书留梦炎、谢昌元言："江淮行省事至重，而省臣无一人通文墨者。"乃命斌迁江淮行省左丞。既至，凡前日蠹国渔民不法之政，悉厘正之，仍条具以闻。阿合马虑其害己，据摭其细事，遮留使不获上见，因诬构以罪，竟为所害。裕宗在东宫，闻之，方食，投箸恻然，

第6章　成双成对：作为礼物、隐喻、象征的筷子

遣使止之，已不及矣。天下冤之。年五十六。至大初，赠推忠保节功臣、太傅、开府仪同三司，追封郑国公，谥忠毅。(《元史·崔斌》)

崔斌揭露阿合马的奸行，遭后者诬陷杀害。忽必烈的儿子元裕宗救他不及，"投箸恻然"，放下筷子表示出一种深度的伤感。

唐代大诗人李白也用"投箸"传达和强调自己的伤感。《行路难》是他最著名的诗歌之一。当时，他在唐朝都城长安短暂停留之后决定离开，诗中抒发了向朋友道别时的伤悲：

> 金樽清酒斗十千，玉盘珍羞直万钱。
> 停杯投箸不能食，拔剑四顾心茫然。
> 欲渡黄河冰塞川，将登太行雪满山。
> 闲来垂钓碧溪上，忽复乘舟梦日边。
> 行路难！行路难！多歧路，今安在？
> 长风破浪会有时，直挂云帆济沧海。(《李太白全集》卷三)

诗一开始就描绘了朋友为给他饯行设下的豪华宴席——"金樽清酒斗十千，玉盘珍羞直万钱"。接着，李白表达了自己的情感："停杯投箸不能食，拔剑四顾心茫然。"在这里，"投箸"用来强调离开朋友的悲伤。

李白用了"投箸"表达自己的离别之情，以后的诗人也多借用这一术语表达自己的伤感。譬如宋代才子郑獬写有《感秋六首》，其中一首如下：

> 落日在高木，辉辉淡秋容。

> 白云起天镜，飞去忽无踪。
> 雨藓烂漫紫，幽径谁相从。
> 孤虑如有根，纠结生心胸。
> 良时忽已晚，撇耳过晨钟。
> 事业馀濩落，抚己真何庸。
> 投箸不能食，却立倚长松。
> 酒敲百万兵，此忧不可攻。（《郧溪集》）

诗中用"投箸"停食表达自己怀才不遇的感慨。

然而，涉及筷子的这些行为，未必一定与苦恼或焦虑有关。相反，筷子也可以用来欢庆幸福时光。为此，"击箸"这个词就出现了，意思是"用筷子敲击"盘子或桌子。击箸的目的是弄出些声响，或者敲打出音乐（若此人有这方面的训练）。当然，这么做超乎寻常，因为饮食礼仪禁止用筷子发出噪声。所以，击箸只会发生在百感交集或狂喜之时。唐代诗人白居易在诗中描绘了这样的时刻。829 年，白居易与刘禹锡相遇，诗中是这样描述的：

> 为我引杯添酒饮，与君把箸击盘歌。
> 诗称国手徒为尔，命压人头不奈何。
> 举眼风光长寂寞，满朝官职独蹉跎。
> 亦知合被才名折，二十三年折太多。（《白氏长庆集·醉赠刘二十八使君》）

他们的聚会看起来的确很快乐。两人可能都已微醺，手里拿着酒杯或者筷子，边聊边唱，欢聚一堂。意外相聚，实在太让他们高兴了。他们作为诗人都很有成就，却都在官场失意，横遭贬谪，被迫离开唐朝都城，而在路上他们竟然碰见了！

白居易不由自主地用筷子敲击着盘子，这样的行为在其他唐诗中也有所描绘。给人留下的印象是，这种行为可能比想象的更为常见。会不会当时有这样的习俗：在聚会上歌唱时，人们常常用筷子敲打出节奏？唐诗中"击箸"通常出现在歌唱时，这似乎证明了确有这样的风俗。[①]中唐诗人吉皎，在他晚年的时候，赋诗讲述自己入仕的心情，用了"击箸讴歌"：

休官罢任已闲居，林苑园亭兴有馀。
对酒最宜花藻发，邀欢不厌柳条初。
低腰醉舞垂绯袖，击箸讴歌任褐裾。
宁用管弦来合杂，自亲松竹且清虚。
飞觥酒到须先酌，赋咏成诗不住书。
借问商山贤四皓，不知此后更何如。（《全唐诗》卷四六三《七老会诗》）

晚唐诗人罗隐有一首《韦公子》，则用了"击箸狂歌"：

击箸狂歌惨别颜，百年人事梦魂间。
李将军自嘉声在，不得封侯亦自闲。（《万首唐人绝句诗》卷五一）

宋代的诗人也沿袭了这一描述方式。祖无择有一首七律，描写诗人在颍州（今安徽阜阳）西湖的美好景色中击箸咏唱：

[①] "击箸"最先出现在唐代文稿中，该词在中国基本古籍库检索，总共出现了37次。

> 秋晚西湖胜概多，台轩来此驻鸣珂。
> 沙鸥散去惊丝竹，烟柳低垂间绮罗。
> 乱掷金钱和露菊，狂摇钿扇倚风荷。
> 下僚幸接曹尊末，率尔翻成击箸歌。（《九日陪旧参政蔡侍郎宴颍州西湖》，《两宋名贤小集》卷八六）

事实上，有记录表明，"击箸"的情形在唐代之前就有发生。汉代学者王充曾写道："夫以箸撞钟，以算击鼓，不能鸣者，所用撞击之者，小也。"（《论衡》卷五）王充认为以筷子敲钟，不发出声音，是由于筷子太细了，不合适，这至少说明那时或许已经有人这么做了。

筷子敲钟不行，但击琴则合适。南北朝时期，扬琴从中亚传入，中国音乐家用细细的竹棒或筷子进行演奏。《南史》记载，南朝梁音乐家、诗人柳恽才艺非凡：

> 初，恽父世隆弹琴，为士流第一，恽每奏其父曲，常感思。复变体备写古曲。尝赋诗未就，以笔捶琴，坐客过，以筯扣之，恽惊其哀韵，乃制为雅音。后传击琴自于此。恽常以今声转弃古法，乃著清调论，具有条流。（《南史·柳恽》）

柳恽出身音乐世家，父亲过世之后想赋诗，思考之中用笔敲琴，有一客人却用筷子击琴奏乐，让他大为惊讶，从此也学会用这个方法制作雅音。而在柳恽之前，与扬琴相似的中国古筝或古琴（弦乐器），传统上是用手指弹奏的。

唐代人用筷子敲碗盘来奏乐，因为那时大多数饮食器皿是用陶甚至瓷制成的。传说隋代的宫廷乐师万宝常就是用这种方式在皇家晚宴上表演的：

> 万宝常，不知何许人也。父大通，从梁将王琳归齐，后谋还江南，事泄伏诛。由是宝常被配为乐户，因妙达钟律，遍工八音。与人方食，论及声调，时无乐器，宝常因取前食器及杂物，以箸扣之，品其高下，宫商必备，谐于丝竹，大为时人所赏。然历周、隋，俱不得调。（《北史·万宝常》）

音乐天才万宝常，能用筷子击碗奏乐。有一次，有人于席间与他讨论音乐，当时没有合适的乐器，万宝常用筷子敲击大小碗盏，奏出优美的曲调来阐述自己的见解，给很多人留下了深刻的印象，包括皇帝。万宝常因此受召制作宫廷音乐，但他一生卑微的地位始终没有改变。到了9世纪，一位名叫郭道源的宫廷乐师，再次用一双筷子展示了他精湛的技艺。"唐大中初，有调音律官天兴县丞郭道源，善击瓯。用越瓯、邢瓯共一十二旋，加减水，以箸击之，其音妙于方响也。"（《太平御览》卷五八四，乐部二十二）郭用大小质地不同的瓷杯十数只，注水或多或少，然后十分娴熟地用筷子敲击这些容器，奏出想要的音符。

郭道源用筷子击碗盏制乐，让人印象十分深刻。诗人温庭筠作《郭处士击瓯歌》，来称颂郭的高超技艺：

> 佶傈金虬石潭古，勺陂潋滟幽修语。
> 湘君宝马上神云，碎佩丛铃满烟雨。
> 吾闻三十六宫花离离，软风吹春星斗稀。
> 玉晨冷磬破昏梦，天露未干香着衣。
> 云钗委坠垂云发，小响丁当逐回雪。

晴碧烟滋重叠山，罗屏半掩桃花月。
太平天子驻云车，龙炉勃郁双蟠拏。
宫中近臣抱扇立，侍女低鬟落翠花。
乱珠触续正跳荡，倾头不觉金乌斜。
我亦为君长叹息，缄情远寄愁无色。
莫沾香梦绿杨丝，千里春风正无力。（《温庭筠诗集》卷一）

除了描述筷子在各种场合的用途，历史学家、诗人和学者也讨论了筷子的品种，赋予它们不同的价值和意义。最早的、著名的例子，当然是韩非子借用象箸批评纣王。此后几乎所有文献都将象箸与挥霍、奢侈的生活联系起来。但具有讽刺意味的是，在现实生活中，可能正是因为这种联系，有钱人和出身名门的人对象箸及其他象牙制品梦寐以求，以此来炫耀自己的地位、成功和财富。与其他品种的筷子相比，象箸更易碎，如果使用得不小心，很容易开裂、变色；即使平常不用，也会变色。这或许可以解释，象箸在亚洲的饮食文化圈中，一直有着虚荣奢华、不太实用的印象。

金箸也很精致。实际上，纯金筷子很难做，所以极其罕见。做出来的金箸和象箸一样，并不适合日常使用。不过，金箸的形象要比象箸好很多。上文提到的唐代名臣宋璟，得到唐代数位皇帝的信任，据史书记载，在一次宴会上，唐玄宗赐给他一双金箸：

宋璟为宰相，朝野人心归美焉。时春御宴，帝以所用金筯令内臣赐璟，虽受所赐莫知其由，未敢陈谢。帝曰："所赐之物非赐汝金，盖赐卿之筯，表卿之直也。"璟遂下殿拜谢。（《开元天宝遗事》上卷）

宋璟为人正直、廉洁，虽然接受了金箸，但不知皇帝意欲何为，没有称谢。皇帝见他有所疑惑，便说："并非赠你黄金，而是用金箸表彰你的正直。"宋璟这才谢了皇帝，接受了这双金筷子。这是历史记载金箸的最早实例之一，之后的文献对此再三提及。① 与象箸不同的是，金箸被赋予了积极的道德内涵，这与宋璟的正直和坦率是分不开的。② 历代皇室仿效唐玄宗，收藏金箸，偶尔也将它们当作礼物来奖励和表彰忠诚、得力的大臣。严嵩收藏的无数镀金镀银的筷子中，有两对就是金箸。严嵩曾受到明朝皇帝的宠信，并因此获得。张居正位高权重，李太后曾因其卓越的贡献奖励他一双金箸。③

金箸作为皇室礼物或者祭祀用品，历史悠久，这与黄金的至高地位相关。陶宗仪的《说郛》一书，有"安南行记"一章，其中提到安南（越南）送给中国的礼物中，有着各种各样的黄金制品，其中就有金箸、金盏等物。清代皇室的宗庙和祭祀礼仪中，常用到金箸。比如《清朝文献通考》记载：

> 将事之夕夜分，太常寺卿率属入庙，然炬明镫具器，陈于案，各以其序。帝、后皆同案，每案牛一、羊一、豕一、簠二、簋二、笾十有二、豆十有二、炉一、镫二，每位登一、铏一、金匕一、金箸二。南设三案，一少西供祝版，一东次西向，一西次

---

① 此后，在中国基本古籍库中检索，"金箸"出现了129次，多数是对宋璟故事的复述。
② 在中国基本古籍库中检索，可见许多中国作家与诗人将金筷子与道德上的正直联系起来。朝鲜半岛的学者在其著作中也有类似的做法，可检索韩国古典综合数据库（http://db.itkc.or.kr/itkcdb/mainIndexIframe.jsp）。
③ 在中国，鲜有金筷子出土。故宫博物院收藏了几副金银筷，皆为明清皇家器物，参见刘云主编《中国箸文化史》，428—429页。刘志琴在其著作中描述了严嵩的收藏，见其著《晚明史论》，南昌：江西高校出版社，2004年，270页。张居正的金筷子在傅维麟撰《明书》中也有所提及。

东向，分奠帝、后，每案香盘一，每位奉先制帛一，色白尊一、玉爵三。(《清朝文献通考·宗庙考七·太庙七》)

上面已经提到，筷子曾被古人用来占卜，甚至用来挑选宰相。《明实录》中有段记载，说到明熹宗年间，朝廷用金箸夹取写有大臣名字的纸条，来选定、任命他们的职位：

于乾清宫拜天讫卜之，遂凡诸臣，各纳于金筋，筋夹之，得钱龙锡、李标、来宗道、杨景辰。阁臣以时艰求益，复得周道登、刘鸿训。而次所夹王祚远，为风坠觅之无迹，事讫，则凡落施风来身后也。于是进钱龙锡、杨景辰、来宗道、李标、周道登、刘鸿训，并为礼部尚书，兼东阁大学士。遣官诏龙锡、标、道登、鸿训。(《明实录·明熹宗·天启七年十一月》)

上述种种记载表明，金箸一直有着尊贵、高级的形象，虽然不是日常用品，但在皇室赠品、祭祀等重大仪式中，常常出现。不过在诗人笔下，金箸虽然代表了皇室生活，但也可以形容宫女的怨恨。唐代诗人刘言史有《长门怨》一首如下：

独坐炉边结夜愁，暂时恩去亦难留。
手持金箸垂红泪，乱拨寒灰不举头。(《全唐诗》卷二〇)

除了象牙和黄金，其他昂贵的材料也被用来制作筷子。有些确实和象牙一样珍贵，如犀牛角、鹿角、乌木，还有一些由于是进口材料，价格自然就高了。有些木材如红木、紫檀（马来红木）原产于越南、泰国和东南亚其他地区，而在东亚却很少见。有趣的是，这些珍贵的筷子,似乎很少像象箸那样与道德产生联系。这些筷子中,银箸相对更实惠,因为银比其他金属更常见,更具有可塑性。实际上,历史文献中提到的一些金箸,更可能是由金银合金制成的。银箸虽然容易褪色,但结实耐用,既是有价值的收藏品,又是方便的饮食工具,因此很受欢迎。如前所述,中韩两国的考古发掘出土了许多银箸,这是它千百年来持续受欢迎的明证。令人惊讶的是,也许是因为比较常见,汉语文献提及银箸不像金箸、象箸那么频繁。孟元老的《东京梦华录》中提到的会仙酒楼,用银制食具招待客人,但没有提到银箸。① 吴自牧的《梦粱录》多次提到在临安的茶肆和酒肆中,店家多用"银马杓、银大碗",而在有的分茶酒店中,甚至"俱用全桌银器皿沽卖",估计其中一定有银箸。② 有关餐馆使用银箸的明确记录,出现在《西湖老人繁胜录》这本写于 13 世纪的著述中。据此书记载,南宋都城临安的高档酒店用银箸备餐:"大酒店用银器,楼上用台盘洗子银箸,菽菜糟藏甚多。三盏后换菜,有三十般(盘),支分不少。两人入店买五十二钱酒,也用两只银盏,亦有数般(盘)菜。"③ 作者特意提到这一点,也许是此事并不多见。

不过,显然那时有人会用银箸进食。明代剧作家汤显祖在《夜泊金匙》中说自己出席了的一场丰盛的晚宴,有此咏叹:

凉日萧萧懒步滩,扁舟黄叶映秋残。
丛祠海客饶歌舞,银筯金匙醉不难。(《玉茗堂全集》)

---

① 孟元老《东京梦华录》,收入《东京梦华录(外四种)》,26 页。
② 吴自牧《梦粱录》,收入《东京梦华录(外四种)》,262—264 页。
③ 《西湖老人繁胜录》,收入《东京梦华录(外四种)》,124 页。迈克尔·弗里曼(Michael Freeman)也注意到,宋代的高级餐馆备有银筷子,供客人使用,参见"Sung,"*Food in Chinese Culture*, 153。

银箸配以金勺，隐喻舒适、享受的生活，但是这里没有直接的道德谴责。

除了上面提到的珍贵材质，还有一种筷子，所用材料也极其贵重，这就是玉。中国人（在一定程度上也包括了朝鲜半岛的居民）自古以来对玉十分迷恋。考古发现证明，早在旧石器时代，（软）玉已被制成各种物品，或是实用器，或是礼器。随着时间的推移，玉对中国人而言成了"皇家宝石"。玉器（容器、饰品等）是古代帝王、诸侯举行礼仪活动不可或缺的礼器。传统上，中国人无论男女都习惯佩戴玉饰，精巧的工匠制作的玉石艺术品成为富人们的收藏。在中国，有时一块高质量玉石的价值可以超过黄金和白银。当然，中国人也制作玉箸。一旦成了细细的筷子，就很容易碎裂，所以考古遗址中很少有玉箸出土。

文献中却频频出现玉箸。《南齐书》中就有一个较早的例子，对玉箸做了这样的描写：

> 历观帝王，未尝不以约素兴，侈丽亡也。伏惟陛下，体唐城俭，踵虞为朴，寝殿则素木卑构，膳器则陶瓢充御。琼簪玉筋，碎以为尘，珍裘绣服，焚之如草。斯实风高上代，民偃下世矣。然教信虽孚，氓染未革，宜加甄明，以速归厚。详察朝士，有柴车蓬馆，高以殊等；雕墙华轮，卑其称谓。驰禽荒色，长违清编，嗜音酣酒，守官不徙。物识义方，且惧且劝，则调风变俗，不俟终日。（《南齐书·崔祖思》）

在这里，玉箸的易碎成了隐喻，用来向皇帝诤谏，不必追求奢华的享受，而是需要以身作则，勤俭治国，树立示范性的道德素养。

同象箸一样，玉箸十分精致，不太适合在日常生活中使用。文人们大都喜欢用玉箸作比喻。从萧子显在书中提到玉箸起，这个词就反复出现在文学作品中，特别是唐代的文本。实际上，这个词似乎比金箸或银箸更受欢迎。① 文人骚客提及玉箸原因有二。其中之一是用它们象征事业成功。杜甫的《野人送朱樱》一诗很出名，其中就用了"玉箸"的比喻：

> 西蜀樱桃也自红，野人相赠满筠笼。
> 数回细写愁仍破，万颗匀圆讶许同。
> 忆昨赐沾门下省，退朝擎出大明宫。
> 金盘玉箸无消息，此日尝新任转蓬。（《全唐诗》卷二二六）

杜甫从京城长安移居到成都后，收到了新邻居送来的一些红樱桃。邻居的友善让他忆起以前在京城的生活，那时他收到的樱桃为朝廷所赐。"金盘玉箸"代表杜甫在朝当官时的成功人生。

此后，玉箸作为舒适、美好生活的象征，在诗文中频频出现。南宋诗人杨泽民，有《少年游》一首：

> 鸾胎麟角，金盘玉箸，芳果荐香橙。
> 洛浦佳人，缑山仙子，高会共吹笙。
> 挥毫便扫千章曲，一字不须更。
> 绛阙瑶台，星桥云帐，全胜少年行。（《历代诗余》卷二三）

南宋诗人杨万里，则有《宿庐山栖贤寺示如清长老》一首：

---

① 在中国基本古籍库中检索，"玉箸"出现2284次，而"金箸"出现129次，"银箸"只出现54次。

清风迎衣襟，白云捧脚底。
飘然径上庐山头，谁道栖贤三十里。
乡禅引到狮子峰，旃檀喷出香雾浓。
此一瓣香为五老，一笑问我颜犹红。
右看南岳左东海，方丈祝融抹轻黛。
群仙遥劝九霞觞，金盘玉箸鲜鱼脍。
急呼清风与白云，送我更往会列真。
乡禅恐我忽飞去，挽著衣襟复留住。
下视落星石一拳，长江一线湖一涓。
醉掬玉渊亭下泉，磨作墨汁洒醉篇。（《诚斋集》卷三五）

宋代人编纂的大型文集《太平广记》中，记述了几位豪侠，其中一位唐代的"昆仑奴"名叫磨勒，脸色黝黑，身手矫捷，可能来自南亚甚至非洲，显示唐代中西交流之频繁广泛。磨勒能飞檐走壁，帮助主人崔生去歌妓院密会心仪的女子，女子向他们吐露了身世：

姬白生曰：某家本富，居在朔方。主人拥旄，逼为姬仆。不能自死，尚且偷生。脸虽铅华，心颇郁结。纵玉箸举馔，金炉泛香，云屏而每进绮罗，绣被而常眠珠翠；皆非所愿，如在桎梏。贤爪牙既有神术，何妨为脱狴牢。所愿既申，虽死不悔。请为仆隶，愿待光容，又不知郎高意如何？生愀然不语。磨勒曰：娘子既坚确如是，此亦小事耳。姬甚喜。（《太平广记·卷一九四·豪侠二》）

这位歌姬说自己原来出身良家，被逼为妓。在歌妓院中，虽然生活舒适（她用玉箸享用盛馔），但希望公子能为她赎身，宁愿做奴婢。崔生有所迟疑，而磨勒却认为此事不难。他将二人背在身上，越过高墙，两位有情人由此终成眷属了。

到了明代，诗人用"玉箸"比喻富华生活，更是司空见惯。但何景明一首《鲥鱼》则与众不同。与上引杨万里的诗句相反，他用玉箸来反衬鲥鱼如何成为富人的盘中餐，由此可怜鲥鱼的命运：

> 五月鲥鱼已至燕，荔枝卢桔未应先。
> 赐鲜遍及中珰第，荐熟谁开寝庙筵。
> 白日风尘驰驿骑，炎天冰雪护江船。
> 银鳞细骨堪怜汝，玉筯金盘敢望传。（《大复集》卷二六）

玉箸频繁出现在诗文中的另一个重要原因是，玉通常色浅透明，做成箸后，看起来像顺着脸颊流下的眼泪。因此，玉箸让人联想到哭的意象。文人们经常用它来描述哭泣的女子——思念亡夫的寡妇，羁留后宫郁郁寡欢的宫女。在南朝徐陵编选的诗集《玉台新咏》中，有一首诗描绘了一位悲伤的宫廷女子在等待王子到来时，她眼见自己的青春就这样白白溜走：

> 幽闺情脉脉，漏长宵寂寂。
> 草萤飞夜户，丝虫绕秋壁。
> 薄笑夫为欣，微欢还成戚。
> 金簪鬓下垂，玉筯衣前滴。（《玉台新咏》卷七）

另一首诗描述了妻子因与服役的丈夫分离而哭泣：

> 敛色金星聚，萦悲玉箸流。
> 愿君看海气，忆妾上高楼。（《玉台新咏》卷七）

唐诗人也多用"玉箸"来形容眼泪。大诗人李白特别喜欢以"玉箸"入其诗作,如《寄远十二首》中,便出现了两次:

> 玉箸落清镜,坐愁湖阳水。
> 且与阴丽华,风烟接邻里。
> 青春已复过,白日忽相催。
> 但恐飞花晚,令人意已摧。
> 相思不惜梦,日夜向阳台。(《李太白全集》卷二五)

在另一首《寄远》中,李白对离别之情的描述更为直接,诗中的女子为相思所苦,泪湿衣襟:

> 妾在春陵东,君居汉江岛。
> 日日采蘼芜,上山成白道。
> 一为云雨别,此地生秋草。
> 昔日携手去,今日流泪归。
> 遥知不得意,玉箸点罗衣。(《李太白全集》卷二五)

《闺情》一诗,句子同样脍炙人口:

> 流水去绝国,浮云辞故关。
> 水或恋前浦,云犹归旧山。
> 恨君流沙去,弃妾渔阳间。
> 玉箸夜垂流,双双落朱颜。
> 黄鸟坐相悲,绿杨谁更攀。
> 织锦心草草,挑灯泪斑斑。

窥镜不自识,况乃狂夫还。(《李太白全集》卷二五)

李白最喜欢的是,形容女人的眼泪如何簌簌流下,滴落在镜子上而不自觉,如《代美人愁镜二首》:

明明金鹊镜,了了玉台前。
拂拭交冰月,光辉何清圆。
红颜老昨日,白发多去年。
铅粉坐相误,照来空凄然。

美人赠此盘龙之宝镜,烛我金缕之罗衣。
时将红袖拂明月,为惜普照之余晖。
影中金鹊飞不灭,台下青鸾思独绝。
藁砧一别若箭弦,去有日,来无年。
狂风吹却妾心断,玉箸并堕菱花前。(《李太白全集》卷二五)

李白用这个隐喻来描述一位悲伤孤独的妇人。诗中,这位女子正在写情书,向情人表达团聚的渴望。女子没有意识到自己在流泪,直到看见镜中,自己的眼泪已经顺两颊缓缓流下,状如两根玉箸。

唐代诗人高适写有长诗《燕歌行》,慷慨悲壮,其中也用"玉箸"来形容思妇的眼泪:

汉家烟尘在东北,汉将辞家破残贼。
男儿本自重横行,天子非常赐颜色。
摐金伐鼓下榆关,旌旗逶迤碣石间。
校尉羽书飞瀚海,单于猎火照狼山。

山川萧条极边土，胡骑凭陵杂风雨。
战士军前半死生，美人帐下犹歌舞。
大漠穷秋塞草腓，孤城落日斗兵稀。
身当恩遇常轻敌，力尽关山未解围。
铁衣远戍辛勤久，玉箸应啼别离后。
少妇城南欲断肠，征人蓟北空回首。
边风飘飘那可度，绝域苍茫无所有。
杀气三时作阵云，寒声一夜传刁斗。
相看白刃血纷纷，死节从来岂顾勋。
君不见沙场征战苦，至今犹忆李将军。（《高常侍集》卷五）

既然"玉箸"用来比喻女子的眼泪，那么我们还要引用一首唐代女诗人薛涛的诗：

花开不同赏，花落不同悲。
欲问相思处，花开花落时。
揽草结同心，将以遗知音。
春愁正断绝，春鸟复哀吟。
风花日将老，佳期犹渺渺。
不结同心人，空结同心草。
那堪花满枝，翻作两相思。
玉箸垂朝镜，春风知不知。（《春望词四首》，《全唐诗》卷八三〇）

薛涛的比喻，从女性的角度描述，似乎更胜一筹。她不但用"玉箸"表示相思之泪，而且还说思妇之泪，不一定为她心中人所知，更显悲苦感受。

既然玉箸可以形容女人的眼泪，那么至少从诗人的角度出发，或许史上最出名的怨妇，就是远嫁异域的汉代女子王昭君。唐代有一首佚名诗，题为《咏史诗·汉宫》，用简洁的语句表示昭君的感受，批评汉朝将士无能，让一位弱女子为国牺牲：

明妃远嫁泣西风，玉箸双垂出汉宫。
何事将军封万户，却令红粉为和戎。(《全唐诗》卷六四七)

初唐诗人骆宾王，对同样的题材写有《王昭君》一诗，其中也用了"玉箸"的比喻。诗人用丰富的想象力，细诉了昭君的苦楚：

敛容辞豹尾，缄恨度龙鳞。
金钿明汉月，玉箸染胡尘。
古镜菱花暗，愁眉柳叶颦。
唯有清笳曲，时闻芳树春。(《骆宾王文集》卷六)

骆宾王诗中的"玉箸"，与"金钿"相对，可以比喻王昭君昔日在汉宫中富足的生活，也可以指她思乡的眼泪已经粘上了异乡的尘土。总体而言，唐宋两代，用"玉箸"形容女人眼泪，逐渐形成了一种风气。婉约词人柳永有《凤衔杯》一首：

有美瑶卿能染翰。
千里寄、小诗长简。
想初篸苔笺，旋挥翠管红窗畔。
渐玉箸、银钩满。

锦囊收，犀轴卷。

常珍重、小斋吟玩。
　　更宝若珠玑，置之怀袖时时看。
　　似频见、千娇面。(《乐章集》上卷)

　　词作同样缠绵动人的秦观写有《词笑令》一首，歌咏的对象还是王昭君，说她在匈奴营中，思念汉室，偷偷拭泪：

　　汉宫选女适单于。明妃敛袂登毡车。
　　玉容寂寞花无主，顾影低回泣路隅。
　　行行渐入阴山路。目送征鸿入云去。
　　独抱琵琶恨更深，汉宫不见空回顾。

　　回顾。汉宫路。杆拨檀槽鸾对舞。
　　玉容寂寞花无主。顾影偷弹玉箸。
　　未央宫殿知何处。目送征鸿南去。(《淮海长短句》下卷)

　　南宋词人汪元量目睹了大宋王朝被蒙古铁蹄践踏，家仇国恨，无从说起。他的《忆秦娥·雪霏霏》一词，借古喻今，百般凄楚，读来催人泪下：

　　雪霏霏。
　　蓟门冷落人行稀。
　　人行稀。
　　秦娥渐老，着破宫衣。

　　强将纤指按金徽。

未成曲调心先悲。

心先悲。

更无言语，玉箸双垂。

宋代之后，诗词创作已过其盛期，逐渐被杂曲、剧作、小说和散文所取代。但"玉箸"的形容，仍然富有活力。元代词人张可久写有《西湖送别》，其中写到离别愁绪，也用了"玉箸"作比喻，形容思妇的离愁别恨：

饯东君西子湖滨，恨写兰心，香瘦梅魂。
玉筋偷垂，雕鞍慢整，锦带轻分。

长亭柳短亭酒留连去人，南山云北山雨狼藉残春。
蝶妒莺嗔，草怨花颦。今夜歌尘，明日啼痕。

既然玉箸可以用来比喻眼泪，那么也可以形容其他流水形状。明代旅行家徐霞客在《徐霞客游记》中，曾几次用"玉箸"来描绘瀑布：

山稍开，西北二十里，抵沙县。城南临大溪，雉堞及肩，即溪崖也。溪中多置大舟，两旁为轮，关水以舂。西十里，南折入山间。右山石骨巉削，而左山夹处，有泉落坳隙如玉箸。又西南二十里，泊洋口。其地路通尤溪。东有山曰里丰，为一邑之望。（《徐霞客游记》第一册下）

徐霞客途经福建漳州一带，看到当地的地理风貌，流水淙淙。然后他又到了江西的麻姑山，那里同样山势秀丽，多有瀑布。徐霞客描写的正是那里最有名的景色——"玉练双飞"：

> 出建昌南门，西行二里至麻姑山足。上山二里，半山亭，有卧瀑。又一里半，喷雪〔亭〕，双瀑。〔麻姑以水胜，而诎于峰峦。半山亭之上，有水横骛，如卧龙蜿蜒。上至喷雪，则悬瀑落峰间，一若足同"匹"练下垂，一若玉箸分泻。分泻者，交萦石隙，珠络纵横，亦不止于两，但远眺则成两瀑耳。既坠，仍合为一，复如卧龙斜骛出峡去。但上之悬坠止二百尺，不能与雁宕、匡庐争胜。〕又一里，连泄五级，上有二潭甚深，旧亭新盖。〔可名"五泄"。五泄各不相见，各自争奇。〕〔螺转环连，雪英指白的水花四出；此可一目而尽，为少逊耳。〕又半里，龙门峡，上有桥。〔两崖夹立，泉捣中壑，不敢下视；架桥俯瞰于上，又变容与为雄壮观。龙门而上，溪平山绕，自成洞天，不复知身在高山上也。〕又半里，麻姑坛、仙都观。左有大夫松，已死；右有通海井。西上岭十里，逾箖竹岭，为丹霞洞。又上一里，为王仙岭，最高。西下二里，张坊。西左坳中为华严庵，宿。（《徐霞客游记》第二册上）

文人墨客如此偏好玉箸，除了它晶莹透明之外，还有可能是因为它通常是白色的。第4章曾提到，日本人在祭祀和过节时，喜欢使用不上漆的素木筷，反映了佛教、神道教的影响。中国文化中也有提倡朴素、节俭的一面，那么中国人是否也偏好白色的素木筷子呢？相似的理念也存在，比如中国佛教、道教的教义，以及道家的各种医书、医方中，基本都建议使用木筷和竹筷。但比较起来，中国人更喜欢质朴的竹筷，这是因为木筷有许多品种，比如红木筷和乌木筷就相当昂贵。当然，日常生活中的普通木筷颇为常见，但"箸"有竹子头，而竹又是"岁寒三友"之一，体现出它在中国传统文化中的地位。竹筷在文献中出现的次数，也远大于木筷。① 这些诗文反映出，竹筷不但制作容易，还是俭朴生活的象征。

齐明帝萧鸾为南齐第五位皇帝，宋代人编的《太平广记》中有一段关于他的记载：

> 齐明帝尝饮食，捉竹箸，谓卫尉应昭光曰：卿解我用竹箸意否？答曰：昔夏禹衣恶，往诰流言。象箸豢腴，先哲垂诫。今睿情冲素，还风反古。太平之迹，唯竹箸而已。（《太平广记》卷一六五廉俭）

这番对话表明，象箸和竹箸相对，前者代表骄奢淫逸，后者象征清廉俭朴。不过史书也记载，齐明帝用了计谋篡位登基，之前之后谋害了有威胁的人，所以他用竹箸用餐，或许只是一种政治姿态而已。

但竹筷表现俭朴生活的寓意，却源远流长。唐代诗人白居易有《过李生》一首，其中称颂竹箸"俭洁无膻腥"，用来衬托江南乡村安逸恬静的生活：

> 蘋小蒲叶短，南湖春水生。子近湖边住，静境称高情。
> 我为郡司马，散拙无所营。使君知性野，衔退任闲行。
> 行携小榼出，逢花辄独倾。半酣到子舍，下马扣柴荆。
> 何以引我步，绕篱竹万茎。何以醒我酒，吴音吟一声。
> 须臾进野饭，饭稻茹芹英。白瓯青竹箸，俭洁无膻腥。
> 欲去复裴回，夕鸦已飞鸣。何当重游此，待君湖水平。（《白氏长庆集》卷七）

---

① 在中国基本古籍库中检索，"竹箸"出现了290次，"木箸"仅出现了63次。

宋代词人秦观的《田居四首》之一,也用竹箸来表达乡野生活的乐趣:

> 严冬百草枯,邻曲富休暇。
> 土井时一汲,柴车久停驾。
> 寥寥场圃空,跕跕乌鸢下。
> 孤榜傍横塘,喧舂起旁舍。
> 田家重农隙,翁妪相邀迓。
> 班坐酾酒醑,一行三四谢。
> 陶盘奉旨蓄,竹箸羞鸡炙。
> 饮酣争献酬,语阑或悲咤。
> 悠悠灯火暗,剌剌风飙射。
> 客散静柴门,星蟾耿寒夜。(《全宋诗》卷一〇五三)

还有例子说明,中国人在服丧期间,也会倾向于用素净、简单的筷子。像日本一样,这里佛教的因素不可忽视,因为丧事往往由佛寺的僧侣操办,念经为死者超度亡灵。而佛寺的僧侣,极少选用制作精美的餐具。佛教经典总集《大藏经》多次提到,僧侣用的典型餐具应该是"竹箸瓦碗":

> 石霜辉禅师僧问:"佛出世先度五俱轮,和尚出世先度何人?"师曰:"总不度。"曰:"为什么不度?"师曰:"为伊不是五俱轮。"问:"如何是和尚家风?"师曰:"竹箸瓦碗。"(《大正新修大藏经·五十一册·史传部三》)

另一处说道,"和尚家风"除了用竹箸和瓦碗之外,还应该吃蔬菜拌糙米饭：

> 泉州西明院琛禅师。僧问："如何是和尚家风？"师曰："竹箸瓦碗。"僧曰："忽遇上客来时如何祇待？"师曰："黄韭仓米饭。"问："如何是祖师西来意？"师曰："问取露柱看。"（《大正新修大藏经·五十一册·史传部三》）

由上可见，佛教僧徒应该用的是竹筷，而不是木筷。但日本木材丰富，所以寺庙多用木筷取代竹筷。

清代吴敬梓的小说《儒林外史》中范进中举的故事，为人熟知，其中也提到了竹筷：

> 范进上来叙师生之礼。汤知县再三谦让，奉坐吃茶，同静斋叙了些阔别的话；又把范进的文章称赞了一番，问道："因何不去会试？"范进方才说道："先母见背，遵制丁忧。"汤知县大惊，忙叫换去了吉服；拱进后堂，摆上酒来。席上燕窝、鸡、鸭，此外就是广东出的柔鱼、苦瓜，也做两碗。知县安了席坐下，用的都是银镶杯箸。范进退前缩后的不举杯箸，知县不解其故。静斋笑说："世先生因尊制，想是不用这个杯箸。"知县忙叫换去，换了一个磁杯，一双象箸来。范进又不肯举。静斋道："这个箸也不用。"随即换了一双白颜色竹子的来，方才罢了。知县疑惑他居丧如此尽礼，倘或不用荤酒，却是不曾备办。

范进中举之后，与另一人一同去拜见知县。知县为他设宴，但范进因为母亲去世不久，不肯用为他准备的银箸和象箸，直到知县让人给他换了一双白色的竹筷，他才开始举箸吃饭。换句话说，中国古礼也有这样的要求：丧事期间，生活应该比平时简单，以表示对死者的哀悼之意。除了佛教的影响之外，儒家的孝道亦有类似的要求。《论语·阳货》中孔子便指出了父母去世、"三年之丧"的必要，丧期须过简朴的生活：

> 宰我问："三年之丧，期已久矣！君子三年不为礼，礼必坏，三年不为乐，乐必崩，旧谷既没，新谷既升，钻燧改火，期可已矣。"子曰："食夫稻，衣夫锦，于女安乎？"曰："安。""女安！则为之！夫君子之居丧，食旨不甘，闻乐不乐，居处不安，故不为也。今女安，则为之！"宰我出。子曰："予之不仁也！子生三年，然后免于父母之怀。夫三年之丧，天下之通丧也。予也有三年之爱于其父母乎？"

不仅筷子的颜色和形状可以用来做字面上或比喻性的描述，其尺寸和长度也可以用于测量。例如，杜甫曾这样称赞朋友送来的韭菜：

> 隐者柴门内，畦蔬绕舍秋。
> 盈筐承露薤，不待致书求。
> 束比青刍色，圆齐玉箸头。
> 衰年关鬲冷，味暖并无忧。（《全唐诗》卷二二五）

比杜甫早两百年的贾思勰，在《齐民要术》中，已经用筷子来比面条的长度。他在描述植物的高度和形状时，经常用筷子的长度和形状来说明，这大概是为了让读者或农家更容易理解。比如，他在卷九中提到面食，形容水引面大致与筷子的长度相仿：

> 水引:挼如箸大,一尺一断,盘中盛水浸,宜以手临铛上,挼令薄如韭叶,逐沸煮。

关于另一种切面,贾思勰也用筷子来解说其做法:

> 切面粥〔一名"棋子面"〕:刚溲面,揉令熟。大作剂;接饼,粗细如小指大,重萦于干面中。更挼,如粗箸大。截断,切作方棋。簸去勃,甑里蒸之。气馏勃尽;下着阴地净席上,薄摊令冷,挼散,勿令相粘。袋盛举置。须即汤煮,虽作臛浇,坚而不泥。冬天一作,得十日。

在贾思勰描述的植物中,与筷子长度类似的更多。如卷六提到的莼菜,就说其茎像筷子那么长:

> 《南越志》云:"石莼,似紫菜,色青。"《诗》云:"思乐泮水,言采其茆。"《毛》云:"茆,凫葵'七'也。"《诗义疏》云:"茆,与葵相似。叶大如手,亦圆,有肥,断着手中,滑不得停也。茎大如箸。皆可生食,又可酌滑羹。江南人谓之莼菜,或谓之水葵。"

卷十讲到芭蕉,贾思勰也引用了《蜀记》来形容其根部:

> 《蜀记》曰:"扶留木,根大如箸,视之似柳根。又有蛤,名'古贲',生水中,下,烧以为灰,曰'牡蛎粉'。先以槟榔著口中,又取扶留藤长一寸,古贲灰少许,同嚼之,除胸中恶气。"[1]

---

[1] 贾思勰《齐民要术》卷九,卷六,卷十。

徐霞客在游记中，为了便于叙述，也用筷子的长度、细度解说见到的事物。如他到广东西部的三里，描写当地的枸杞：

> 风俗：正月初五起，十五止，男妇答歌曰"打跋"，或曰"打卜"。举国若狂，亦淫俗也。果品南种无丹荔，北种无核桃，其余皆有之。春初，枸杞芽大如箸云，采于树，高二三丈而不结实，瀹以汤煮物其芽实之入口，微似有苦而带凉，旋有异味，非吾土所能望。木棉树甚高而巨，粤西随处有之，而此中尤多。（《徐霞客游记》第四册上）

随着时间的推移，筷子成为日常生活中越来越常见的器物，这样的比较也变得越来越普遍，有时极具创造性和幽默感。《水浒传》中有一个例子十分有趣、奇异。施耐庵在形容一匹白色骏马耳朵的时候，巧妙地用了玉箸的比喻：

> 两耳如同玉箸，双睛凸似金铃。色按庚辛，仿佛南山白额虎；毛堆腻粉，如同北海玉麒麟。冲得阵，跳得溪，负得重，走得远，惯嘶风必是龙媒。胜如伍相梨花马，赛过秦王白玉驹。

总之，自从筷子成为中国古代的日常用具，便成了作家、诗人、学者钟爱的主题。学者们通过对筷子特点哲学化的描述，来提出善治的政治智慧；作家们用筷子作比喻，来表现悲伤、焦虑和惊奇。筷子也出现在科技著作中，因为用它很容易说明长度、大小、形状。最喜欢筷子的似乎是诗人。从古至今，诗人不断地歌咏筷子，评论其功用、特点，探索其中真实或想象的文化意义。这里再举一些例子。

南宋著名女诗人朱淑贞（一作朱淑真），有《断肠诗集》和《断肠词》等作品传世，作品凄婉动人。但她为后人留下的一首咏箸诗，却显得俊俏活泼：

> 两个娘子小身材，捏着腰儿脚便开。
> 若要尝中滋味好，除非伸出舌头来。（《咏箸》，《坚瓠集》第九集卷三）

与朱淑贞相比，明代的程良规有点名不见经传，但他的咏箸诗亦为人所熟知：

> 殷勤问竹箸，甘苦尔先尝。
> 滋味他人好，尔空来去忙。（《竹箸诗》，《渊鉴类函》卷三八五）

在这里，诗人将筷子比作勤劳无私的劳动者——这是咏箸诗中最为流行的一个主题。

清代著名的诗人、散文家袁枚，还是一位美食家，著有《随园食单》。在一首诗中，他对筷子描绘了类似的形象，同情中带点幽默：

> 笑君攫取忙，送入他人口。
> 一世酸辣中，能知味也否？（《随园诗话》）

筷子另外一个鲜明特征——直，常被用来比附人的高尚品德，这也是诗文流行的主题。上文提到的唐代重臣宋璟获得皇帝金箸的嘉奖，便是一例。除了金箸，其他质地的筷子也可以表示正直的品德。初唐时期，有位杨洽作《铁火筯赋》：

物亦有用，人莫能捐。惟兹铁筋，既直且坚。挺刚姿以执热，挥劲质以凌烟。安国罢悲于灰死，庄生坐得于火传。交茎璀璨，并影联翩。动而必随，殊叔出而季处。持则偕至，岂彼后而我先。有协不孤之德，无愧同心之贤。至如元冬方冱，寒夜未央。兽炭初热，朱火未光。必资之以夹辅，终俟我而击扬。楚如焰发，赫尔威张。解严凝于寒室，播温暖于高堂。夺功绵纩，挫气雪霜。夫如是，则筋之为用也至矣，如何不臧。锐其末而去其利，端其本而秉其刚。信执梴之莫俦，何支策之足重。专权有左，故我独任而无成。双美可嘉，故我两茎以为用。抱素冰洁，含光雪新。同舟楫之共济，并辅车之相因。差池其道，劲挺其质。止则叠双，用无废一。虽炎赫之难持，终岁寒之可必。嗟象筋之宜舍，始阶乱而倾社。鄙囊锥之孤挺，辛矜名於露颖。伊琐琐之自恃，独铮铮而在兹。佐红炉而周戍，烦素手而何辞。因依获所，用舍随时。傥提握之不弃，甘销铄以为期。（《全唐文》）

杨描述了铁箸的种种品质，借以称颂高尚的道德，如"不孤之德""同心之贤"等。

数个世纪之后，出身山东的金朝官员周驰所写的《箸诗》中，也包含了深刻的道德隐喻：

矢束形何短，筹分色尽红。
骈头斯效力，失偶竟何功。
比数盘盂侧，经营指掌中。
蒸豚挑项脔，汤饼伴油葱。
正使遭谗口，何尝废直躬。
上前如许借，犹足沃渊衷。（《中川集》）

周驰在赞赏筷子的辛劳和无私的同时，将筷子的经历与自己在官场的沉浮作比较。周驰是位清官，他的直言极有可能遭到"谗口"。但他以筷子为典范，仍希望自己能像筷子一样保持"直躬"，避免行为和道德标准下滑。

清代乾隆时期的名臣韦谦恒，作有《咏箸次韵》一首，主旨与周驰的诗相类，但又结合了有关筷子的其他典故，堪称咏箸诗中的杰作：

> 玉箸当寒漏，双双映蜡红。
> 和羹欣有具，食肉诋无功。
> 失岂闻雷后，投疑按剑中。
> 两岐符瑞麦，盈尺比春葱。
> 奇耦呈全体，方圆总直躬。
> 妄思前席借，一得献愚衷。（《传经堂诗钞》）

据说韦谦恒深得乾隆皇帝的信任，另一位士人陆继辂则没有他这么幸运。陆的《咏箸》也用了筷子的典故，却笔调悲怆：

> 胜算何人借席前，竹奴辛苦自年年。
> 攫来徒饱老饕腹，失去须防宰相筵。
> 细数九能文字贵，几家五鼎子孙传。
> 病余我正腰围瘦，为尔停杯一泫然。（《崇百药斋三集》）

本章由一个爱情故事开始，也许用一首爱情诗来结束比较恰当。无论过去和现在，筷子的"成双成对"成了情诗最喜爱的话题。有些诗刻在夫妻筷上，不仅记录了夫妇的爱情，也祝愿两人共同幸福。① 下面这首诗是中国当代诗人博客中的作品。诗作未经润饰，但仍然清新感人。诗人在讨论了筷子的所有特征——相同长度、同时劳作、共同品尝和运送食物，甚至同享的"静谧"之后，用这些来描述夫妻之爱：

> 心地同长短，天涯共暖寒。
> 一生多味道，相伴苦中甜。②

---

① 蓝翔著《筷子，不只是筷子》收入了更多的咏箸诗，可以参见该书193—246页。
② 参见 http://bbs.tianya.cn/M/post-no02-247463-1.shtml（2018年4月29日检索）。

第 7 章
架起世界饮食文化之"桥"

> 真正的中国食物,口感细腻,味道特别。一道道佳肴种类繁多,与其大快朵颐还不如细细品尝。无须矜持,将筷子伸向一道菜,这样既卫生又优雅。食物的价格合理公道,除非你喜欢燕窝、皮蛋。燕窝很美味,不过,欢迎尝尝我的祖传皮蛋。
>
> ——哈里·卡尔(Harry Carr),
> 《洛杉矶:梦想之城》(*Los Angeles: City of Dreams*)

> 如果没有鼓足勇气,挥动筷子,好好尝尝你能受得了的几道真正的中国菜,那么,就不能说你已经了解、品味了中国味道。
>
> ——乔治·麦克唐纳(George McDonald),
> 托马斯·库克旅游指南之《中国》(*China*)
> (Thomas Cook Guide Book)

前面提到过,筷子在日语中的发音与"桥"相同。19 世纪中叶,亚洲逐渐融入了现代世界,筷子这种饮食工具,确实起到了将这块土地和世界各地连接起来的作用。中国食品,借用 J. A. G. 罗伯茨的书名，也是"东食西渐"（China to Chinatown，原意是"从中国到中国城"），走向了世界各地。由此缘故，筷子也走出了筷子文化圈，在亚洲以外的地区流传。对非亚洲食客而言，用筷子吃饭，也许代表了在中国或亚洲餐厅就餐的高潮和精华。或许为了迎合和培养这种趣味，许多中餐馆的老板也用"筷子"来命名自己开在别国的餐馆，"金筷子""竹筷子"之类的店名便很受欢迎。[①] 当然，不仅中国餐馆有筷子，日本、韩国、越南乃至泰国餐厅有时也为客人提供筷子。因此，筷子的使用增加了人们对亚洲食品的兴趣。如果筷子是"桥"，那么它们就是沟通不同饮食文化之间的桥梁，不仅连接所有的亚洲人，也连接亚洲人和非亚洲人。当代中国诗人赵恺作有《西餐》一首："举得起诗情画意，放不下离情别意。两枝竹能架起一座桥，小桥召示归去。"[②] 他将筷子比作一座文化交流的桥梁。

在现代世界，筷子的形象举世瞩目，尤其引起去亚洲筷子文化圈旅游的人的注意。从16世纪起，欧洲人开始前往亚洲，他们很快发现，使用筷子是中国及其邻国人的一种独特的饮食方式，便及时在日志和游记里记录下来。最早在日志里提到筷子的，也许是加莱特奥·佩雷拉。他更新了欧洲人从13世纪的《马可·波罗游记》中获得的有关中国社会风尚的知识，认为因为使用筷子，中国人的饮食习惯既干净又文明（顺便说一句，马可·波罗不但忽略了中国人饮茶的习俗，也没有提到中国人使用筷子进餐）。

因为用筷子进食不会用手碰触食物，所以欧洲人发现，亚洲人甚至不需要饭前洗手。葡萄牙耶稣会传教士路易斯·弗洛伊斯

---

① 在谷歌上，搜索关键词"筷子"（chopsticks）结合"中国饭馆"（Chinese Restaurant）得出。
② 引自《为什么中国人吃饭用筷子，外国用叉子》，《人民日报海外网社区》，2017年5月9日：http://bbs.haiwainet.cn/thread-548328-1-1.html。

(Louis Frόis）和同去日本的洛伦索·梅赫亚（Lourenço Mexia）发现，欧洲人与亚洲人在许多方面均呈现出明显的不同。譬如他们遇到的日本人，不吃面包，而是吃米饭，并且习惯也大不相同："我们饭前饭后都会洗手，而日本人不用手接触食物，并不觉得有必要把手洗一洗。"①16世纪后期到访日本的意大利商人弗朗切斯科·卡莱蒂也发现："日本人可以极敏捷地用这两根小棍将食物送进口中，不管食物有多小，都能夹起来，完全不会弄脏手。"②

因此，当欧洲人第一次看见筷子时，都会觉得十分好奇，完全为其吸引住了。他们发现用筷子吃饭，既方便又干净，不会弄脏手。这可能表明，虽然当时欧洲人已经使用刀叉，但有些场合仍得用手指进食，因此需要餐巾和桌布。在欧洲人开始走向世界的那个时代，耶稣会在中国传教的奠基者利玛窦（Matteo Ricci，1552—1610）对中国人使用筷子，给予最为正面的描述。与他同时代人的叙述相比，利玛窦向欧洲人提供了有关明代饮食习惯最为详细的介绍。其他人只是称筷子为"两根棍子"，而利玛窦描述了这种饮食工具是如何制作的："筷子是用乌木或象牙或其他耐久材料制成，不容易弄脏，接触食物的一头通常用金或银包头。"他还评论说，在中国，宴会"十分频繁，而且很讲究礼仪。事实上有些人几乎每天都有宴会，因为中国人在每次社交或宗教活动之后都伴有筵席，并且认为宴会是表示友谊的最高形式"。在宴会上，利玛窦注意到：

> 他们吃东西不用刀、叉或匙，而是用很光滑的筷子，长约一个半手掌，他们用它很容易把任何种类的食物放入口中，而不

---

① Donald F. Lach, *Japan in the Eyes of Europe: The Sixteenth Century*, Chicago: University of Chicago Press, 1968, 688.
② 引自 Giblin, *From Hand to Mouth*, 44。

必借助于手指。食物在送到桌上时已切成小块，除非是很软的东西，例如煮鸡蛋或鱼等，那些是用筷子很容易夹开的。①

像其他欧洲人一样，利玛窦也指出，"中国人不用手接触食物，所以饭前饭后都不洗手"。他还详细描述了明代中国人用筷的礼俗：

> 开始就餐时还有一套用筷子的简短仪式，这时所有的人都跟着主人的榜样做。每人手上都拿着筷子，稍稍举起又慢慢放下，从而每个人都同时用筷子夹到菜肴。接着他们就挑选一箸菜，用筷子夹进嘴里。吃的时候，他们很当心不把筷子放回桌上，要等到主客第一个这样做，主客这样做就是给仆人一个信号，叫他们重新给他和大家斟酒。吃喝的仪式就这样一次又一次地重复，但是喝的时候要比吃的时间多。②

第6章已经提到，明代中国人对用筷的礼仪比较讲究，违反者就会被认为是"失去就"。或许是礼仪复杂，利玛窦虽然对中国人用筷有如此正面、深刻的印象，但他没有提及他自己在中国的时候，是否曾试着用筷子吃饭；如果试过的话，是否用得如同中国人一样技巧娴熟。事实上，从16世纪到19世纪，欧洲传教士和其他旅行者留下的各类著述中，很少有人记录他们对筷子的好奇之心，是否也会诱使他们试着用一用筷子。这些欧洲人远涉重洋，来到亚洲，本身就说明他们充满冒险的精神。但要他们学着用手指握住筷子，夹取食物，这难度似乎让他们望而却步。

---

① 利玛窦、金尼阁著，何高济等译，何兆武校《利玛窦中国札记》，北京：中华书局，1983年，68—70页。
② 同上书，71页。

然而，也有一些欧洲人，虽然使用筷子的能力或许不错，却对这种饮食方式了无兴趣，甚至认为颇为粗俗，吃相难看。第5章已经提到的马丁·德拉达，记录了明代中国人饮茶的习俗。他是一位西班牙奥斯定会的修道士，从墨西哥转道亚洲，先在菲律宾登陆，后来到达中国南方。他也注意到，中国人用筷子吃饭，桌布、餐巾因此变得毫无必要。德拉达写道："他们用筷子的本领很大，可以夹起任何再小的东西，送进他们的嘴里。即使是圆的像李子之类的果品，也毫无问题。"与佩雷拉、利玛窦不同，他对这一习俗的印象并不好。"开始吃饭时，他们只吃肉，不吃面包，"他写道，"然后，他们将米饭作为面包，也用筷子像吃肉那样，吃掉三四碗，吃相不好看，有点像猪。"① 德拉达说中国人用筷子吃饭像猪，因为平民百姓常常将饭碗端起来，嘴巴凑在碗上，然后用筷子将饭团拨进口中，以免米粒掉下来。导言中提到，日本饮食史专家石毛直道指出，日本的就餐礼俗是，虽然食者可以将饭碗端起，但不主张将嘴巴凑在饭碗边，而是要求食者用筷子夹起饭团，送入口中。

彼得·芒迪（Peter Mundy）是一位英国旅行家，17世纪经印度到达中国南部。中国人娴熟地使用筷子，给他留下了十分深刻的印象。然而，他对这种饮食方式的描述，却显示出些许不以为意，至少不为所动。芒迪著有多卷本著作，详述了他在亚洲地区和欧洲大陆的旅行，其中一段描绘了中国人用筷子吃饭的情形——一个男子把碗举到嘴边，以极快的速度将食物推进口中：

> 他（大运河上的一位船夫）用手指拿起筷子（大约一英尺长），用它夹起肉，这些肉已事先切成小块，像咸肉、鱼等等，

---

① C. R. Boxer ed., *South China in the Sixteenth Century*, 287。

用它们来下饭（米饭是他们常吃的主食）。我是说，他夹起一块肉，马上把盛有软烂米饭的小瓷碗端到嘴边，以极快的速度用筷子将米饭猛推狂塞进嘴里，直到碗里一点不剩。上层人士也以同样的方式进食，只是和我们一样坐在桌子旁边吃。

文中还提到，"他们给我们端上一些切成小块的鸡肉，还有以同样方式处理过的新鲜猪肉，递过筷子让我们吃，但我们不知道如何使用，只好用手指取用了"①。中国人使用筷子的熟练程度让他十分吃惊，但他不能可能也不愿去模仿。实际上，芒迪还是不太赞同这种饮食方式，所以看到中国上层人士也这么吃饭，他就有点惊讶不解了。

尽管对中国人使用筷子不以为然，芒迪可能是以"chopsticks"指称这种餐具的第一位英国人。（"chopsticks"也出现在德拉达的早期叙述中，不过，那是翻译；德拉达的原文可能仅仅用"palillos"或"stick"，今天筷子一词的西班牙语就是这么说的。）那么，芒迪真的创造了这个英文词汇吗？自然有可能，但也有可能是他之前的什么人。这个词的词源说明"chopsticks"是一种洋泾浜英语——用"chop"（粤语中的"快"）作为"sticks"的前缀，所以有可能是一个英国人和广东人合作的结果。从芒迪的行文来看，他在描述中国人使用筷子的时候，这个词似乎在他那个时代已经存在了。

大约三十年后，另一位曾环游世界三次的英国旅行家威廉·丹彼尔（William Dampier），在《航行和描述》（*Voyages and Descriptions*, 1699）中提到筷子："英国海员称它们（筷子）为chopsticks。"因此，正是在17世纪这一百年间，英国人渐渐接受了用"chopsticks"

---

① Richard Carnac Temple ed., *The Travels of Peter Mundy, in Europe and Asia, 1608–1667*, Liechtenstein: Kraus Reprint, 1967, Vol.3, 194-195. 这一描述见该书165页。

这个词来指称这种用餐工具。相比之下,欧洲其他语言一直用"sticks"。例如,筷子在法语中被称为"baguettes",在西班牙语中被称为"palillos"(如德拉达的记述),两者都含有"棒"之意。在德语中被称为"Eßstäbchen",意为"吃东西的棒"。在意大利语中被称为"bacchette per il cibo",在俄语中被称为"palochki dlia edy",两者都有"用来进食的棒"之意。一个有趣的例外是筷子在葡萄牙语中被称为"hashi",和日语一样,这让人觉得应该与16世纪去日本传教的耶稣会士有关,是他们将这个称呼引进葡萄牙语的。

从18世纪起,受到资本主义发展的刺激,欧洲人对亚洲的整体兴趣显著增加,这个大陆被视为欧洲商品的潜在市场。饶有兴味的是,也正是在那个时候,他们却逐渐失去了对亚洲文明和文化的崇敬,特别是筷子习俗的兴趣。英国外交使节乔治·马戛尔尼(George Macartney),曾率领英国使团试图撬开中国当时关闭的大门。马戛尔尼希望,中国人能够很快学会使用刀叉,来代替筷子。在中国,马戛尔尼受到两位清朝官员的欢迎。他把他们描述为"智识之士,说话坦率、从容,交流起来特别容易"。他写道,应他的邀请:

> 他们坐下来和我们一起吃晚饭,虽然用起刀叉来,起初有点不自在,但很快就克服了困难,灵活自如地使用刀叉,来取用那些他们带来的美食。他们喝了我们的几种葡萄酒和其他各种酒类,从金酒、朗姆酒和亚力酒到果汁酒、树莓酒和樱桃白兰地,这些甜酒似乎最对他们的胃口。他们离别的时候,像我们英国人一样握手告别。①

---

① George Macartney, *An Embassy to China: Being the Journal Kept by Lord Macartney during His Embassy to the Emperor Ch'ien-lung, 1793–1794*, ed. J. L. Cranmer-Byng, London: Longmans, republished, 1972, 71.

如果马戛尔尼是在赞美这两位清朝官员，那么他的赞美也许与这一事实相关：在他看来，英国人的饮食习惯是优越的、更加文明的，因此他希望中国人能够效仿。与他一个世纪前的同胞芒迪相比，对于中国人特别是满族人（他称为鞑靼人）能够用筷子进食这事儿，马戛尔尼几乎没有什么兴趣，也没有留下什么好印象。与以前传教士的说法不同，马戛尔尼对清朝时中国的饮食情形作了以下的记录：

> 他们吃饭的时候，不用手巾、餐巾、桌布、平盘、玻璃杯、刀或叉子；而是用手指，或者用筷子，后者是木制的或象牙制的，大约六英寸长，圆润光滑，不太干净。他们的食物在上桌之前，已经切小放在小碗里，每个客人各自都有一个碗。他们很少两人以上在一张桌子上吃饭，四人以上则绝对没有。他们都吃家禽，也喜欢吃大蒜和味道很重的蔬菜。喝酒的时候，大家合用一个酒杯。这个酒杯有时会用水冲一下，但从不洗净、擦干。他们不太吃醋，不用橄榄油，不喝苹果汁、麦芽酒、啤酒或葡萄酒。他们的主要饮料是茶、白酒或用米混合其他谷物做的黄酒，这种酒的浓度则根据个人的需要，有的还比较可以接受，有的则浓得像马德拉酒。

由此可见，马戛尔尼选择用一种批评的角度来描述中国人或许是满族人的饮食习惯，将之归为落后、不文明的表现，有的地方显然还不太准确。这与他的外交使命相关，因为他的目的是让清朝接受英国的商品，包括西方的餐具。马戛尔尼在给出以上描述之后，满怀希望和骄傲地写道：

> 虽然中国政府不爱新奇的东西，对一切不是必需的外国商品

都持抵制态度，但我们的刀叉、勺子，以及无数给人带来方便的小玩意儿，格外适合每个人，可能很快就会有很大的需求。对奢华的追求胜过法律的约束；如果国内没有，从国外进口就是富人的特权。这次出使的一个好处就在于我们给了中国人一个机会，看到英国的完美无缺和高度文明以及英国人希望增进社会交往和商业往来的举止。与俄国人的蛮横无理不同，英国人虽然强大，但他们的大方和人道，胜于其他与中国打过交道的欧洲国家，因此更值得中国人尊敬和偏爱。①

不过，马戛尔尼打开欧洲通向中国贸易大门的使命，并未成功。他的要求被清朝乾隆皇帝断然拒绝，因为皇帝持有的观念很传统：中国是"中央之国"，是世界文明的中心。然而，距马戛尔尼访问失败仅约半个世纪之后，英国人便成功迫使清政府与他们达成协议。鸦片战争中战败的清廷被迫签订了《南京条约》等不平等条约，第一次允许欧洲人和美国人在中国居住并进行贸易。鸦片战争是一个分水岭，欧洲文化和亚洲文化的接触从此变得十分频繁。

马戛尔尼希望中国人或东亚人能像欧洲人那样使用刀叉，却迟迟未能实现。事实上，在19世纪，随着越来越多的欧洲商人来到中国，也许是受到主人的款待和持续的影响，他们发现自己越来越适应并且欣赏亚洲的食物和就餐方式。就像芒迪曾被中国人要求学习使用筷子，19世纪在中国行商的西方人经常有类似的经历。鸦片战争爆发前，外国商人需要通过清朝设置的"公行"雇的中国商人出售商品，因此常与"公行"的商人和官员来往。美国商人威廉·亨特（William C. Hunter）回忆说，他和同行有时会受中国商人

---

① George Macartney, *An Embassy to China*, 225-226.

或官员之邀,参加"筷子晚宴"。顾名思义,这些宴会完全是中国式的,正如亨特所言,"其中没有任何外国元素":

> 主人为我们盛上精致的菜肴,如燕窝汤、鹌鹑蛋、海参,以及特别烹制的鱼翅和烤蜗牛,这些菜只是许多道菜中的几样而已,然后还有各种甜点。饮料有米酒、绿豆汤和其他不知名的水果制成的甜汤。我们喝葡萄酒用的是小银杯或者小瓷杯,底下放有精巧的银垫。
>
> 这些晚宴非常令人愉快。即使多次之后,不再那么新奇,但酒足饭饱之后,我们的主人都会客气地将我们送出门外,再让他的下人点着灯笼送回我们的住处。[1]

可以想象,亨特和其他西方商人很有可能也试着用筷子享用盛宴。

《南京条约》签订之后,越来越多的西方人来到中国。受主人之邀,有些爱冒险的游客也开始尝试着使用筷子。劳伦斯·奥利芬特(Laurence Oliphant)就是一个例子。他是英国作家、旅行家、外交家,担任过额尔金伯爵(Earl of Elgin)的私人秘书,后者是19世纪中叶英国派往中国的全权代表。奥利芬特这样记录了他的经历:

> 经过一番舟车劳顿,我们在一家中国餐馆好好休整了一下,心满意足。在这里,我第一次体验了中国烹饪。虽然从来没用过筷子,但借助这一餐具,我设法十分满意地大吃了一顿。其中有

---

[1] W. C. Hunter, *The " Fan Kwae" at Canton: Before Treaty Days, 1825–1844*, London: Kegan Paul, Trench, & Co., 1882; reprinted in Taipei, 1965, 40-41.

在黏土中腌了一年的皮蛋、鱼翅、萝卜削去皮煮成的浓汤、海参、虾膏配海胆、竹笋，以及加入酱油和其他各种泡菜和调味品腌制的开胃蒜，所有这些，配上小杯温白酒，全都吃得干干净净。这里的碟子、盘子都非常小，还有棕色方形纸片权当餐巾。①

奥利芬特显然很喜欢这家餐馆具有中国风味的菜肴，而且他似乎很高兴能设法用筷子进餐。所以，当他受当地一位中国官员邀请再次品尝中国味道时，奥利芬特作了以下评论。他指出，中国人的饮食习惯"更优雅"，因为筷子"精致"，而刀叉则"粗鲁"：

> 很高兴有机会在上海，与之前认识的上海道台再次会面。我发现他是一个相当开明、智慧的人。有一天，我们一起吃饭，不像以前在同样的场合那么随便简单，而是大吃特吃了一餐。前菜从燕窝羹开始，其次是鱼翅、海参，以及其他难以形容的美味佳肴。接着是主菜，羊肉和火鸡以文雅的方式在边桌切开，再切成一口大小后分送给每个人。这样，精致的筷子完全取代了西方粗鲁的刀叉。在这方面，我们采用中国这种更优雅的饮食习惯，当然可以更有优势。我们已经不再在盘中将大块肉切开，那么，就再进一步，不要在盘子里再将肉片切碎了。②

与马戛尔尼的观点正好相反，奥利芬特认为中国人用筷子进餐是更文明的饮食方式。他也许是最早这样看的欧洲人。中国人将食物弄成一口大小，很容易用筷子取食，奥利芬特对这一点也留下了

---

① Laurence Oliphant, *Elgin's Mission to China and Japan*, with an introduction by J. J. Gerson, Oxford: Oxford University Press, 1970, Vol. 1, 67-68.
② Ibid., 215.

深刻印象。

我们有理由推测，奥利芬特应该不是当时在华的西方人中唯一接受了挑战、尝试用筷子吃饭的外国人。1935年，一位名叫科琳·兰姆（Corrinne Lamb）的美国女子，写了一本有关中国烹饪的英文书《中国宴席》（*The Chinese Festive Board*）。该书记录了中国菜的五十种烹饪方法。兰姆显然有丰富的中国旅行经历，她对中国饮食习惯和饮食礼仪的评论，以及对有关中国食物和饮食文化的谚语的翻译和分析，既直截了当又恰如其分。比如书中说"穿衣吃饭不犯条律"和"催工不催食"表现了中国人对饮食的看重，而"居家不可不俭，请客不可不丰"则描述了中国人的待客之道，然后"鱼吃新鲜米吃熟"和"敲碗敲筷，穷死万代"则关乎中国人的烹饪习惯和就餐礼仪。

上述足以证明兰姆对中国饮食的精通，她在《中国宴席》书的开头，还为西方读者更正了一些广为流传的误解，比如大米是中国人的唯一主食，老鼠是中国人每天必吃的食品，等等。她指出：

> 对于大约五分之三的中国人来说，米饭的确是他们的主食，但五亿中国人中的大多数人则吃的是小麦、大麦和高粱，后者是一种中国的小米。至于说吃老鼠，这是无稽之谈，不过在中国南方，人们倒是吃蛇。①

和奥利芬特一样，兰姆也不同意马戛尔尼认为西方餐具先进的观点。她从饮食的角度指出：

---

① Corrinne Lamb, *The Chinese Festive Board*, Hong Kong: Oxford University Press, 1985; 此书首版于1935年9月。兰姆引用的中国饮食谚语分散在书的各处。至于她说高粱是小米，应该是一个错误。

毫无疑问，西方的就餐礼仪的确有它精致和讲究的长处，但我们的许多习惯，如果做得过分，则阻碍了我们充分享受美食。那些希望啃鸡骨头、把头埋在西瓜中间啃咬和在汤汁里蘸面包的人都会知道我说的意思。中国人也有许多就餐的相关习惯，但真到吃饭的时候，并不十分管用。"随便"是中国食客吃饭时真正遵守的准则。

兰姆进一步认为，中国人能"随便"地享受美食，首先就是因为他们使用筷子。她指出在中国，食物上桌之前都"片、切、剁过，其大小已经到了无须再分割的地步"。这样，用筷子取食就足够了，而且还非常有效。兰姆写道：

> 首先，吃饭无须复杂的外国餐桌礼仪。我们所知道的筷子，在中国其实被称为"快子"，意译为"快捷的小男孩"。用这个词指代这种餐具，正因其灵活和快速。筷子一旦动起来，这个词用的真是恰当无比。除了喝汤或其他汤汤水水的东西可能需要一把小瓷勺之外，一双筷子便可以构成一个人的整套餐具。每人一只碗，一餐饭就搞定了。许多疲惫不堪的美国家庭主妇，很可能会希望，需要清洗的餐具可以减少到这么少。餐桌布是不存在的，所以，又少了一个不必要的东西。①

从她对中国饮食方式热情、肯定的态度很容易看出，兰姆自己可能已经熟练地掌握了使用筷子的技巧。正如她的著作所示，兰姆已经掌握了多种烹饪中国菜的技法。在兰姆写书、介绍中餐的时

---

① Corrinne Lamb, *The Chinese Festive Board*, 14-15.

候，美国的中餐馆向顾客推荐使用筷子来享用中式饭菜——"这是一种干净、精巧的用餐方式"，一本 1935 年有关洛杉矶的旅游小册子如是说。①

有趣的是，在兰姆热情洋溢地推荐中国菜、描述筷子的使用方法时，中国人自己却开始批判反思这种饮食习惯。在整个 20 世纪里，中国人为实现社会现代化做出了不懈的努力。一些中国人对自己的国家被蔑称为"东亚病夫"而耿耿于怀，试图努力改善同胞们的健康。在日本，类似的尝试始于 19 世纪末。例如，"hygiene"这个概念第一次被介绍到日本，被日本人称为"衛生"。这个由两个汉字组成的复合词，直接从古汉语文献借来，意味着"守护生命"，强调了卫生对人的重要性。中国人也用这两个字来讨论"卫生"观念，尽管一些学者对是否使用这个名词来翻译英文的"hygiene"，持有保留意见。② 不过，当时中国人接受了日本人对"卫生"的翻译，也许也有其原因，因为在 20 世纪 30 年代，中国发生了多次结核病危机，"守护生命"变得迫在眉睫。中西医学专家都将这个国家疾病的迅速蔓延，部分地归咎于中国人不良的日常生活习惯。其中一个习惯正是合食制："食物取自同一个碗，筷子将其送进个人的嘴。"③

事实上，20 世纪初期，中国人不仅要抗结核病，还要对付胃

---

① 引自 J. A. G. Roberts, *China to Chinatown*, 151。
② Ruth Rogaski, *Hygienic Modernity: Meanings of Health and Disease in Treaty-Port China*, Berkeley: University of California Press, 2004, 104–164; and Sean Hsianglin Lei, "Moral Community of *Weisheng*: Contesting Hygiene in Republican China," *East Asian Science, Technology and Society: An International Journal*, 3:4 (2009), 475-504.
③ Sean Hsiang-lin Lei, "Habituating Individuality: The Framing of Tuberculosis and Its Material Solutions in Republican China," *Bulletin of the History of Medicine*, 84:2 (Summer 2010), 262.

肠道疾病。① 为了防止这些流行病的蔓延，中国医学专家向同胞们提倡改善日常生活习惯，但这项工作相当具有挑战性。文化传统和社会习俗不是一夜之间就可以改变的，往往需要长时间的培养才能为大众所接受。当然，总的来说，中国人和其他亚洲人，传统上对食品还是比较讲究的，这也是许多在亚洲游历的西方人的总体印象。譬如利玛窦曾这样描写热饮的好处：

> 他们（中国人）的饮料可能是酒或水或叫茶的饮料，都是热饮，盛暑也是如此。这个习惯背后的想法似乎是它对肚子有好处，一般说来中国人比欧洲人寿命长，直到七八十岁仍然保持他们的体力。这种习惯可能说明他们为什么从来不得胆石病，那在喜欢冷饮的西方人中是十分常见的。②

在中国传统中，食疗与医疗几乎同义，人们认为食物对人体有药用效果，因此值得高度关注。这种观念也为朝鲜半岛的人、日本人、越南人及其他亚洲人所接受。与此同时，一些西方传教士注意到，中国人缺乏"卫生科学"知识，尽管生活方式大体还算健康。中国人确实意识到某些疾病是可以传染的，并采取各种措施防止其蔓延，但他们不太在意共食这个传染源。③

1938年，即兰姆赞美中国人用筷子进食的几年后，英国两位名作家奥登（W. H. Auden）和克里斯托弗·伊舍伍德（Christopher

---

① Yip Ka-che, *Health and National Reconstruction in Nationalist China*, Ann Arbor:Association for Asian Studies, Inc., 1995, 10.
② 利玛窦、金尼阁著，何高济等译，何兆武校《利玛窦中国札记》，69页。
③ Ruth Rogaski, *Hygienic Modernity*, 103.Leung, Angela Ki Che, "The Evolution of the Idea of *Chuanran* Contagion in Imperial China," *Health and Hygiene in Chinese East Asia*, eds. Leung & Furth, 25-50.

Isherwood）来到战时的中国，从他们丰富多彩的文字中可以看到，筷子在中国人的生活中，有多重要的地位：

> 看一眼中国人准备开饭的桌子，几乎想不到和吃有什么关系。看上去好像你要坐下来，准备参加水彩画比赛。筷子并排放着，就像是画笔。小碟酱汁代表颜料，有红色、绿色、棕色。配有盖子的茶碗，里面可能就有稀释颜料的水。甚至还有一种小小的擦画抹布，可以用来擦筷子。①

这些生动的文字表明，奥登和伊舍伍德对中国人使用筷子留下了相当深刻的印象。他们也写到，他们谢绝了主人提供的刀叉，尝试着用筷子进餐。这两个英国作家也喜欢这样的习俗：餐前，每个人都得到一块热的湿毛巾擦手、擦脸。他们建议，这种方式应该介绍给西方。

当然，他们对中国饮食做法的描述，并不像乍看那么光鲜溢美。有一点很明显，每个人都竞相夹取食物，却很少关心自己的筷子有可能将细菌传到共用的餐盘里。科琳·兰姆也在书中评论道，在中国，一旦食物放到桌上，就成了"所有在场的人的猎物"。她半幽默半调侃地写道：

> 在每个人都拿到一碗饭之后，假设四到五个热的炒菜端上了桌，这里没有尴尬的犹豫和等候。生命是重要的，而食物就是生命。于是几双筷子同时探入各种菜肴，食者将各色菜肴品尝一

---

① W. H. Auden & Christopher Isherwood, *Journal to a War*, New York: Random House, 1939, 40. 在今天，中国的餐馆还是会给客人提供热的湿毛巾。

番后,再集中精力转而寻找自己想要的。没人会不吃。当然,年长的人往往有些优先权,但之后每个人都不分先后,不愿甘于人后。所有的食物基本都上齐了,所以能吃多少就看一个人的食量了。没有人会想留一点胃口等着吃下一个菜。在中国吃一顿饭就这么干脆直接、毫不含糊。①

多亏医疗专业人员和政府干预的教育作用,当代中国人的个人和公共卫生意识变得越来越强。这种意识,使人们注意到历史悠久的共食制的弊端。语言学家王力创造了一个词叫"津液交流"(交换唾液),用来描述中国人喜好共食、一起分享一道道美食。在一篇文章中,他这样写道:

> 中国人之所以和气一团,也许是津液交流的关系。尽管有人主张分食,但也有人故意使它和到不能再和。譬如新上来的一碗汤,主人喜欢用自己的调羹去把里面的东西搅匀;新上来的一盘菜,主人也喜欢用自己的筷子去拌一拌。至于劝菜,就更顾不了许多,一件山珍海错,周游列国之后,上面就有了五七个人的津液。将来科学更加昌明,也许有一种显微镜,让咱们看见酒席上病菌由津液传播的详细状况。现在只就我的肉眼所能看见的情形来说。我未坐席就留心观察,主人是一个津液丰富的人,他说话除了喷出若干吐沫之外,上齿和下齿之间常有津液像蜘蛛网般弥缝着。入席以后,主人的一双筷子就在这蜘蛛网里冲进冲出,后来他劝我吃菜,也就拿他那一双曾在这蜘蛛网里冲进冲出的筷子,夹了菜,恭恭敬敬地送到我的碟子里。我几乎不信任我的舌

---

① Corrinne Lamb, *Chinese Festive Board*, 15.

头！同是一盘炒山鸡片，为什么刚才我自己夹了来是好吃的，现在主人恭恭敬敬地夹了来劝我却是不好吃的呢？我辜负了主人的盛意了。①

这段充满黑色幽默的描述，也许并不完全脱离中国现实，也许就出自他个人的亲身经历。事实上，20世纪晚期，在使用公筷和公勺的习惯引入中国之前，从公用菜盘里夹起食物递给晚辈或客人，来表达自己的亲情、热情和慷慨，是十分常见且正常的事。然而，针对这种公共用餐习惯的抨击，从20世纪初便已经开始。王力对中国人如何"享受"交换唾液的讽刺批评就是一个例子。许多人发表文章，批评这种流行于中国的古老却不卫生的风俗。有些人将"共食"列在不卫生习惯名单的首位，还有人试图改善这种饮食方式，比如要求使用公筷。②

可是，放弃合食制并不容易。就像在第5章中所讨论的，用筷子在共有的碗或盆里分享食物，比如吃火锅，已经成为中国及其邻近地区根深蒂固的饮食习惯。今天，很多中国人、越南人、朝鲜人和韩国人依然习惯共享食物。比如，在越南受邀出席家宴时，每个人都会拿一双筷子从共有的菜盘里取食，而用公筷仍然相当罕见，但米饭通常由女主人或主人家的其他女性用公勺盛入每个人的碗中。③一位去韩国旅游的中国游客惊讶地发现，有些韩国人会用自

---

① 王力《劝菜》，《学人谈吃》，北京：中国商业出版社，1991年，71—72页。
② 张一昌（译音）《国人不卫生的恶习》，《新医与社会汇刊》1934年第2期，156页。现代教育家陶行知在20世纪30年代建立了数所学校，他要求学生学习使用公筷。蓝翔《筷子，不只是筷子》，173页。
③ Nir Avieli, "Eating Lunch and Recreating the Universe: Food and Cosmology in Hoi An, Vietnam," *Everyday Life in Southeast Asia*, eds. Kathleen M. Adams & Kathleen A. Gillogly, Bloomington: Indiana University Press, 2011, 218.

己的勺子和筷子，取用公共集会上公用菜盘里的食品。他评论道，在这种情况下，中国人更可能只使用筷子从菜盘里夹取食物，而且用起来还会十分小心。①

因此，人们应该在共享食物和讲究卫生之间，想出一个折中的办法。20世纪初，在中国公众受到教育以了解共食可能有害健康之前，一些医学专家做过尝试。从剑桥大学毕业的医学博士伍连德（1879—1960），引进了他所称的"卫生式餐台"，即中国人所熟悉的"转盘餐桌"，他声称这是他的发明。伍连德坦言，吃饭最卫生的方式就是分食——大家只吃盛入自己盘子或碗里的食物。但他认为，这不是享受中餐的最好方式。那么，另一种方法，是大家自取菜盘里的食物，但要用一双公筷先把这些食物夹到各自的饭碗。不过这样做可能既麻烦又混乱（有些人可能会忘了在个人筷子和公用筷子之间随时切换），结果则会扼杀了享受美食的乐趣。伍连德认为，使用转盘餐桌是个更好的办法，这样既可以满足中国人吃饭时品尝各种菜肴的传统欲望，又照顾到他们刚刚学到的对饮食卫生的关注，并在两者之间获得一种平衡。更具体地说，根据伍连德的说明，他所提倡的做法是，在转盘餐桌上的每道菜旁边，各放一把勺子或一双筷子，食客在转盘餐桌上取用食物的时候，用它们拿取食物。这样可以让食客能够分享和品尝各种菜肴，同时阻止他们将唾液传到共有的菜盘里。②

1972年，美国总统理查德·尼克松（Richard Nixon）对中国进行了历史性访问。这是一个划时代的事件，西方媒体对此进行了全面报道，让外界得以窥视1949年之后，中国大陆的生活状

---

① 唐黎标《韩国的食礼》，《东方食疗与保健》2006年第9期，8—9页。
② Sean Hsiang-lin Lei, Habituating Individuality, 262-265.

况。有趣的是，报道范围还包括尼克松总统准备旅行的细节，比如练习使用筷子。① 尼克松总统在练习使用筷子上的付出，在他到了北京之后，似乎得到了一些回报。玛格丽特·麦克米兰（Margaret MacMillan）对中国政府为这次来访举行的宴会，有生动的报道：

> 乐队演奏了中国国歌和美国国歌，宴会开始了。尼克松及美国高官与中国总理周恩来同坐一桌，此桌可容纳二十人，其他的都是十人一桌。每个人都有一块镀有金质中英文字符的象牙座位卡，一双刻有他或她名字的筷子。
>
> 美国人已简单了解了在中国宴会上如何做到举止得体。每个人都拿到了派发的筷子，受督促提前练习。尼克松已经相当熟练，但国家安全顾问亨利·基辛格（Henry Kissinger）仍然笨拙得无可救药。哥伦比亚广播公司（CBS）的新闻主播沃尔特·克朗凯特（Walter Cronkite）则将一颗橄榄射向了天空。……
>
> 餐桌上的转盘旋转着，上面放满了菠萝鸭片、三色蛋、鲫鱼、鸡肉、虾、鱼翅、饺子、甜年糕、炒饭，还有一点西方口味的食品：面包和黄油。②

伍连德提倡"卫生式餐桌"或转盘餐桌的努力，最终没有白费。随着时间的推移，中国人普遍能够采用卫生的饮食方式。虽

---

① Ann M. Morrison，"When Nixon Met Mao," Book Review, *Time*, December 3, 2006.

② Margaret MacMillan，"Don't Drink the Mao-tai: Close Calls with Alcohol, Chopsticks,Panda Diplomacy and Other Moments from a Colorful Turning Point in History," *Washingtonian*, February 1, 2007. 这里麦克米兰似乎有意夸赞尼克松总统的用筷技巧。当时在场的摄影记者德克·霍尔斯塔德（Dirck Halstead）回忆："我们看到尼克松总统吃力地用他的筷子取用他的北京鸭。"可见尼克松用筷并不熟练。参见"With Nixon in China: A Memoir," *The Digital Journalist*, January 2005。

然除了富有的家庭,很少有人会在家里置办一个带有转盘的餐桌,但在今天的中国和亚洲其他各地餐馆,基本都能看到这种圆形的、可转动的餐台。在正式宴会和国宴上,比如招待美国总统尼克松及其随行人员的场合,转盘餐桌几乎是不可缺少的,因为它能最大限度地展示中国人准备的供客人们品味的各种菜肴。在中国,正如16世纪末利玛窦所观察的那样,宴会仍然正式隆重、讲究礼仪。

尽管有详细的描述,西方媒体仍没有特别说明,尼克松和美国官员围着转盘餐桌吃饭的时候,是否有公勺或公筷能够让他们先把食物取到盘子里。也许没有,因为在这些庄重的场合,最有可能由服务员将食物放到他们的盘子里,客人们只需要用自己的筷子从盘子里取了食物送进嘴里。而现今,越来越多的中国人外出就餐时,都会按照伍连德的建议,用公勺或公筷,先将食物取到自己的碗里,再放入自己嘴里。事实上,他们不仅外出吃饭时用公筷,有时在家招待客人也用。筷子使用者现在高度意识到需要注意饮食卫生,尽管这意味着他们必须记住筷子的不同角色(公共的和私有的)。

卫生意识不仅改善了共食传统,也改变了人们对待餐厅筷子的态度。前文提到过,各种各样的公共餐厅(如酒店、旅社、茶楼、餐馆等)在中国已经存在了数千年,大约始于西汉时期。而太田昌子认为,中国人外出就餐的传统,始于战国时期。她相信,这一传统也有助于促进筷子的使用。① 如果是这样,那么可以推想,由于制作筷子既便宜又容易,为了客人的方便,那些就餐场所都会备好筷子,方便顾客使用。然而,由于传统社会相对来说缺乏卫生意

---

① 太田昌子《箸の源流を探る》,229—246页。

识,这些公共餐具的卫生状况,好坏极为不均。英国作家、旅行家伊莎贝拉·伯德(Isabella Bird)于 19 世纪末来到亚洲,去了中国成都和川西的梭磨地区。她记录了自己对那里卫生条件的负面印象。有次在目睹了贫穷劳工(她称之为"苦力")在路边餐馆吃饭的情景,她写道:

> 在小镇或村落的路边,有一个乌黑、肮脏的亭子让人驻足,里面是泥地,光线昏暗,除了一个粗糙的灶台和一些陶器之外,空无一物。每张桌子上,一大把臭烘烘的筷子插在竹筒里。一个盛水的陶碗、一块脏抹布放在外面供旅客使用,他们也经常用热水漱口。为他们服务的侍者尤其邋遢,但他们呈上饭碗、米汤或粗茶的速度倒很快。苦力们早已饥不可耐,狼吞虎咽地把东西吃完,然后拿着空碗再添。我在那天和在这之后,总是坐在亭子的外面。然后进去里面吃一点,但实在受不了里面刺鼻难闻的气味,我就不想再进去第二趟了。①

显然,路边小食店里的筷子这么肮脏,是因为不讲究卫生、没有定期清洗的缘故。

随着人们对食品卫生关注的增加,他们对公共餐厅筷子干净的要求也就更高。为了满足需求,餐厅似乎有两个解决方案。一是制定卫生制度,定期对放在容器里的筷子进行消毒;二是让顾客使用一次性的即用廉价木头制成的筷子。在第二种情况下,客人每次来吃饭时,都会用一双新筷子,用后即扔。直到今天,这

---

① Isabella Bird,*The Yangtze Valley and Beyond: An Account of Journeys in China, Chiefly in the Province of Sze Chuan and among the Man-tze of Somo Territory*,Boston: Beacon Press,1985,193-194.

两种方法都很受普及，但人们似乎更青睐使用一次性筷子，因为看起来是崭新的、从未被别人用过。一次性筷子通常包装在纸或塑料套里，两根连接在一起（前文提到的割箸），使用时需要用手掰开。在汉语中，这种一次性筷子也被称为卫生筷，表明大众视其为卫生的。通过比较，人们总是可以对餐馆筷子的卫生存疑，即使看起来很干净，并不像一个多世纪前伊莎贝拉·伯德认为的有"恶臭"味。

  一次性筷子或割箸，是日本人发明的，而且历史悠久。正如第4章所述，日本最早的筷子，从一些古老的宫殿和佛教寺庙地下发掘出来，都是用杉木制作的。学者们猜测，这些筷子是修筑建筑物的施工人员用过之后丢弃的。但原始割箸的大规模生产，在14世纪便开始，经过了好几个世纪才从奈良县出产杉木的吉野，传布到京都、江户（东京）和大阪等地。与中国宋代或可相比的是，这一流传过程与饮茶习俗和大众饮食在日本社会的普及有不小的关系。现在常见的一次性筷子，亦称"割り箸"或"割箸"，出现在18世纪，即德川时期（1603—1868）中期的一些鳗鱼屋。之后京都、江户和大阪等城市的料理茶屋也向顾客提供，由此得以在日本广泛流行。① 一次性筷子通常用木材，有时也用竹子制成，一般在长度上略短于可重复使用的筷子。与可重复使用的品种相比，一次性筷子在日本更受欢迎。几乎所有餐馆都提供这种筷子，无论是高级餐厅还是街边食摊。第6章也讨论过，扔掉用过的木筷这一行为，受到了日本神道教的影响，但当代较强的卫生意识也强化了这一做法，使之在日本社会中广为流行。

  随着时间的推移，在餐馆使用一次性筷子的趋势，也逐渐蔓延

---

① 一色八郎《箸の文化史》，113—117页；向井由纪子、桥本庆子《箸》，90—95页。

到日本周边国家和地区。首先是韩国和中国的台湾地区。20世纪80年代末,这一习惯传到了中国大陆,然后传到越南。然而,它们受欢迎的程度却有差异。在日本,几乎各种档次的餐馆都提供一次性筷子;而在某些其他国家和地区,一次性筷子往往只出现在小咖啡馆和小餐馆中,如快餐店和有外卖的餐馆。今天,越南人对一次性筷子的兴趣最小,他们宁愿选用可以重复使用的类型如塑料筷或竹筷。朝鲜人和韩国人传统上多使用金属餐具,所以,比起日本人和中国人,一次性筷子的普及程度相对低一些。①

今天在中国,一次性筷子已经无处不在。中国是一次性筷子的主要出口国,这并不令人惊讶。因为从20世纪70年代末起,中国重新对外开放,迅速成为"世界工厂",制造几乎所有可以想得到的产品,并将其出口到世界各地。也是差不多从那时开始,中国人越来越习惯在餐馆使用一次性筷子。在公司和学校的食堂、餐厅和咖啡馆,一次性筷子比较常见。这种选择上的变化,一定程度上反映了人们对饮食卫生越来越重视。为了阻止疾病的蔓延,中国政府也曾鼓励民众使用一次性筷子。一次性筷子的购买量因此急剧上升,而几十年前,最常见的筷子是可重复使用的。有位评论者说道:"如今在中国,除了最低廉和最高档的餐厅,到处都在用一次性筷子。低档餐馆使用经过粗略洗涤的竹筷,高档餐厅则选用消过毒的漆木筷子,其余的都使用一次性木筷。"②

因此,一次性筷子的需求量很大,并且还在不断增长。有人统计,"在中国,每年相当于380万棵树,要被投入约570亿双一次

---

① 这似乎是《纽约时报》记者瑞秋·努维尔(Rachel Nuwer)的经历,她写道:"如果你想吃点越南菜,有可能你会用塑料筷子用餐,而要去韩国馆子,就会用金属筷子了。""Disposable Chopsticks Strip Asian Forest," *New York Times*, October 24, 2011.
② Yang Zheng, "Chopsticks Controversy," *New Internationalist*, 311, April 1999, 4.

性筷子的生产中",其中的一半由中国人使用,另一半的77%是日本人使用,21%是韩国人使用,剩下的2%由美国消费者使用。另一个统计数字有所上涨:仅在中国,每年有450亿双一次性筷子被使用后丢弃。① 最高的也是最新的数据是2013年3月发布的,显示中国人每年要丢弃高达800亿双一次性筷子! ②

在向外界推广亚洲食品特别是中国食品时,一次性筷子扮演了一个重要的角色。亚洲食品向全球蔓延的趋势,始于亚洲人向邻近地区移民。首先是东南亚的部分地区,从19世纪起是澳大利亚、欧洲和美国北部、南部等遥远的大陆。最初,只有唐人街才有亚洲食品,一些港口城市(比如拥有美国最古老唐人街的旧金山市)也可以找到,但非亚洲人对此不太感兴趣。随着时间的推移,特别是第二次世界大战后,更多的人接受了亚洲食品。不仅是移民区的亚洲人,非亚洲人也乐于品尝。根据罗伯茨的观察,从20世纪60年代起,中国食品开始走向全球,欧美消费者表现出了前所未有的兴趣。③ 此后,这种趋势持续且稳步上升。在美国,地道的中国餐馆在各大城市明显增多,中餐外卖店也急速出现在全美各个城镇,不管是在纽约、新墨西哥、康涅狄格还是科罗拉多。客人们通过电话预订,到店里取做好的饭菜时,食品袋里就放有一两双装在纸套里的一次性筷子。事实上,同亚洲的情形一样,世界各地的亚洲餐馆

---

① Rachel Nuwer, "Disposable Chopsticks Strip Asian Forest"; Dabin Yang, "Choptax," *Earth Island Journal*, 21:2 ,Summer 2006 , 6.
② Malcolm Moore, "Chinese 'Must Swap Chopsticks for Knife and Fork'," *The Telegraph*, March 13, 2013. 这个估测数字是一名人大代表在一次演讲中提出来的,旨在禁止一次性筷子。
③ 1960年美国有6000多家中餐馆,其员工远远多于洗衣房的员工,而洗衣房的工作也是中国移民的传统职业。到了1980年,美国和加拿大的中餐馆达到了7796家,占所有风味餐馆近30%。参见 J.A.G. Roberts, *China to Chinatown*, 164-165。迄今为止,美国中餐馆的数量估计已经超过了4万家。

为客人提供一次性筷子的趋势不断增长。中国食品的普及，也可以在电影和电视剧中看到。在一些热播剧如《宋飞正传》《老友记》《急诊室的故事》《实习医生格蕾》中，常常可以看到剧中人物用一次性筷子吃着中餐外卖。最新的趋势是，日本的寿司和刺身走向了世界，愈益受到欢迎。食用寿司和刺身，必须用筷子，如果用叉子的话，容易破坏其完整性，而且也不方便蘸取芥末和酱油。① 海外的日本餐馆，也沿袭了传统，通常给顾客提供一次性筷子。总之，如果筷子是一种连接亚洲与世界的文化之"桥"，一次性筷子也许功劳最大。

从另一个角度看，全球对一次性筷子需求的增长已经引起了关注。一开始用废弃木材制作一次性筷子，确实是一种节俭的办法。但现在有些人指出，这一做法破坏了环境，会在亚洲以致全世界造成森林滥伐。根据2008年联合国的一份报告，每年1.08万平方英里的亚洲森林正在消失。因此生产商转向其他地区的木材资源。早在2006年初，日本三菱集团的子公司被报道砍伐加拿大西部古老的山杨树，为的是每天做800万双一次性筷子。在美国，佐治亚州的一家公司利用本土的橡胶树，制造大量木制筷子并出口到亚洲。②

一次性筷子的主要吸引力，在于人们认为它更卫生。加拿大筷子制造有限公司的前负责人斋木先生的解释十分简洁：大多数日本人只是"不想用别人用过的筷子"。这既与卫生也与宗教观念相关。

---

① 事实上，食用寿司时保持它的完整，十分重要。日本东京（江户）地区甚至有这样的传统，那就是用手指拿取寿司，送入嘴中，而筷子只用来取用刺身。参见 Victoria Abbott Riccardi, *Untangling My Chopsticks*, New York：Broadway Books, 2003, 26-27。
② Rachel Nuwer, "Disposable Chopsticks Strip Asian Forest"；"Life-Cycle Studies: Chopsticks," *World Watch*, 19:1 (January/February 2006), 2.

因为按照传统的神道信仰，筷子会附上使用者的灵魂，不能通过清洗来清除。① 这是日本特有的传统文化。不过，除日本之外，也很少有人愿意使用未经消毒的筷子。在中国，人们对食品安全越来越关心，许多人不相信餐厅会彻底清洗用过的筷子。他们宁愿选择一次性的，认为它们更卫生。② 然而，一次性筷子并不总是如想象的干净。在生产过程中，即投入独立包装前，筷子当然是要消毒的。但具有讽刺意味的是，问题就往往出现在消毒的过程中。因为一旦筷子做好了，清洗、杀菌时常会使用各种化学物质，包括石蜡、过氧化氢等。为了防止筷子变黄、变黑或发霉，使它们一直保持崭新的样子，一些制造商甚至使用二氧化硫来增白。不用说，这些化学物质对人类健康都是有害的，特别是在没有适当监督的情况下。中国政府现在已经设立生产标准，禁止或限制这些化学品的使用。然而，如果一次性筷子是用廉价木材做的，为了有一个像样的外观，需要漂白、抛光，使用化学品是最经济的方式。另外，虽然如今的一次性筷子都是批量生产的，但这并不意味着生产厂家都是遵纪守法、管理良好的大厂。相反，它们有些的确在有环境问题的小作坊里生产的，至少有新闻报道这么披露过。③

如何保证筷子卫生，最好的办法就是密切监督生产商，确保生产过程安全卫生。关于一次性筷子是否加剧了森林滥伐，有不同

---

① Rachel Nuwer, "Disposable Chopsticks Strip Asian Forest"；"Life-Cycle Studies:Chopsticks"。威尔逊（Bee Wilson）引用日本的一项研究写道，日本人非常讨厌可反复使用的筷子，哪怕这些筷子是干净的。*Consider the Fork*, 200。

② Jane Spencer, "Banned in Beijing: Chinese See Green Over Chopsticks," *The Wall Street Journal*, February 8, 2008.

③ Rachel Nuwer, "Disposable Chopsticks Strip Asian Forest"；"Life-Cycle Studies: Chopsticks"；袁元《一次性筷子挑战中国国情》，《瞭望周刊》2007年8月13日，33页。

的意见。四川有人建议，禁止使用一次性筷子。以成都为例，有大约 6 万家餐馆，每天使用一次性筷子的数量会需要 4000 立方米的木材，也就是说需要砍掉 100 棵大约 10 米高的树。有人痛心地说道："一棵桦树要三四十年才能成材，但一顿饭的时间内，就有几千棵被吃掉了。"① 但另一方面，中国已经成为最大的一次性筷子生产地，因为一次性筷子产业有助于国家的经济繁荣，从业人员主要在东北，超过 10 万人。黑龙江木筷行业协会会长连广说："筷子行业为林区贫困人口的就业做出了巨大贡献。"他补充说，除了经济效益，该行业不会为了制作只使用 30 分钟的筷子，去砍伐珍贵树木。与此不同的是，一次性筷子通常用生长较快的树木做成，如桦木、白杨木，还会用长势繁茂的植物如竹子。换句话说，就像早期日本的筷子制造商一样，今天的一次性筷子是用不适用于其他行业的剩余木料制作成的。②

尽管如此，环境成本仍然值得关注，世界各地对筷子的需求量太大了。环保人士统计，如果中国每年消耗 450 亿双一次性筷子，那么为满足需求，必须砍伐 2500 万棵树，不仅有桦树、白杨，也有三角叶杨、云杉和山杨。到 2006 年为止，中国作为世界主要的筷子生产国，已向其他国家售出 18 万吨一次性筷子，而这些产品的最佳销售地是日本。日本森林覆盖率居世界首位，达到 69%；与之相比，中国缺乏树木，森林覆盖率低于 14%。当然，中国高速的森林砍伐是由国家整体现代化造成的，不应该只归咎于一次性筷子的制作。但是国内无所不在的一次性筷子，促使一些市民，包括一些明星都行动起来，呼吁回归可重复使用的筷子。

---

① Yang Zheng, "Chopsticks Controversy."
② Jane Spencer, "Banned in Beijing: Chinese See Green Over Chopsticks."

其他环保人士已开始"BYOC 运动"（Bring Your Own Chopsticks，意为"自带筷子"），要求消费者外出就餐时，用自己的餐具。类似的活动，"让我们自己带筷子"同时在日本展开。2007 年，中国政府开始对木筷子收税。①

2011 年底，为了提高公众对于制作一次性筷子造成木材浪费的认知，中国的 200 名大学生兼绿色和平组织东亚分部的成员，收集了 82000 双一次性筷子，做了一个"一次性的森林"——四棵大树，每棵高达 16 英尺。这些"筷子树"矗立在一个热闹的购物中心，学生们请求参观者在志愿书上签名，申请在全国禁止一次性用品。一些主要城市如上海和北京，已经要求当地的餐厅，用可重复使用的筷子代替一次性筷子。在日本，许多餐馆老板已不再主动向客人提供一次性筷子，客人讨要时才会提供。在店内消费时，桌上有筷筒，里面插着可重复使用的筷子。日本企业的食堂，也逐渐用可重复使用的筷子取代一次性筷子。②

同时，亚洲人也在想方设法努力回收丢弃的筷子。一次性筷子是用木头做的，一旦收集起来，就可以变成其他有用的物品。日本几家公司就用废筷子生产纸、面巾纸和刨花板。③一些科学家尝试将一次性木制或竹制筷子气化，产生合成气和氢气。还有人试图从一次性筷子中提取葡萄糖制成乙醇，并回收其纤维制造聚乳酸（PLA，一种工业和医学上广泛使用的聚酯）。目前，这些想法

---

① Rachel Nuwer，"Disposable Chopsticks Strip Asian Forest"；"Life-Cycle Studies: Chopsticks."
② Jane Spencer，"Banned in Beijing: Chinese See Green Over Chopsticks"；"Chopped Chopsticks，" *The Economist*, 316:7665, August 4, 1990; and Nuwer, "Disposable Chopsticks Strip Asian Forest."
③ Rachel Nuwer，"Disposable Chopsticks Strip Asian Forest."

都还没有超出实验性的阶段。① 但是，这些努力具有巨大的发展潜力，肯定值得人们关注。日常生活中超过15亿人用筷子吃饭，很多人（仍然）使用一次性筷子，因此上述科学实验若能产业化，便可惠及亚洲乃至整个世界。果真如此的话，一旦找到有效回收利用废筷子的方法，并加以推广，我们的筷子故事在绕了一圈之后，似乎又可以重新回到其原点：筷子穿越了历史，它的方便适用和经济实惠，使其成为一种广受欢迎的用餐工具，而在未来，筷子也将继续发扬光大，为人类提供更好的服务。

---

① Kung-Yuh Chiang, Kuang-Li Chien & Cheng-Han Lu, "Hydrogen Energy Production from Disposable Chopsticks by a Low Temperature Catalytic Gasification," *International Journal of Hydrogen Energy*, 37:20 (October 2012), 15672-15680; Kung-Yuh Chiang, Ya-Sing Chen, Wei-Sin Tsai, Cheng-Han Lu & Kuang-Li Chien, "Effect of Calcium Based Catalyst on Production of Synthesis Gas in Gasification of Waste Bamboo Chopsticks," *International Journal of Hydrogen Energy*, 37:18 (September 2012), 13737-13745;Cheanyeh Cheng, Kuo-Chung Chiang & Dorota G. Pijanowska, "On-line Flow Injection Analysis Using Gold Particle Modified Carbon Electrode Amperometric Detection for Real-time Determination of Glucose in Immobilized Enzyme Hydrolysate of Waste Bamboo Chopsticks," *Journal of Electroanalytical Chemistry*, 666 (February 2012), 32-41; Chikako Asada, Azusa Kita, Chizuru Sasaki & Yoshitoshi Nakamura, "Ethanol Production from Disposable Aspen Chopsticks Using Delignification Pretreatments," *Carbohydrate Polymers*, 85:1 (April 2011), 196-200; Yeng-Fong Shih, Chien-Chung Huang & Po-Wei Chen, "Biodegradable Green Composites Reinforced by the Fiber Recycling from Disposable Chopsticks," *Materials Science & Engineering: A*, 527:6 (March 2010), 1516-1521.

结　语

　　作为本书的结尾，我想讲一讲自己的经历。我母亲是一位忙碌的职业女性。记得应该是我四五岁的时候，有一天下午，母亲让我坐在桌边，要求我用正确的方式好好练习使用筷子。当然，作为在中国长大的孩子，我之前也一直用筷子和勺子吃饭。但母亲认为，我已经到了该学会正确使用筷子的年龄了。她先将握筷子的正确方法展示一下，然后让我模仿她的动作，用筷子夹起和搬动铺在桌子上的玩具积木。现在回想起来，那个下午既漫长又累人，印象依然深刻。自那以后，我用母亲教的握筷方法来进食，最初还觉得不太自然。但最终我习惯了，此后我就一直这样使用筷子。

　　这样的经历在我这一代人中并不少见。在成长的过程中，我看到很多人握筷子的方式同我一样。当然，我也见过有些人用自己琢磨出来的方法使用筷子。坦白地说，我认为最适合的执筷方式，还是从我母亲那儿学会的，因为它既得体又有效。最近几十年里，作为学者，我有机会游历了亚洲许多地方。我见过的大多数日本人、越南人和韩国人，他们拿筷子的方式和我一样。怎么会这样呢？他们有相似的童年经历吗？在亚洲抑或在筷子文化圈，为什么有这么多人要去学习用这种工具来进食？

这本书并不能回答所有这些以及读者可能提出的其他相关问题。比如，教人如何正确使用筷子的手册还是说明书，我至今没能从古籍中找到一本。由此猜想，我母亲教我的方式，也是她小的时候，从她的父母那儿学会的。我不知道，在筷子文化圈，这种看似普通的习惯，一个人在多大年龄时养成。我发现有多种原因可以解释，为什么中国人和其他亚洲人要学习使用筷子将食物送到嘴里，尽管这么做比用勺子、刀子和叉子需要更多时间的练习。首要的原因，也许也是最明显的原因，是为了吃熟食。1964 年，享有盛名的法国人类学家克劳德·列维-斯特劳斯（Claude Lévi-Strauss），发表了一部影响深远的著作《生食和熟食》(*The Raw and the Cooked*)。书中分析了烹饪在连接人类与自然、文化与自然中所起的作用。对他来说，这是全球文明发展中的一个普遍阶段。列维-斯特劳斯在书中举出了不同人类文明中的例子，并总结说，烹饪，甚至象征性的烹饪，成为改变一个人的一种方式，使他进入新的生理发育阶段，即完成从"生"到"熟"的过程，由此沟通了自然和文化。"一个社会团体的成员与自然的结合，"列维-斯特劳斯观察到，"一定要通过炉火的干预作为一种媒介。火的正常功能是将生的食物与食客结合起来，而其运作过程中则需确保自然之物同时既被'煮熟'又'被社会化了'。"有趣的是，这位法国学者还指出，饮食工具在自然与文化之间也起到了一种相似的"媒介作用"。①

"生"和"熟"是两个概念，即现代语言学所说的"能指"，在中国古代经常用来标记已知世界文明发展的不同阶段。也就是说，

---

① Claude Lévi-Strauss, *The Raw and the Cooked: Introduction to a Science of Mythology* I, trans. John & Doreen Weightman, New York: Harper & Row, Publishers, 1969, 334-336.

像古代中国人自认的文明社会，是"成熟"的；而通常处在其社会文化边缘的社会，是野蛮的或"生涩"的。汉语中的"中国"这个词，在英语中通常可解释为"中央之国"。而这个词在地理上也指与边缘相对的中心，因为，中华文明的摇篮，传统上被认为是在中原地区。在描述他们自身与远离文化中心的人们的社会差异时，古代中国人用"生"和"熟"，即用吃生食还是熟食，来划分文化差异，如"生番"和"熟番"。由此，"茹毛饮血"这个词便成了标准的表达，古代中国人不加区分地用它来强调其他民族的野蛮，不论他们是来自蒙古草原的游牧民，还是东南一带的山地人。汉学家冯客（Frank Dikötter）研究过中国人的种族观念，他引用了《礼记·王制》中的评论：

> 中国戎夷，五方之民，皆有其性也，不可推移。东方曰夷，被发文身，有不火食者矣。南方曰蛮，雕题交趾，有不火食者矣。西方曰戎，被发衣皮，有不粒食者矣。北方曰狄，衣羽毛穴居，有不粒食者矣。中国、夷、蛮、戎、狄，皆有安居、和味、宜服、利用、备器，五方之民，言语不通，嗜欲不同。

换句话说，从古代开始，处于亚洲大陆中央的"中国人"，便从饮食习惯（火食、粒食与否）来划分他们与其他族裔的区别。借助斯特劳斯的研究，冯客分析道：

> 饮食是一个社会能指，有助于象征性地区分社会团体和圈定文化认同。就餐习惯表示了文明程度的高下。在大多数的文明中，吃生食还是熟食用来区分文明与野蛮，而火的转化作用（将生食转化为熟食）则是文化的一个象征。

"中国"有两个描绘野蛮人的词语：生番和熟番。前者代表野蛮和拒绝文明，而后者则温顺和愿意受教。（对于"中国人"来说）吃生食是野蛮人的一个确切无疑的标志，并且影响了野蛮人的生理状态。[1]

中国人对熟食的偏好，也延伸到饮用水。很多人喜欢喝开水或温水，而不是冷水。到了唐代，茶成了全国流行的饮品。在随后的几个世纪，茶也传到了东亚的其他地区乃至整个世界。如果中国人相信，吃熟食将他们的文化与其邻国区别开来，那么，喝泡有茶叶的开水，而不是喝没烧开的生水，一定会达到类似的效果。饮茶，就像本书指出的那样，对促进筷子作为进食工具在亚洲的广泛使用，发生过特定的作用。

根据斯特劳斯的论述，熟食和开水帮助人类实现了从自然到文化的转变。在这个过程中，餐具的使用也起到促进作用。这是我这本书提出的第二个观点。斯特劳斯给出的例子，是烤与煮之间的对比。当然，这两者都是烹饪常用的方式。但对斯特劳斯而言，它们是有很大差异的：

> 那么，什么使得烤和煮成为对立的两端呢？烤熟的食物是放在火上直接烤，中间没有隔物，而煮的话则需要两个中介物：一是食物需要浸入水中，二是水需要放在一个容器里。因此，在两个方面，烤是在自然的一端，而煮在文化的一端。从实际的层面看，煮食必须放在一个容器里，而容器是文化的器物。再从象征的意义上来看，煮熟的食品体现了人与自然的调和，而煮本身也

---

[1] 冯客著，杨立华译《近代中国之种族观念》，南京：江苏人民出版社，1999年，8—9页。

通过水将人吃的食物和自然世界的火之间做了调和。①

换句话说,虽然烤和煮都使用火,但前者直接将食物置于火上,是一种自然的食物处理方式,而后者需通过一种文化媒介——如果煮食的容器是一种文化与自然之间的中介,那么餐具自然也是。古代中国人认为,借助人造的工具(匕箸等)来拿取食物是一种有文化、有教养的标志。正如第4章所指出的那样,在唐代,中国和外界(包括遥远的中亚)的联系相当频繁;2世纪前进入东亚的佛教,起到了促进文化交流的作用。不仅中国佛教徒前往印度和东南亚的佛教国家朝拜,朝鲜半岛和日本的佛教徒和游客也来到大唐,一些人甚至长期居留。许多从中国外出旅行的人很快注意到,当地人仍然用手将食物送到嘴里,他们将这样的发现记录下来。② 然后经由大唐文化的广泛影响,中国之外许多地区的居民,也慢慢接受了用餐具进食的习惯。本书由是指出,从7世纪起,筷子文化圈逐渐在亚洲定型,该地区越来越多的人接受了使用餐具进食的习惯。

斯特劳斯注意到,在自然与文化之间的转换、互动中,食器成为一种媒介,那么除了文化因素之外,也许还有宗教成分在内。有关筷子的起源,导言和第2章都主要从饮食的角度考量,认为与中国人喜欢吃热食的习惯有关。日本饮食史学者石毛直道还提出了另一种可能,并为中国饮食史专家赵荣光、姚伟钧所引用,所以也值得在这里提出作为参考。石毛直道认为,筷子最初是一

---

① Claude Lévi-Strauss , *The Origin of Table Manners: Introduction to a Science of Mythology*, trans. John & Doreen Weightman , New York: Harper & Row , Publishers, 1978 ,479-480.
② 用关键词"匕箸"或"手食"搜索《四库全书》、中国基本古籍库和汉籍电子文献资料库等数据库,表明唐宋时期的中国旅者,常常注意到汉文化圈之外的亚洲人吃饭不用餐具。

种礼器，是神与人沟通的中介物：

> 殷周青铜器中占有很大比重的是饮食用的餐具。那些青铜器不是日常饮食时使用的器具，而是在宗庙等祭祀之时，为了祭祀神或祖先神灵用于供奉礼仪的食器——礼器。在那种礼仪的场合，作为礼器之一的筷子不是已经出现了吗？在神和人之间，不再是用手持食物相互交接的形式，这种形式因筷子的出现而有了中介物。或者正是基于对祭祀的神圣食物尽可能不用手接触的观念，才促使筷子的出现吧？①

无论上述观点是否正确，都值得我们思考。如果中国人及其邻居认为用餐具进食，意味着文明的一种进步，改进了人的文化与物的自然之间的关系，那么，筷子使用的普及便是东亚和东南亚不断演化的食物生产、配置、消费的结果。米饭是这个地区的主要谷物食品之一。成块的饭团可以用筷子夹取，筷子因此得到了广泛使用，用来取食谷物类和非谷物类食物。这种常见于今天东亚和东南亚的饮食习俗，可至少追溯到11世纪。可我认为，真正推动筷子广泛使用的，是日益受到青睐的面食，始于1世纪的中国，其他地区则稍晚一些。在这之前，勺子是主要的饮食工具。面食尤其是面条和饺子，让勺子显得不那么好用了。换句话说，食品生产、制作的方式改变，对饮食工具的选择有着重大影响。由于人们在该地区种植、消费的谷物，筷子成为无处不在的饮食工具。

---

① 参见石毛直道著，赵荣光译《饮食文明论》，黑龙江：黑龙江科学技术出版社，1992年，89页；赵荣光《箸与商周进食方式》，《扬州大学烹饪学报》2002年第2期，1—3页，引文见3页；姚伟钧《中国传统饮食礼俗研究》，武汉：华中师范大学出版社，1999年，32页。

与其他饮食工具相比，筷子的优势很明显：经济实惠，易于用多种常见的材料制作。所以，筷子的普及大体遵循自下而上的路线。这种饮食工具，作为社会底层唯一的饮食工具，更容易为他们所采用；而社会阶层较高的人显然有其他工具可选。与此同时，筷子超越其他饮食工具成为首选的餐具，也缘于人们越来越注重餐桌礼仪、关注食品卫生。虽然历史上找不到有什么小册子教人使用筷子，但从孔子时代即公元前5世纪起，有相当数量的文献讨论餐桌礼仪、习惯与风俗。这些就餐指导，大多教导人们要得体有礼。这也许间接地反映了大家对保持食物洁净、卫生的兴趣。无论是穷还是富，人们都对食品消费给予合理的关注。筷子灵活小巧，碗盘里的食物，想要什么，就能用筷子迅速地夹起来。当然，这么做，需要筷子用得熟练，也需要遵循使用筷子的礼仪和习俗。这种礼仪，如我们已经看到的一样，在筷子文化圈有许多相似的特征。有一点很清楚：筷子并不像许多筷子文化圈外的人一开始想的那样，是人们共食时"津液交流"（口水交换）的罪魁。我的观点恰恰相反，筷子的正确使用（尽量不碰触公共碗盘中的其他食物），对于前近代的社会而言，既经济又方便地帮助人们缓解了由于共享食物而传播疾病的担忧。而在当代社会，尽管会造成森林砍伐，一次性木制筷子还是给人们带来方便，让大家能够吃得更加卫生一点。而若用一次性塑料餐具（比木头更难销毁）作为替代，必然会对环境造成更大的破坏。①

---

① 由于一次性筷子消耗了森林资源，马尔科姆·摩尔（Malcolm Moore）在其《中国人"一定要把筷子换成刀叉"》（Chinese "Must Swap Chopsticks for Knife and Fork"）一文中指出，似乎让中国人改用刀叉才是出路，让我们想起18世纪末马戛尔尼希望向中国人兜售刀叉的老调。其实这是西方人的偏见，因为从环境的角度来看，常见的一次性刀叉都是用塑料制作的，相对木制、竹制的一次性筷子，会对自然环境造成更大的危害。

写完这本书，我渐渐觉得自己有点儿理解千百年来没有人将筷子的使用说明写下来的原因了。对用筷子的人而言，筷子已经自然而然地成为他们日常生活中最基本的一部分。在筷子文化圈，学会用筷子进食是一个儿童成长的重要经验。而筷子既然那么不可或缺，就更不可能是一种单纯的饮食工具。日本人称这种餐具为"人生之杖"，就是一个显例。对亚洲国家的人而言，筷子已经是生命中的一个象征。这些地区出现了大量有关筷子的民间故事、寓言、童话、神话和诗歌，即是明证。在他们的成长过程中，孩子们不仅学会了如何正确地用手指拿筷子，也会听父母、祖父母讲述这些与筷子相关的故事，直到把它们牢记在心，将来再向他们的孩子们讲述。总之，筷子数千年来陪伴着东亚、东南亚地区的人民，已经成为连绵不绝的文化传统。如同生命一样，这一充满活力的传统，将会赓续延绵、代代相传。

参考资料 *

·数据库

中国哲学书电子化计划（Chinese Text Project，http://ctext.org）。这是一个网络电子文本系统，提供各类古代汉语书籍，特别是和中国哲学相关的书籍，这些文本可以互为参照。该系统提供了一些译文，译者为詹姆斯·理雅各（James Legge）。

韩国古典综合数据库（http://db.itkc.or.kr/itkcdb/mainIndexIframe.jsp）。这一数据库包括以下内容：古典翻译书、古典原文、韩国文集丛刊、朝鲜王朝实录、承政院日记、日省录。

汉籍电子文献资料库（Scripta Sinica）（http://hanchi.ihp.sinica.edu.tw/ihp/hanji.htm）。1984 年开始建库，涵盖重要的汉语经典文献，特别是与中国历史相关的文献。

中国基本古籍库。这是中国最大的历代典籍资料库，共收录先秦至民国（公元前 11 世纪至 20 世纪初）历代典籍 1 万种，全文共计 16 亿字。由北京爱如生数字化技术研究中心开发制作，黄山书社（安徽合肥）出版发行。

·外文资料

Anderson, E. N. *The Food of China* (New Haven: Yale University Press, 1988).

---

* 据英文原版译出。此中文译本所参考的更多论著，补充在文中注释里。

Auden, W. H. & Isherwood, Christopher. *Journal to a War* (New York: Random House, 1939).

Avieli, Nir. "Eating Lunch and Recreating the Universe: Food and Cosmology in Hoi An, Vietnam," *Everyday Life in Southeast Asia*, eds. Kathleen M. Adams & Kathleen A. Gillogly (Bloomington: Indiana University Press, 2011), 218-229.

Avieli, Nir. "Vietnamese New Year Rice Cakes: Iconic Festive Dishes and Contested National Identity," *Ethnology*, 44:2 (Spring 2005), 167-187.

Barber, Kimiko. *The Chopsticks Diet: Japanese-Inspired Recipes for Easy Weight-Loss* (Lanham: Kyle Books, 2009).

Barthes, Roland. *Empire of Signs*, trans. Richard Howard (New York: Hill and Wang, 1982).

Bird, Isabella. *The Yangtze Valley and Beyond* (Boston: Beacon Press, 1985).

Boxer, C. R., ed. *South China in the Sixteenth Century* (London: Hakluyt Society, 1953).

Bray, Francesca. *Science and Civilization in China: Biology and Biological Technology. Part 2, Agriculture* (Cambridge: Cambridge University Press, 1986).

Bray, Francesca. *The Rice Economies: Technology and Development in Asian Societies* (Berkeley: University of California Press, 1994).

Brook, Timothy. *The Confusions of Pleasure: Commerce and Culture in Ming China* (Berkeley: University of California Press, 1998).

Brüssow, Harald. *The Quest for Food: A Natural History of Eating* (New York: Springer, 2007).

Ch'oe Pu, *Ch'oe Pu's Diary: A Record of Drifting across the Sea*, trans. John Meskill (Tucson: The University of Arizona Press, 1965).

Chang, K. C., ed. *Food in Chinese Culture: Anthropological and Historical Perspectives* (New Haven: Yale University Press, 1977).

Chang, Te-Tzu. "Rice," *Cambridge World History of Food*, eds. Kenneth F. Kiple & Kriemhild C. Ornelas (Cambridge: Cambridge University Press, 2000), Vol. 1, 149-152.

Clunas, Craig. *Superfluous Things: Material Culture and Social Status in Early Modern China* (Urbana: University of Illinois Press, 1991).

Confucius. *Confucian Analects, The Great Learning and The Doctrine of the Mean*, trans. James Legge (New York: Dover Publications, Inc., 1971).

Dawson, Raymond S., ed. *The Legacy of China* (Oxford: Oxford University Press, 1971).

Dikötter, Frank. *The Discourse of Race in Modern China* (Hong Kong: Hong Kong University Press, 1992).

Ennin. *Ennin's Diary: The Record of a Pilgrimage to China in Search of Law*, trans. Edwin Reischauer (New York: Ronald Press, 1955).

Fernandez-Armesto, Felipe. *Food: A History* (London: Macmillan, 2001).

Francks, Penelope. "Consuming Rice: Food, 'Traditional' Products and the History of Consumption in Japan," *Japan Forum*, 19:2 (2007), 147-168.

Giblin, James Cross. *From Hand to Mouth, Or How We Invented Knives, Forks, Spoons, and Chopsticks and the Table Manners to Go with Them* (New York: Thomas Y. Crowell, 1987).

Golden, Peter B. "Chopsticks and Pasta in Medieval Turkic Cuisine," *Rocznik orientalisticzny*, 49 (1994-1995), 73-82.

Goody, Jack. *Cooking, Cuisine, and Class: A Study in Comparative Sociology* (Cambridge: Cambridge University Press, 1982).

Goody, Jack. *Food and Love: A Cultural History of East and West* (London: Verso, 1998).

Han Kyung-koo. "Noodle Odyssey: East Asia and Beyond," *Korea Journal*, 66-84.

Ho, Ping-ti. "The Loess and the Origin of Chinese Agriculture," *American Historical Review*, 75:1 (October 1969), 1-36.

Huang, H. T. "Han Gastronomy-Chinese Cuisine in *statu nascendi*," *Interdisciplinary Science Reviews*, 15:2 (1990), 139-152.

Hunter, W. C. *The" Fan Kwae" at Canton: Before Treaty Days, 1825-1844* (London: Kegan Paul, Trench, & Co., 1882; reprinted in Taipei, 1965).

Knechtges, David R. "A Literary Feast: Food in Early Chinese Literature," Journal of the American Oriental Society, 106:1 (January-March, 1986), 49-63.

Knechtges, David R. "Gradually Entering the Realm of Delight: Food and Drink in Early Medieval China," *Journal of the American Oriental Society*, 117:2 (April-June 1997), 229-239.

Lach, Donald F. *Japan in the Eyes of Europe: The Sixteenth Century* (Chicago: University of Chicago Press, 1968).

Lamb, Corrinne. *The Chinese Festive Board* (Hong Kong: Oxford University Press,

1985; originally published in 1935).

Lefferts, Leedom. "Sticky Rice, Fermented Fish, and the Course of a Kingdom: The Politics of Food in Northeast Thailand," *Asian Studies Review*, 29 (September 2005), 247-258.

Lei, Sean Hsiang-lin. "Habituating Individuality: The Framing of Tuberculosis and Its Material Solutions in Republican China," *Bulletin of the History of Medicine*, 84:2 (Summer 2010), 248-279.

Lei, Sean Hsiang-lin. "Moral Community of Weisheng: Contesting Hygiene in Republican China," *East Asian Science, Technology and Society: An International Journal*, 3:4 (2009), 475-504.

Leung, Angela Ki Che. "The Evolution of the Idea of Chuanran Contagion in Imperial China," *Health and Hygiene in Chinese East Asia*, eds. Leung & Furth, 25-50.

Leung, Angela Ki Che & Furth, Charlotte, eds. *Health and Hygiene in Chinese East Asia: Policies and Publics in the Long Twentieth Century* (Durham: Duke University Press, 2010).

Lévi-Strauss, Claude. *The Origin of Table Manners: Introduction to a Science of Mythology*, trans. John & Doreen Weightman (New York: Harper & Row, Publishers, 1978).

Lévi-Strauss, Claude. *The Raw and the Cooked: Introduction to a Science of Mythology*: I, trans. John & Doreen Weightman (New York: Harper & Row, Publishers, 1969).

Macartney, George. *An Embassy to China: Being the Journal Kept by Lord Macartney during His Embassy to the Emperor Ch'ien-lung, 1793-1794*, ed. J. L. Cranmer-Byng (London: Longmans, republished, 1972).

MacMillan, Margaret. "Don't Drink the Mao-tai: Close Calls with Alcohol, Chopsticks, Panda Diplomacy and Other Moments from a Colorful Turning Point in History," *Washingtonian*, February 1, 2007.

Mencius. *The Works of Mencius*, trans. James Legge (New York: Dover Publications, Inc., 1970).

Moore, Malcolm. "Chinese 'Must Swap Chopsticks for Knife and Fork'," *The Telegraph*, March 13, 2013.

Morrison, Ann M. "When Nixon Met Mao," Book Review, *Time*, December 3, 2006.

Mote, Frederick. "Yuan and Ming," *Food in Chinese Culture: Anthropological and*

Historical Perspectives, ed. K. C. Chang (New Haven: Yale University Press, 1977).

Mundy, Peter. *The Travels of Peter Mundy, in Europe and Asia, 1608–1667*, ed. Richard Carnac Temple (Liechtenstein: Kraus Reprint, 1967), Vol. 3.

Nguyen, Van Huyen. *The Ancient Civilization of Vietnam* (Hanoi: The Gioi Publishers, 1995).

Nguyen, Xuan Hien. "Rice in the Life of the Vietnamese Thay and Their Folk Literature," trans. Tran Thi Giang Lien, Hoang Luong, *Anthropos*, Bd. 99 H. 1 (2004), 111-141.

Nuwer, Rachel, "Disposable Chopsticks Strip Asian Forest," *New York Times*, October 24, 2011.

Ohnuki-Tierney, Emiko. *Rice as Self: Japanese Identities through Time* (Princeton: Princeton University Press, 1993).

Oliphant, Laurence. *Elgin's Mission to China and Japan*, with an introduction by J. J. Gerson (Oxford: Oxford University Press, 1970).

Rebora, Giovanni. *Culture of the Fork*, trans. Albert Sonnenfeld (New York: Columbia University Press, 2001).

Ricci, Matteo. *China in the Sixteenth Century: The Journals of Matthew Ricci: 1583-1610*, trans. Louis J. Gallagher (New York: Random House, 1953).

Roberts, J. A. G. *China to Chinatown: Chinese Food in the West* (London: Reaktion Books, 2002).

Rogaski, Ruth. *Hygienic Modernity: Meanings of Health and Disease in Treaty-Port China* (Berkeley: University of California Press, 2004).

Shafer, Edward. "T'ang," *Food in Chinese Culture*, 85-140.

Shū Tassei. *Chūgoku no Shokubunka* (Food culture in China) (Tokyo: Sōgensha, 1989).

Song Yingxing (Sung Ying-hsing). *T'ien-kung k'ai-wu: Chinese Technology in the Seventeenth Century*, trans. E-tu Zen Sun and Shiou-chuan Sun (University Park: Pennsylvania State University Press, 1966).

Spencer, Jane. "Banned in Beijing: Chinese See Green over Chopsticks," *The Wall Street Journal*, February 8, 2008.

Sterckx, Roel. *Food, Sacrifice, and Sagehood in Early China* (New York: Cambridge University Press, 2011).

Taylor, Keith Weller. *The Birth of Vietnam* (Berkeley: University of California Press, 1983).

Tomes, Nancy. *The Gospel of Germs: Men, Women, and the Microbe in American Life* (Cambridge: Harvard University Press, 1998).

Van Esterik, Penny. *Food Culture in Southeast Asia* (Westport: Greenwood Press, 2008).

Visser, Margaret. *Much Depends on Dinner: The Extraordinary History and Mythology, Allure and Obsessions, Perils and Taboos, of an Ordinary Meal* (New York: Grove Press, 1986).

White, Lynn. "Fingers, Chopsticks and Forks: Reflections on the Technology of Eating," *New York Times* (Late Edition-East Coast), July 17, 1983, A-22.

Wilson, Bee. *Consider the Fork: A History of How We Cook and Eat* (New York: Basic Books, 2012).

Yang Dabin. "Choptax," *Earth Island Journal*, 21:2 (Summer 2006), 6-6.

Yang Zheng. "Chopsticks Controversy," *New Internationalist*, 311 (April 1999), 4.

Yip Ka-che. *Health and National Reconstruction in Nationalist China* (Ann Arbor: Association for Asian Studies, Inc., 1995).

Yu Ying-shih. "Han," in Chang, K. C. ed. *Food in Chinese Culture*, (New Haven: Yale University Press, 1977), 53-84.

Yun Kuk-Hyong. *Capchin Mallok*, Korean Classics Database (http://db.itkc.or.kr/itkcdb/ mainIndexIframe.jsp).

・日文资料

石毛直道编《東アジアの食の文化：食の文化シンポジウム》，東京：平凡社，1989年，129—153頁。

太田昌子《箸の源流を探る：中国古代における箸使用習俗の成立》，東京：汲古書院，2001年。

小瀬木えりの《'恐ろしい味'：大衆料理における中華の受容のされ方——フィリピンと日本の例を中心に》，《第六届中国饮食文化学术研讨会论文集》，台北：中国饮食文化基金会，1999年，225—236頁。

向井由纪子、桥本庆子《箸》，東京：法政大学出版局，2001年。

一色八郎《箸の文化史：世界の箸・日本の箸》，東京：御茶の水书房，1990年。

伊藤清司《かぐや姫の誕生：古代說話の起源》，東京：講談社，1973年。

周达生《中国の食文化》，大阪：創元社，1989年。

- **中文资料**

陈梦家《殷代铜器》,《考古学报》1954 年第 7 期。
崔岱远《京味儿》,北京：生活·读书·新知三联书店,2009 年。
董越《朝鲜杂录》,殷梦霞、于浩选编《使朝鲜录》,北京：北京图书馆出版
　　社,2003 年。
贺菊莲《天山家宴——西域饮食文化纵横谈》,兰州：兰州大学出版社,
　　2011 年。
湖南省博物馆《长沙马王堆一号汉墓》,北京：文物出版社,1973 年。
胡志祥《先秦主食烹食方法探析》,《农业考古》1994 年第 2 期。
杰克·古迪《中国饮食文化起源》,《第六届中国饮食文化学术研讨会论文集》,
　　台北：中国饮食文化基金会,2003 年,1—9 页。
金富轼著,孙文范等校勘《三国史记》,长春：吉林文史出版社,2003 年。
金天浩著,赵荣光、姜成华译《韩蒙之间的肉食文化之比较》,《商业经济与管
　　理》2000 年第 4 期。
蓝翔《筷子,不只是筷子》,台北：麦田出版社,2011 年。
蓝翔《筷子古今谈》,北京：中国商业出版社,1993 年。
黎虎编《汉唐饮食文化史》,北京：北京师范大学出版社,1998 年。
李自然《生态文化与人：满族传统饮食文化研究》,北京：民族出版社,
　　2002 年。
林洪撰,乌克注释《山家清供》,北京：中国商业出版社,1985 年。
刘冰《内蒙古赤峰沙子山元代壁画墓》,《文物》1992 年第 2 期。
刘朴兵《唐宋饮食文化比较研究》,北京：中国社会科学出版社,2010 年。
刘云编《中国箸文化大观》,北京：科学出版社,1996 年。
刘云主编《中国箸文化史》,北京：中华书局,2006 年。
刘志琴《晚明史论》,南昌：江西高校出版社,2004 年。
龙虬庄遗址考古队《龙虬庄——江淮东部新石器时代遗址发掘报告》,北京：
　　科学出版社,1999 年。
陆容《菽园杂记》,北京：中华书局,1985 年。
孟元老等《东京梦华录,都城纪胜,西湖老人繁胜录,梦粱录,武林旧事》,
　　北京：中国商业出版社,1982 年。
石毛直道《面条的起源与传播》,《第三届中国饮食文化学术研讨会论文集》,
　　台北：中国饮食文化基金会,1994 年,113—129 页。
王充《论衡》,上海：上海人民出版社,1974 年。

王利华《中古华北饮食文化的变迁》,北京:中国社会科学出版社,2001年。
王鸣盛撰,黄曙辉点校《十七史商榷》,上海:上海书店出版社,2005年。
王仁湘《从考古发现看中国古代的饮食文化传统》,《湖北经济学院学报》2004年第2期。
王仁湘《勺子、叉子、筷子——中国古代进食方式的考古研究》,《寻根》1997年第10期。
王仁湘《往古的滋味:中国饮食的历史与文化》,济南:山东画报出版社,2006年。
王仁湘《饮食与中国文化》,北京:人民出版社,1994年。
王赛时《唐代饮食》,济南:齐鲁出版社,2003年。
吴自牧、周密《梦粱录 武林旧事》,济南:山东友谊出版社,2001年。
《先秦烹饪史料选注》,北京:中国商业出版社,1986年,58页。
项春松《辽宁昭乌达地区发现的辽墓绘画资料》,《文物》1979年第6期。
项春松《内蒙古解放营子辽墓发掘简报》,《考古》1979年第4期。
项春松、王建国《内蒙昭盟赤峰三眼井元代壁画墓》,《文物》1982年第1期。
篠田统著,高桂林、薛来运、孙音译《中国食物史研究》,北京:中国商业出版社,1987年。
新疆维吾尔自治区博物馆《新疆吐鲁番阿斯塔纳墓葬发掘简报》,《文物》1960年第6期。
徐海荣主编《中国饮食史》,北京:华夏出版社,1999年。
徐兢《宣和奉使高丽图经》,殷梦霞、于浩选编《使朝鲜录》,北京:北京图书馆出版社,2003年。
徐静波《日本饮食文化:历史与现实》,上海:上海人民出版社,2009年。
徐苹芳《中国饮食文化的地域性及其融合》,《第四届中国饮食文化学术研讨会论文集》,台北:中国饮食文化基金会,1996年。
姚伟钧《长江流域的饮食文化》,武汉:湖北教育出版社,2004年。
姚伟钧《佛教与中国饮食文化》,《民主》1997年第9期。
姚伟钧《中国传统饮食礼俗研究》,武汉:华中师范大学出版社,1999年。
一然著,孙文范等校勘《三国遗事》,长春:吉林文史出版社,2003年。
伊永文《明清饮食研究》,台北:红叶文化事业有限公司,1997年。
袁元《一次性筷子挑战中国国情》,《瞭望周刊》2007年8月13日。
尤金·N.安德森《中国西北饮食与中亚关系》,《第六届中国饮食文化学术研讨会论文集》,台北:中国饮食文化基金会,1999年,171—194页。
原田信男著,刘洋译《和食与日本文化(日本料理的社会史)》,香港:三联书店，2011年。

张光直《中国饮食史上的几次突破》，《第四届中国饮食文化学术研讨会论文集》，台北：中国饮食文化基金会，1996年，1—4页。

张江凯、魏峻《新石器时代考古》，北京：文物出版社，2004年。

张景明、王雁卿《中国饮食器具发展史》，上海：上海古籍出版社，2011年。

张一昌《国人不卫生的恶习》，《新医与社会汇刊》1934年第2期，156页。

赵荣光《中国饮食文化概论》，北京：高等教育出版社，2003年。

赵荣光《中国饮食文化史》，上海：上海人民出版社，2006年。

赵荣光《箸与中华民族饮食文化》，《农业考古》1997年第2期。

震钧《天咫偶闻》，北京：北京古籍出版社，1982年。

郑麟趾《高丽史》，台北：文史哲出版社，1972。

中国社会科学院考古研究所《唐长安城郊隋唐墓》，北京：文物出版社，1980年。

中山时子主编，徐建新译《中国饮食文化》，北京：中国社会科学出版社，1990年。

周新华《调鼎集：中国古代饮食器具文化》，杭州：杭州出版社，2005年。

新知文库

01 《证据：历史上最具争议的法医学案例》[美]科林·埃文斯 著　毕小青 译
02 《香料传奇：一部由诱惑衍生的历史》[澳]杰克·特纳 著　周子平 译
03 《查理曼大帝的桌布：一部开胃的宴会史》[英]尼科拉·弗莱彻 著　李响 译
04 《改变西方世界的26个字母》[英]约翰·曼 著　江正文 译
05 《破解古埃及：一场激烈的智力竞争》[英]莱斯利·罗伊·亚京斯 著　黄中宪 译
06 《狗智慧：它们在想什么》[加]斯坦利·科伦 著　江天帆、马云霏 译
07 《狗故事：人类历史上狗的爪印》[加]斯坦利·科伦 著　江天帆 译
08 《血液的故事》[美]比尔·海斯 著　郎可华 译　张铁梅 校
09 《君主制的历史》[美]布伦达·拉尔夫·刘易斯 著　荣予、方力维 译
10 《人类基因的历史地图》[美]史蒂夫·奥尔森 著　霍达文 译
11 《隐疾：名人与人格障碍》[德]博尔温·班德洛 著　麦湛雄 译
12 《逼近的瘟疫》[美]劳里·加勒特 著　杨岐鸣、杨宁 译
13 《颜色的故事》[英]维多利亚·芬利 著　姚芸竹 译
14 《我不是杀人犯》[法]弗雷德里克·肖索依 著　孟晖 译
15 《说谎：揭穿商业、政治与婚姻中的骗局》[美]保罗·埃克曼 著　邓伯宸 译　徐国强 校
16 《蛛丝马迹：犯罪现场专家讲述的故事》[美]康妮·弗莱彻 著　毕小青 译
17 《战争的果实：军事冲突如何加速科技创新》[美]迈克尔·怀特 著　卢欣渝 译
18 《最早发现北美洲的中国移民》[加]保罗·夏亚松 著　暴永宁 译
19 《私密的神话：梦之解析》[英]安东尼·史蒂文斯 著　薛绚 译
20 《生物武器：从国家赞助的研制计划到当代生物恐怖活动》[美]珍妮·吉耶曼 著　周子平 译
21 《疯狂实验史》[瑞士]雷托·U.施奈德 著　许阳 译
22 《智商测试：一段闪光的历史，一个失色的点子》[美]斯蒂芬·默多克 著　卢欣渝 译
23 《第三帝国的艺术博物馆：希特勒与"林茨特别任务"》[德]哈恩斯-克里斯蒂安·罗尔 著　孙书柱、刘英兰 译

24	《茶：嗜好、开拓与帝国》[英]罗伊·莫克塞姆 著	毕小青 译
25	《路西法效应：好人是如何变成恶魔的》[美]菲利普·津巴多 著	孙佩妏、陈雅馨 译
26	《阿司匹林传奇》[英]迪尔米德·杰弗里斯 著	暴永宁、王惠 译
27	《美味欺诈：食品造假与打假的历史》[英]比·威尔逊 著	周继岚 译
28	《英国人的言行潜规则》[英]凯特·福克斯 著	姚芸竹 译
29	《战争的文化》[以]马丁·范克勒韦尔德 著	李阳 译
30	《大背叛：科学中的欺诈》[美]霍勒斯·弗里兰·贾德森 著	张铁梅、徐国强 译
31	《多重宇宙：一个世界太少了？》[德]托比阿斯·胡阿特、马克斯·劳讷 著	车云 译
32	《现代医学的偶然发现》[美]默顿·迈耶斯 著	周子平 译
33	《咖啡机中的间谍：个人隐私的终结》[英]吉隆·奥哈拉、奈杰尔·沙德博尔特 著 毕小青 译	
34	《洞穴奇案》[美]彼得·萨伯 著	陈福勇、张世泰 译
35	《权力的餐桌：从古希腊宴会到爱丽舍宫》[法]让-马克·阿尔贝 著	刘可有、刘惠杰 译
36	《致命元素：毒药的历史》[英]约翰·埃姆斯利 著	毕小青 译
37	《神祇、陵墓与学者：考古学传奇》[德]C. W. 策拉姆 著	张芸、孟薇 译
38	《谋杀手段：用刑侦科学破解致命罪案》[德]马克·贝内克 著	李响 译
39	《为什么不杀光？种族大屠杀的反思》[美]丹尼尔·希罗、克拉克·麦考利 著	薛绚 译
40	《伊索尔德的魔汤：春药的文化史》[德]克劳迪娅·米勒-埃贝林、克里斯蒂安·拉奇 著 王泰智、沈惠珠 译	
41	《错引耶稣：〈圣经〉传抄、更改的内幕》[美]巴特·埃尔曼 著	黄恩邻 译
42	《百变小红帽：一则童话中的性、道德及演变》[美]凯瑟琳·奥兰丝汀 著	杨淑智 译
43	《穆斯林发现欧洲：天下大国的视野转换》[英]伯纳德·刘易斯 著	李中文 译
44	《烟火撩人：香烟的历史》[法]迪迪埃·努里松 著	陈睿、李欣 译
45	《菜单中的秘密：爱丽舍宫的飨宴》[日]西川惠 著	尤可欣 译
46	《气候创造历史》[瑞士]许靖华 著	甘锡安 译
47	《特权：哈佛与统治阶层的教育》[美]罗斯·格雷戈里·多塞特 著	珍栎 译
48	《死亡晚餐派对：真实医学探案故事集》[美]乔纳森·埃德罗 著	江孟蓉 译
49	《重返人类演化现场》[美]奇普·沃尔特 著	蔡承志 译

50 《破窗效应：失序世界的关键影响力》[美]乔治·凯林、凯瑟琳·科尔斯 著　陈智文 译

51 《违童之愿：冷战时期美国儿童医学实验秘史》[美]艾伦·M.霍恩布鲁姆、朱迪斯·L.纽曼、格雷戈里·J.多贝尔 著　丁立松 译

52 《活着有多久：关于死亡的科学和哲学》[加]理查德·贝利沃、丹尼斯·金格拉斯 著　白紫阳 译

53 《疯狂实验史Ⅱ》[瑞士]雷托·U.施奈德 著　郭鑫、姚敏多 译

54 《猿形毕露：从猩猩看人类的权力、暴力、爱与性》[美]弗朗斯·德瓦尔 著　陈信宏 译

55 《正常的另一面：美貌、信任与养育的生物学》[美]乔丹·斯莫勒 著　郑嬿 译

56 《奇妙的尘埃》[美]汉娜·霍姆斯 著　陈芝仪 译

57 《卡路里与束身衣：跨越两千年的节食史》[英]路易丝·福克斯克罗夫特 著　王以勤 译

58 《哈希的故事：世界上最具暴利的毒品业内幕》[英]温斯利·克拉克森 著　珍栎 译

59 《黑色盛宴：嗜血动物的奇异生活》[美]比尔·舒特 著　帕特里曼·J.温 绘图　赵越 译

60 《城市的故事》[美]约翰·里德 著　郝笑丛 译

61 《树荫的温柔：亘古人类激情之源》[法]阿兰·科尔班 著　苜蓿 译

62 《水果猎人：关于自然、冒险、商业与痴迷的故事》[加]亚当·李斯·格尔纳 著　于是 译

63 《囚徒、情人与间谍：古今隐形墨水的故事》[美]克里斯蒂·马克拉奇斯 著　张哲、师小涵 译

64 《欧洲王室另类史》[美]迈克尔·法夸尔 著　康怡 译

65 《致命药瘾：让人沉迷的食品和药物》[美]辛西娅·库恩等 著　林慧珍、关莹 译

66 《拉丁文帝国》[法]弗朗索瓦·瓦克 著　陈绮文 译

67 《欲望之石：权力、谎言与爱情交织的钻石梦》[美]汤姆·佐尔纳 著　麦慧芬 译

68 《女人的起源》[英]伊莲·摩根 著　刘筠 译

69 《蒙娜丽莎传奇：新发现破解终极谜团》[美]让–皮埃尔·伊斯鲍茨、克里斯托弗·希斯·布朗 著　陈薇薇 译

70 《无人读过的书：哥白尼〈天体运行论〉追寻记》[美]欧文·金格里奇 著　王今、徐国强 译

71 《人类时代：被我们改变的世界》[美]黛安娜·阿克曼 著　伍秋玉、澄影、王丹 译

72 《大气：万物的起源》[英]加布里埃尔·沃克 著　蔡承志 译

73 《碳时代：文明与毁灭》[美]埃里克·罗斯顿 著　吴妍仪 译

74 《一念之差:关于风险的故事与数字》[英]迈克尔·布拉斯兰德、戴维·施皮格哈尔特 著 威治 译

75 《脂肪:文化与物质性》[美]克里斯托弗·E.福思、艾莉森·利奇 编著 李黎、丁立松 译

76 《笑的科学:解开笑与幽默感背后的大脑谜团》[美]斯科特·威姆斯 著 刘书维 译

77 《黑丝路:从里海到伦敦的石油溯源之旅》[英]詹姆斯·马里奥特、米卡·米尼奥–帕卢埃洛 著 黄煜文 译

78 《通向世界尽头:跨西伯利亚大铁路的故事》[英]克里斯蒂安·沃尔玛 著 李阳 译

79 《生命的关键决定:从医生做主到患者赋权》[美]彼得·于贝尔 著 张琼懿 译

80 《艺术侦探:找寻失踪艺术瑰宝的故事》[英]菲利普·莫尔德 著 李欣 译

81 《共病时代:动物疾病与人类健康的惊人联系》[美]芭芭拉·纳特森–霍洛威茨、凯瑟琳·鲍尔斯 著 陈筱婉 译

82 《巴黎浪漫吗?——关于法国人的传闻与真相》[英]皮乌·玛丽·伊特韦尔 著 李阳 译

83 《时尚与恋物主义:紧身褡、束腰术及其他体形塑造法》[美]戴维·孔兹 著 珍栎 译

84 《上穹碧落:热气球的故事》[英]理查德·霍姆斯 著 暴永宁 译

85 《贵族:历史与传承》[法]埃里克·芒雄–里高 著 彭禄娴 译

86 《纸影寻踪:旷世发明的传奇之旅》[英]亚历山大·门罗 著 史先涛 译

87 《吃的大冒险:烹饪猎人笔记》[美]罗布·沃乐什 著 薛绚 译

88 《南极洲:一片神秘的大陆》[英]加布里埃尔·沃克 著 蒋功艳、岳玉庆 译

89 《民间传说与日本人的心灵》[日]河合隼雄 著 范作申 译

90 《象牙维京人:刘易斯棋中的北欧历史与神话》[美]南希·玛丽·布朗 著 赵越 译

91 《食物的心机:过敏的历史》[英]马修·史密斯 著 伊玉岩 译

92 《当世界又老又穷:全球老龄化大冲击》[美]泰德·菲什曼 著 黄煜文 译

93 《神话与日本人的心灵》[日]河合隼雄 著 王华 译

94 《度量世界:探索绝对度量衡体系的历史》[美]罗伯特·P.克里斯 著 卢欣渝 译

95 《绿色宝藏:英国皇家植物园史话》[英]凯茜·威利斯、卡罗琳·弗里 著 珍栎 译

96 《牛顿与伪币制造者:科学巨匠鲜为人知的侦探生涯》[美]托马斯·利文森 著 周子平 译

97 《音乐如何可能?》[法]弗朗西斯·沃尔夫 著 白紫阳 译

98 《改变世界的七种花》[英]詹妮弗·波特 著 赵丽洁、刘佳 译

99 《伦敦的崛起：五个人重塑一座城》[英]利奥·霍利斯 著　宋美莹 译

100 《来自中国的礼物：大熊猫与人类相遇的一百年》[英]亨利·尼科尔斯 著　黄建强 译

101 《筷子：饮食与文化》[美]王晴佳 著　汪精玲 译